Näbrich/Meyer/Preuß

Lokomotiv-Archiv Sachsen 1
Schnellzug- und
Personenzuglokomotiven

Fritz Näbrich
Günter Meyer
Reiner Preuß

Lokomotiv-Archiv

Sachsen 1

trans press
classics

Schreibweisen

In Texten und auf Bildern sowie in Bildunterschriften sind, bedingt durch die historischen Gegebenheiten, deutschsprachige Namen von Ortschaften angegeben, die sich nicht auf dem Territorium der DDR befinden bzw. deren Namen nach 1920 geändert wurden. Zur Orientierung folgt hier eine alphabetische geordnete Zusammenstellung dieser Ortsnamen nebst der heutigen Bezeichnung.

Aue	Aue (Sachs)
Bodenbach	Děčin hl. n./ČSSR
Brambach	Bad Brambach
Breslau	Wrocław/VR Polen
Brüx	Most/ČSSR
Bunzlau	Boleslawiec/VR Polen
Chemnitz	Karl-Marx-Stadt
Dux	Duchčov/ČSSR
Dobrilugk	Doberlug-Kirchhain
Eger	Cheb/ČSSR
Elster	Bad Elster
Freiberg	Freiberg (Sachs)
Glauchau	Glauchau (Sachs)
Granaten	Tharandt
Hainsberg	Freital-Hainsberg
Hilbersdorf	Karl-Marx-Stadt-Hilbersdorf
Kipsdorf	Kurort Kipsdorf
Komotau	Chomutov/ČSSR
Kötzschenbroda	Radebeul West
Plauen	Plauen (Vogtl)
Reichenbach	Reichenbach (Vogtl)
Reichenberg	Liberec/ČSSR
Tetschen	Děčin vychod/ČSSR
Weipert	Vejprty/ČSSR
Zwickau	Zwickau (Sachs)

Einbandgestaltung: Luis dos Santos

Foto: Hubert, Slg. Töpelmann, Archiv transpress

Bildnachweis:
Die zur Illustration dieses Buches verwendeten Aufnahmen stammen – wenn nichts anderes vermerkt ist – vom Verfasser.

ISBN 978-3-613-71732-9

1. Auflage 2024
(unveränderter Nachdruck der 1. Auflage von 1984)

Sie finden uns im Internet unter www.transpress.de

Verlagslektor: Hans-Joachim Kirsche
Typografische Gestaltung: Jürgen Arndt
Druck und Bindung: HUNTER Books GmbH,
Kleyerstraße 3, 64295 Darmstadt
Printed in Germany

Vorwort

Im Jahre 1839 wurde mit der Eröffnung der Leipzig-Dresdner Eisenbahn die erste Fernbahn auf deutschem Boden in Betrieb genommen. Wenn in wenigen Jahren der 150jährigen Wiederkehr dieses herausragenden wirtschafts- und technikgeschichtlichen Ereignisses gedacht wird, so werden auch die Lokomotiven im Blickpunkt des Interesses stehen, die die Beförderung von Personen und Gütern über größere Entfernungen möglich machten. Generationen von tüchtigen Ingenieuren, Maschinen- und Werkstattmännern ließen aus den anfangs noch unzulänglichen, dampf- und feuerspeienden Maschinen das charakteristische Beförderungsmittel eines Jahrhunderts Eisenbahngeschichte werden. Dabei hatten sächsische Techniker nicht unwesentlichen Anteil.

Mit der Herausgabe dieses Buches haben sich die Autoren die Aufgabe gestellt, erstmalig eine zusammenfassende und lückenlose Darstellung aller sächsischen Lokomotiven von Beginn an bis zur Auflösung der Sächsischen Staatsbahn in der Deutschen Reichsbahn-Gesellschaft zu geben. Dabei ist es unerheblich, ob die Lokomotiven von Privat- oder Staatsbahnen beschafft oder betrieben wurden.

Hauptteil des Buches ist das eigentliche Lokomotiv-Archiv. Es enthält die Abschnitte Reisezug-, Güterzug-, Tender- und Schmalspurlokomotiven. Bewußt wurde auf eine Unterteilung in Schnellzug- und Personenzuglokomotiven verzichtet. Da die meisten sächsischen Hauptstrecken im Hügelland liegen, waren zur Förderung schwerer Schnellzüge vor allem kräftige, weniger schnelle Lokomotiven erforderlich. Noch heute werden viele Schnellzüge von Personenzuglokomotiven gefahren. Manche Gattungen unterscheiden sich nur durch ihren Treibraddurchmesser, wobei die großrädrigen Bauarten bis zur Jahrhundertwende als „Eilzuglokomotiven" bezeichnet wurden. Ihre getrennte Einordnung hätte den chronologischen Zusammenhang gestört.

Innerhalb der Hauptabschnitte erfolgt die Gliederung nach Gattungen und nach dem Bau- bzw. Beschaffungsjahr, wobei die Lokomotiven entsprechend ihrem Ursprungszustand eingeordnet sind. Spätere Umbauten (z. B. in Tenderlokomotiven) werden bei der ursprünglichen Bauart angegeben und in anderen Abschnitten nicht noch einmal erwähnt. Im allgemeinen ist der Gliederung die letzte Gattungsbezeichnung zugrundegelegt.

Die Autoren waren bemüht, möglichst jede Bauart durch Zeichnung und Foto zu belegen. Wegen der damals noch nicht entwickelten Fotografie existieren von den ältesten Lokomotiven leider keine oder nur sehr unzulängliche Aufnahmen. In großem Umfange wurde auf Aufnahmen der bekannten Eisenbahnfotografen Contius, Hubert, Reinstein u. a. zurückgegriffen, denen eine relativ umfangreiche Bilddokumentation der sächsischen Lokomotiven zu verdanken ist.

Technische Einzelheiten konnten nur in ihren wesentlichen Zügen behandelt werden, soweit sie charakteristisch für die sächsischen Lokomotiven waren.

Angaben über den betrieblichen Einsatz der einzelnen Lokomotiven konnten aus Platzgründen und teils auch mangels gesicherter Angaben in diesem Buch nur lückenhaft berücksichtigt werden. Unklarheiten ergaben sich manchmal bei den Ausmusterungsdaten. Üblich war es, nach Ausmusterung der Lokomotiven Namen und Bahnnummer neu zu vergeben, die Lokomotive aber (unter der alten Nummer) noch einige Zeit als Baulokomotive oder im Bahnhofsdienst zu verwenden. In diesen Fällen gibt die zuerst angegebene Jahreszahl die Ausmusterung, die zweite das Jahr der Verschrottung an.

Die technischen Daten der Lokomotiven wurden, soweit zugänglich, im allgemeinen den ältesten zur Verfügung stehenden Quellen entnommen. Nicht selten ergaben sich dabei widersprüchliche oder abweichende Werte. Man muß bedenken, daß viele Angaben, z. B. Heizflächen, rechnerisch ermittelt wurden und daß dies nicht immer nach einheitlichen Grundsätzen und Annahmen geschah. Außerdem mußten die Lokomotiven während ihrer doch meist mehrere Jahrzehnte dauernden Betriebszeit vielfältige Veränderungen über sich ergehen lassen, die oft in den technischen Unterlagen nicht oder nur unvollständig dokumentiert wurden. Leider gibt es nur noch wenige Männer, die aus eigener Anschauung Aufklärung über so manche Einzelheit geben können. Umso mehr sei denen gedankt, die durch ihren Rat und durch wertvolles Zahlenmaterial oder andere Unterlagen zum Werden dieses Buches beigetragen haben. Unser Dank gilt Herrn Dr.-Ing. Johannes Töpelmann, Berlin (†), Herrn Fritz Hager, Dresden (†), Herrn Rolf Uhlig, Adorf/Erzgeb. (†), Herrn Heinz Finzel, Mittelbach, Herrn Erich Schuffenhauer, Karl-Marx-Stadt, Herrn Rudi Lehmann, Dresden, sowie Herrn Müller von der Bildstelle der Reichsbahndirektion Dresden.

Trotz aller Mühe konnten nicht alle ,,weißen Flecke" im Leben mancher Lokomotiven aufgeklärt werden. Viele Lokomotiven, besonders die Tenderlokomotiven, haben nach ihrer Ausmusterung noch lange Jahre Dienst bei Werkbahnen getan. Wir bitten unsere verehrten Leser um sachdienliche Angaben hierüber wie auch zu allen in diesem Buch behandelten Themen, um sie in spätere Überarbeitungen einbeziehen zu können.

Abschließend bleibt festzustellen, daß jede Lokomotive, von der kleinsten Nebenbahn-Tenderlokomotive bis zur gewaltigen Schnellzuglokomotive, ein Beitrag zur Entwicklung der Technik, zur wirtschaftlichen Erschließung und Entwicklung der sächsischen Heimat war. Als Ausdruck der Schöpferkraft ihrer Erbauer, der harten und pflichtbewußten Arbeit ihrer Führer, Heizer und Werkstattleute gebührt ihr ein bleibendes Denkmal.

Die Autoren Fritz Näbrich,
Günter Meyer, Reiner Preuß
und der Verlag

Bild auf Seite 7:
2'C h2 – Personenzugschlepptenderlokomotive 38 205 der Deutschen Reichsbahn (sächsische Gattung XII H2), gebaut im Jahre 1910 von Hartmann, Chemnitz, unter der Fabriknummer 3387 für die Sächsischen Staatsbahnen mit der Bahnnummer Sachs 3656. Die Maschine gehört zu den betriebsfähigen historischen Triebfahrzeugen der Deutschen Reichsbahn und wird zu Sonderfahrten eingesetzt; im Bild bei einer Fahrt auf der Strecke Gera–Plauen (Vogtl) unterer Bahnhof; im Hintergrund die Elstertalbrücke.
Foto: G. Friese

38 205

Inhaltsverzeichnis

Inhaltsverzeichnis Band 2

1. Die Entwicklung der sächsischen Lokomotiven und Triebwagen

1.1. Die politischen und geografischen Verhältnisse in Sachsen zur Zeit des Eisenbahnbaues

Sachsen war zu der Zeit, als sich seine Eisenbahn am lebhaftesten entwickelte, ein relativ kleiner Staat mit großer Besiedlungsdichte zwischen den großen Machtblöcken Preußen im Norden sowie Österreich und Bayern im Süden; in Form eines ungleichseitigen Dreiecks bedeckte es ein nahezu geschlossenes Gebiet von knapp 15000 km² mit wenigen Enklaven und sächsischen Exklaven im Westen. Gegenüber der westlichen Landesgrenze griffen vier thüringische Kleinstaaten, und zwar das Herzogtum Sachsen-Altenburg, das Großherzogtum Sachsen-Weimar und die Fürstentümer Reuß ältere und Reuß jüngere Linie, tief in das Königreich Sachsen ein, erschwerten einen direkten Verkehr zwischen Nordwest- und Südwest-Sachsen und erforderten für einzelne Eisenbahnbauten politische Verhandlungen und Staatsverträge.

Die Natur hatte ein übriges dazu getan, daß sächsische Eisenbahnlinien oft nur unter großen Schwierigkeiten gebaut werden konnten. Außer einem relativ schmalen Flachlandstreifen im Norden steigt die Oberfläche Sachsens fast stetig nach Süden bis zum Kamm des Erzgebirges an, das mit seinem sehr steilen Abfall nach Süden den schon in früheren Zeiten recht regen Warenverkehr in Nord-Süd-Richtung sehr erschwerte. Die Höhendifferenz wird deutlich im Vergleich zwischen dem tiefsten Punkt, der Elbsohle an der preußischen Grenze (92 m über NN), und dem höchsten, dem Fichtelberg (1214 m über NN). Die sächsischen Gebirge Elstergebirge, Erzgebirge, Elbsandsteingebirge und Lausitzer Bergland gehören zu den deutschen Mittelgebirgen.

Als größte Flüsse durchziehen Elbe, Weiße Elster, Freiberger Mulde, Zwickauer Mulde, vereinigte Mulde, Röder, Schwarze Elster, Spree und Neiße das Land. Größte Flußhäfen sind Dresden und Riesa. Leipzigs Kanalanschluß an die Saale ist ein Torso geblieben; Leipzig blieb der Ruf einer Hafenstadt versagt.

Steil und tief eingeschnittene, meist von Süd nach Nord verlaufende Täler waren vom Fernverkehr weitgehend gemieden worden; selbst das uns heute als bequemer und wichtiger Verbindungsweg zwischen Dresden und Prag erscheinende Elbtal im auch als Sächsische Schweiz bekannten Elbsandsteingebirge wurde nur für einen schwachen Schiffsverkehr genutzt, von Straßenfuhrwerken der damaligen Zeit aber ängstlich umgangen. Bequemer waren die Nord-Süd-Verbindungen im östlichen Sachsen, in der Oberlausitz, zu führen. Auch aus Friedrich Lists Entwürfen für ein deutsches Eisenbahnsystem ist zu erkennen, daß er zum Beispiel die Verbindung zwischen Preußen und Bayern nicht durch Sachsen suchte, sonder weiter im Westen.

Für das Königreich Sachsen blieb diese geografisch bedingte Gefahr der Umgehung im Nord-Süd-Verkehr lange ein Grund zu Sorge und Mißtrauen gegenüber dem gewaltigen Preußen, vom bedeutenden Eisenbahnverkehr abgeschnitten zu werden, was manchen Beschluß des Landtages erklärt und Eisenbahnstrecken quer durch Sachsen und über die Landesgrenze hinweg zur staatlichen Aufgabe werden ließ.

Eine Umgehung durch den West-Ost-Verkehr in Flachlandgebieten Preußens war auf Grund der angeführten geografischen Beschaffenheit ohnehin kaum zu vermeiden.

Der Grund dafür, daß sich Sachsen trotzdem zu einem Land mit sehr großer Eisenbahndichte (etwa 25 km Bahnlänge je 100 km² Fläche) entwickelte, liegt nur in seiner großen Siedlungsdichte und stark entwickelten Industrie. Bereits infolge des im Mittelalter entstandenen Erzbergbaues, besonders nach Silber, war Sachsen zu einem der reichsten Länder mit hoher Bevölkerungsdichte geworden. War schon der Bergbau auf die Wasserkräfte zur Mechanisierung der Arbeit angewiesen, so war es noch mehr die nach Abflauen des Bergbaus entstandene Industrie, u. a. die Fabriken zur Herstellung von Textilien und Blechwaren, die sich nun bevorzugt in den Tälern des Erzgebirges und der Lausitz ansiedelte und eine große Anzahl Menschen anzog. Später kamen die Maschinenbau-, Holz- und Papierindustrie hinzu.

Diesen Tatsachen mußte auch die Eisenbahn Rechnung tragen. Während die erste Fernbahn von Leipzig nach Dresden als reine Flachlandbahn außer der Elbe- und Muldeüberbrückung kaum Schwierigkeiten bereitete, obwohl an ihr der erste Eisenbahn-Tunnel Deutschlands entstand, war die erste Nord-Süd-Verbindung nach Bayern schon weit schwieriger herzustellen. Wie bei den alten Verkehrswegen vermied man bei der Sächsisch-Bayerischen Eisenbahn und bei der von ihr abzweigenden Voigtländischen Bahn nach Eger weitgehend die engen Flußtäler, war dadurch aber zu teuren Kunstbauten (Göltzschtalbrücke u. a.) gezwungen. Ebenso waren bei der später entstandenen Ost-West-Verbindung Görlitz–Dresden–Hof, mit der man wenigstens einen Teil des Verkehrs von Süddeutschland nach dem Osten über Sachsen leiten konnte, erhebliche Geländeschwierigkeiten zu überwinden.

In der Folge aber konnten die Bahnen die bautechnischen Schwierigkeiten, die ihnen die engen und oft dicht besiedelten Flußtäler boten, nicht mehr umgehen, sie mußten ihre Linienführung den Gegebenheiten anpassen.

Eine erste Glanzleistung war dabei der Bau der Sächsisch-Böhmischen Eisenbahn durch das Elbtal, die Sachsen auch heute noch eine für die DDR wichtige Nord-Süd-Verbindung sichert.

Alle diese Geländeschwierigkeiten brachten es schließlich mit sich, daß etwa 75 Prozent der sächsischen Eisenbahnlinien als Neigungsstrecken verliefen und etwa 45 Prozent in Krümmungen lagen. Auch die vielen Brükkenbauten haben ihre Ursache in den Geländeverhältnissen. Der von der reich gegliederten Landschaft diktierte Zwang, Flachland- und Gebirgsstrekken überwiegend mit Krümmungen bauen zu müssen, stellte Lokomotivkonstrukteure und den Maschinendienst der Eisenbahn vor komplizierte Probleme. Als Beispiel kann die Strecke Leipzig–Hof gelten, die aus der Leipziger Tieflandsbucht über das gebirgige Vogtland führt. Bei einer Bahnlänge von 167,6 km liegen 57 Prozent in der Steigung, 18 Prozent im Gefälle und 25 Prozent in der Waagerechten. Die Neigung beträgt maximal 1:100, der Krümmungshalbmesser ist nicht kleiner als 488 m.

Relativ kurze Bahnlinien lohnten kaum die Entwicklung reiner Flachland- oder Gebirgslokomotiven, so daß immer wieder Kompromisse gesucht und gefunden werden mußten. Die für Sachsen typischen Strecken mit den zahlreichen Krümmungen regten bald zu Konstruktionen mit beweglichen Achsen bei Lokomotiven und Wagen an.

Als erste Verkehrsschwerpunkte zeigten sich die Landeshauptstadt Dresden und der seit dem Mittelalter bedeutende Handelsplatz Leipzig. Sie benötigten ebenso wie die Industrie- und Kohlenbezirke von Chemnitz und Zwickau dringend eine Verbesserung der Transportmöglichkeiten. Dazu gesellte sich mit Beginn des Bahnbaues die Stadt Riesa, wo sich nicht nur der Elbhafen entwickelte, sondern die auch bedeutender Industrieort wurde, nachdem bereits zuerst aus England auf der Elbe herangeschaffte Bahnbaumaterialien und Koks (später Kohle) für die Lokomotivfeuerung dort entladen wurden.

Diese Schwerpunkte wiesen die Richtung für die ersten Bahnverbindungen.

Der kleine Staat Sachsen in zentraler Lage bedurfte zahlreicher Eisenbahnverbindungen über die Landesgrenze hinweg. Vom Königreich Sachsen wurden daher mehrere Verträge mit den Nachbarstaaten für die Errichtung von Eisenbahnstrecken mit dem Ausland abgeschlossen, dadurch überquerten schließlich 40 Bahnlinien die 1413 km lange Landesgrenze, davon führten 14 über die südlichen Gebirgsgrenzen nach Böhmen. Zum Vergleich hatte Bayern nur 6 Bahnübergänge auf einer etwa gleich langen Grenze gegen Böhmen, und auch über die wesentlich längere Gebirgsgrenze zwischen Preußen und Böhmen/Mähren führten nur 16 Bahnlinien.

Einen großen Anteil an dieser Entwicklung des Verkehrs an der Südgrenze Sachsens, besonders der 5 Erzgebirgsbahnen (weitere standen zur Diskussion), hatten die umfangreichen Kohlentransporte, da es galt, die sich immer stärker entwickelnde Industrie der Erzgebirgsdörfer und -städte im Zuge der Umstellung von Wasserkraft auf Dampfmaschinenantriebe mit möglichst billig zu transportierender böhmischer Braunkohle zu versorgen.

Der Beitritt Sachsens zum Zollverein in den Jahren 1833/1834 und die sich immer weiter ausbreitende Eisenbahn erleichterten die starke Industrialisierung, besonders den Aufschwung in der Textilindustrie. In Döhlen (heute Freital) entstand die Friedrich-August-Hütte, in Uebigau bei Dresden der Maschinenbau-Verein und in Riesa ein Stahlwerk. Die Königin-Marien-Hütte in Cainsdorf bei Zwickau stellte sehr bald Eisenbahnschienen her. Chemnitz wurde Stadt des Maschinenbaues und wichtiges Industriezentrum in Deutschland mit Weltgeltung. Die bis nach Übersee bekannte Textilindustrie schuf sich bleibende Standorte im unteren Erzgebirge, im Vogtland und in der Oberlausitz. Der sächsische Steinkohlenbergbau konzentrierte sich auf drei Gebiete, auf das Dresdener, das Zwikkauer und das Lugau-Oelsnitzer Bekken. Zunehmend ab dem Jahre 1870 wurde Braunkohle südlich von Leipzig und in Ostsachsen bei Zittau abgebaut. Der Kohletransport war wichtigste Aufgabe im Güterverkehr der Staatsbahn. Besten Sandstein für Häuser- und Kunstbauten lieferten Brüche im Elbsandsteingebirge. Von seiner Landwirtschaft, deren größte Gebiete sich über die Leipziger Tieflandsbucht, die Lommatzscher Pflege und das Flachland nördlich von Bautzen und Königsbrück erstreckten, konnte Sachsen sich nicht allein ernähren und war auf Importe angewiesen, was sich aus der starken Bevölkerung erklärt (1890: 3,5 Millionen Einwohner). Die Messe-, Buch- und Industriestadt Leipzig, mit 625000 Einwohnern (1913) nach Berlin, Hamburg und München die viertgrößte deutsche Stadt, festigte ihre Bedeutung als Welthandelsplatz. Die Residenzstadt Dresden wurde Stadt der Kunst, Musik und Wissenschaft und machte besonders die Leichtindustrie ansässig. Vor dem ersten Weltkrieg überschritt die Einwohnerzahl die halbe Million.

Sachsen war erst von 1806 an Königreich. Am 13. November 1918 dankte der letzte König des Hauses Wettin, Friedrich August III., ab. Sachsen wurde Republik und nannte sich Freistaat. Sächsisches Parlament war der Landtag. Er gliederte sich in zwei Kammern, die getrennt berieten und abstimmten und bei unterschiedlicher Auffassung ein Dekret zu Fall bringen konnten. Zu jeder Eisenbahnstrecke bedurfte es der Zustimmung des Landtages.

1.2. Die Leipzig-Dresdner Eisenbahn als Keimzelle des sächsischen Eisenbahnnetzes

Die Entscheidung Friedrich Lists, von Hamburg, wo ihn Familienangelegenheiten von Amerika in die Hansestadt geführt hatten, nach Leipzig zu übersiedeln, um hier Ideen, die auf in Nordamerika gewonnenen Erfahrungen fußten, zum Bau eines deutschen Eisenbahnnetzes zu verwirklichen, wirkte sich für Sachsen günstig aus. Im Jahre 1833 veröffentlichte List die Schrift „Über ein sächsisches Eisenbahnsystem als Grundlage eines allgemeinen deutschen Eisenbahnsystems und insbesondere über die Anlegung einer Eisenbahn von Leipzig nach Dresden" und überzeugte damit Leipziger Kaufleute und sächsische Regierungsvertreter, den Eisenbahnbau zu wagen. Als klug kann man den Vorschlag des Nationalökonomen und Publizisten Friedrich List bezeichnen, für die erste Eisenbahn nicht ein spektakuläres Projekt zu wählen, sondern es erst einmal mit einer durch einfaches Gelände führenden Gleisverbindung zwischen den beiden größten sächsischen Städten zu versuchen.

List's Schrift enthielt nicht nur eine an sächsische Behörden gerichtete Eingabe, sondern zugleich den Entwurf eines Gesetzes zur Bildung von Aktiengesellschaften für die Eisenbahn von Leipzig nach Dresden, auch die bekannte Übersichtskarte für Eisenbahnen, die Deutschland durchziehen sollten. Die von List verfaßte Eingabe wirkte sich bei der Regierung unterstützend für den Unternehmungsgeist der Leipziger Kaufleute aus. List war nicht davon überzeugt, daß allein Kapitalisten das Risiko für das Eisenbahnunternehmen tragen werden, und bezog deshalb bei seinen Vorschlägen Regierung und Stände ein, um Hilfe durch Gesetz und staatliche Kredite zu erhalten.

Auch die Kaufleute der Messestadt richteten eine Bittschrift mit 316 Unterschriften an den Landtag. Am 9. Dezember 1833 veranlaßte eine Konferenz beim Innenminister, in Leipzig ein vorbereitendes Organ zu wählen. List verstand, mit der Drucksache „Aufruf an unsere Mitbürger in Sachsen" weitere Interessenten für die Eisenbahn zu gewinnen. Der Stadtrat von Leipzig ließ 12 Männer für ein Organ des Direktoriums wählen, außerdem wurden Friedrich List und Hauptmann Karl Theodor Kunz in das Gremium kooptiert. Kunz sollte sich später als Oberingenieur beim Bau der Leipzig-Dresdner Eisenbahn, bei der Sächsisch-Bayerischen Eisenbahn und beim Bau von Göltzschtal- und Elstertalbrücke bleibende Verdienste erwerben. Im Oktober 1834 verabschiedete der Landtag ein Expropriationsgesetz für die Eisenbahn von Leipzig nach Dresden, nach dem auch die „Leipzig-Dresdner Eisenbahn-Compagnie" als Eigentümerin für die Eisenbahnanlagen anerkannt wurde. Sie konstituierte sich als Aktiengesellschaft, deren Aktien recht begehrt waren.

Die erste Generalversammlung am 5. Juli 1835 (später unter Vorsitz von Gustav Harkort) wählte List nicht in das Direktorium und erkannte seine Leistungen für die erste deutsche Fernbahn nur dürftig an. Die Leipziger Kaufleute dachten kurzsichtig in erster Linie nur an die eine Eisenbahnverbindung innerhalb Sachsens; List dagegen sah in ihr den Anfang für ein deutsches Eisenbahnnetz. List wurde vorgeworfen, amerikanische Erfahrungen, die sich nicht ausführen ließen, überbetont zu haben; beispielsweise hatte List vorgeschlagen, wie bei amerikanischen Kohlebahnen die Gleise nur mit auf Grundschwellen befestigten

Bild 1
Lokomotive SAXONIA
der Leipzig-Dresdner Eisenbahn
Quelle Civilingenieur 1889

hölzernen Gleisbäumen mit Flachschienen zu verlegen.
Fragen gab es längere Zeit über den Verlauf der Bahnlinie, da vier Vorschläge diskutiert wurden (Linien über Chemnitz, Döbeln, Lommatzsch und Wurzen), bis der erfahrene englische Eisenbahningenieur Walker im März 1836 in einem Gutachten den Vorschlag des künftigen Bauleiters Karl Theodor Kunz grundsätzlich bestätigte, nur den Elbübergang in Gröba bei Riesa anstelle von Strehla vorzusehen, und die geplanten Neigungsverhältnisse korrigierte.
Da der umstrittene Streckenabschnitt Leipzig–Wurzen bis zum Herbst 1835 schon vermessen war, konnte bei ihm zuerst mit dem Bau begonnen werden. Dieser Abschnitt diente zugleich dazu, Erfahrungen für weitere, unter Umständen kompliziertere Abschnitte zu sammeln. Die erste Eisenbahnbrücke Deutschlands ist bei Wurzen über die Mulde gebaut worden. Die Leipzig-Dresdner Eisenbahn eröffnete als ersten Abschnitt Leipzig Dresdner Bahnhof–Althen (9,96 km) am 24. April 1837, die Gesamtstrecke von Leipzig nach Dresden (115,02 km) am 7. April 1839. Bestimmend für diesen Termin waren die Elbebrücke bei Riesa, der Viadukt bei Röderau und der 513 m

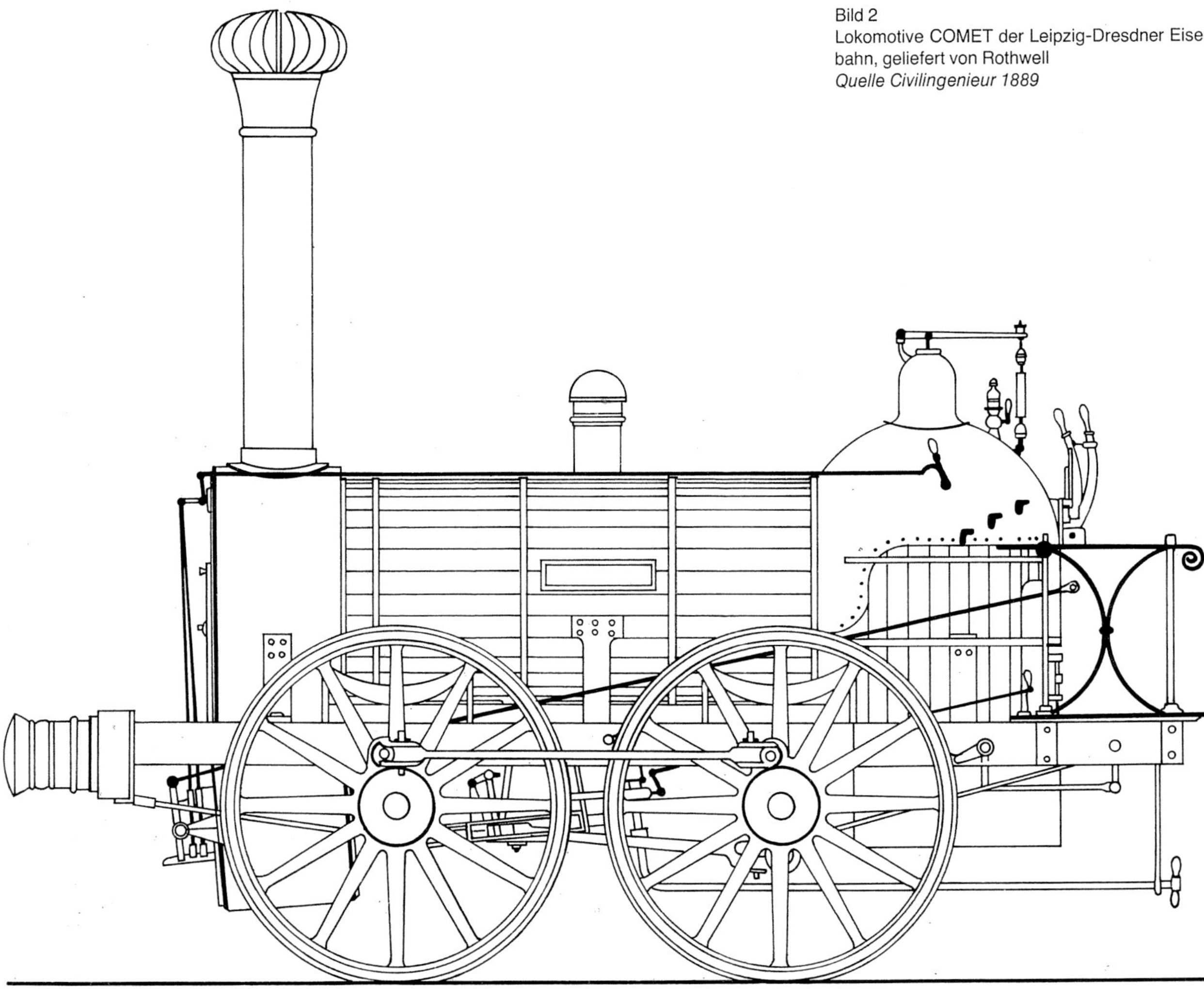

Bild 2
Lokomotive COMET der Leipzig-Dresdner Eisenbahn, geliefert von Rothwell
Quelle Civilingenieur 1889

lange erste deutsche Eisenbahntunnel bei Oberau. Der Eisenbahntunnel ist Walker zu verdanken, ohne dessen Autorität vielleicht sofort ein offener Einschnitt bei Oberau entstanden wäre. Die Leipzig-Dresdner Eisenbahn errichtete die ersten Bahnhofsbauten in Sachsen, je einen größeren Bahnhof in Leipzig und in Dresden-Neustadt. Mit dem ersten deutschen Signalbuch waren überwiegend Flaggenzeichen festgelegt in den Farben der Compagnie schwarz und blau, die später aus Gründen der Zweckmäßigkeit bei Signalen bleibend in rot-weiß geändert wurden.

Von den Fahrzeugen ließ man sich Musterwagen aus England, Belgien und Nürnberg liefern, baute für die Leipzig-Dresdner Eisenbahn und später auch für andere Bahnen unter Aufsicht des Engländers Worsdell, der 1839 die Wagenbauanstalt wieder verließ, selbst Wagen. Die Leipzig-Dresdner Eisenbahn-Compagnie glaubte, Lokomotiven importieren zu müssen. Als erste Maschinen trafen drei Zweiachser von der Firma Peter Rothwell & Co. aus Manchester ein, die die Namen COMET, BLITZ und WINDSBRAUT erhielten. Die erste Lokomotive durften die Leipziger bewundern, denn sie wurde aufgebockt und gegen Entgelt in Be-

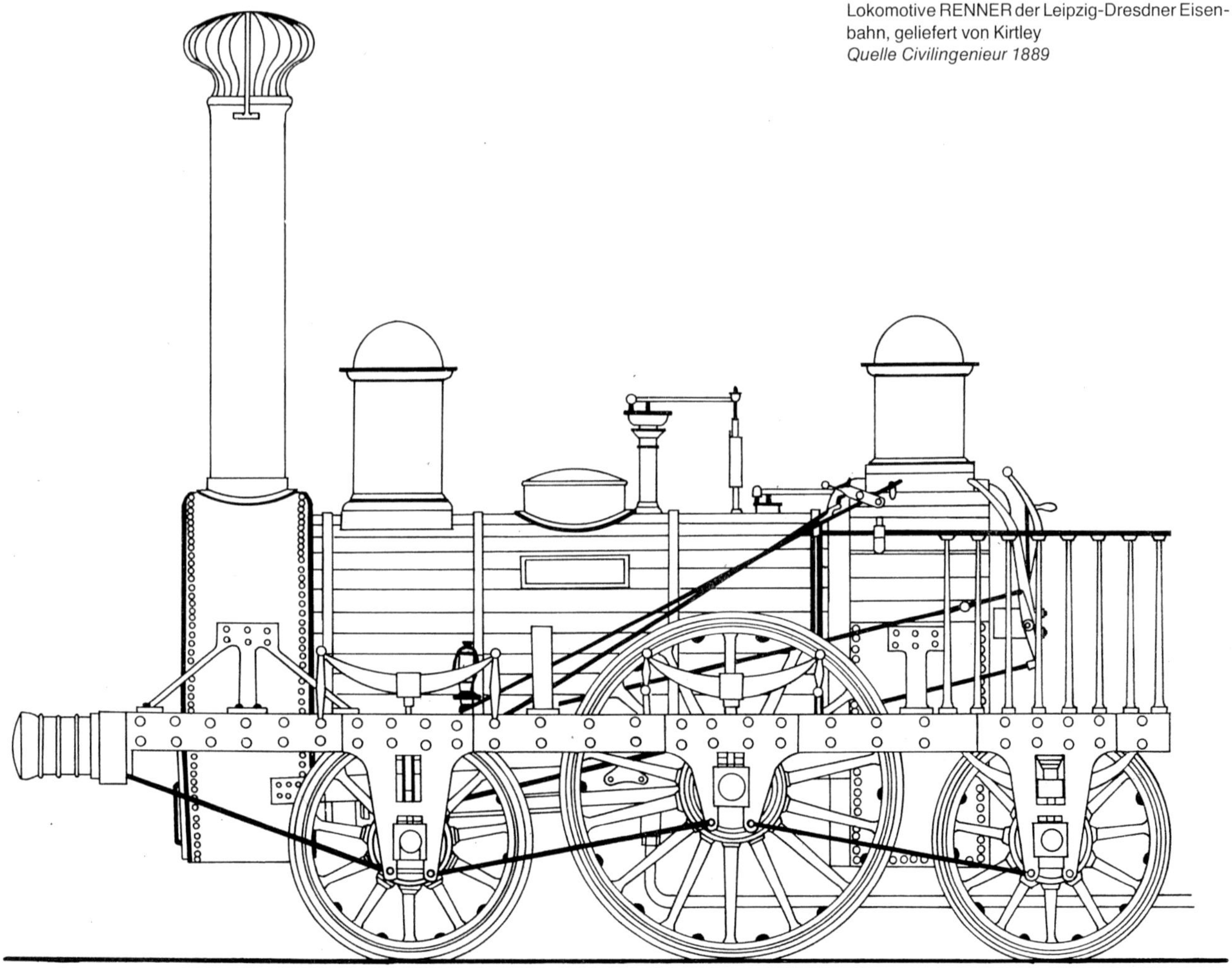

Bild 3
Lokomotive RENNER der Leipzig-Dresdner Eisenbahn, geliefert von Kirtley
Quelle Civilingenieur 1889

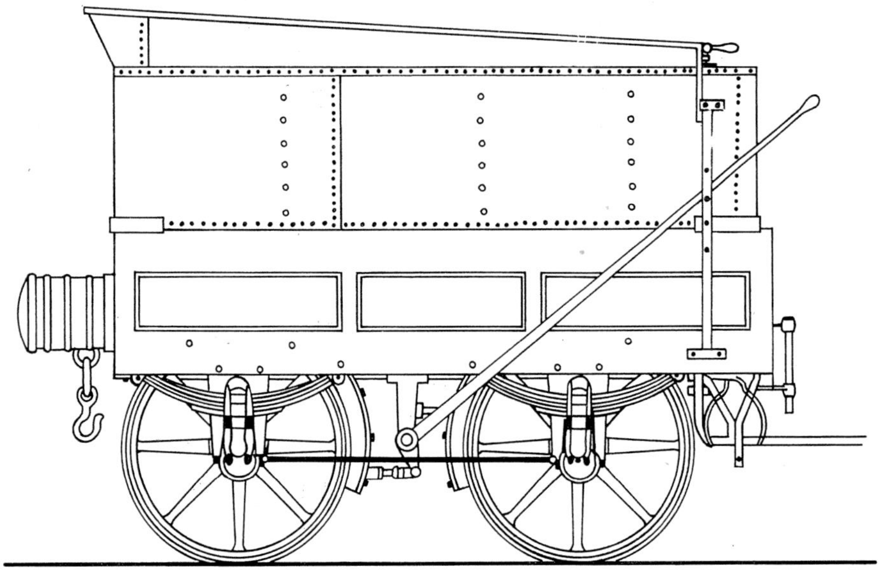

Bild 4
Tender der Leipzig-Dresdner Eisenbahn für Lokomotiven von Kirtley
Quelle Civilingenieur 1889

wegung versetzt. Die COMET ist am 3. April 1837 erstmals bei Machern in Betrieb genommen worden. Gillingham & Winans in Baltimore lieferten die unbrauchbare Lokomotive COLUMBUS.

Bis zur Eröffnung der Leipzig-Dresdner Eisenbahn hatte die Compagnie außer der amerikanischen Lokomotive insgesamt 17 Maschinen aus England bezogen. Bei der Eröffnung fuhr die erste deutsche Lokomotive, die SAXONIA, erbaut in Uebigau, hinter dem Eröffnungszug her.

Von großer Bedeutung für die „Leipzig-Dresdner Eisenbahn-Compagnie" sollten die Konzessionsbedingungen werden, die ihr die Verlängerung der Bahn bis an die Landesgrenze erlaubte, was zuerst Pläne für alle möglichen Eisenbahnlinien quer durch das Sachsenland entstehen ließ.

Als nächste Eisenbahnstrecke eröffnete die Compagnie die Strecke Coswig–Meißen (7,36 km) am 1. Dezember 1860. Die Zweigeisenbahngesellschaft zu Großenhain baute die Strecke Großenhain–Priestewitz (5,03 km), eröffnete diese am 14. Oktober 1862 und überließ die Betriebsführung der Leipzig-Dresdner Eisenbahn-Compagnie.

Wenige Jahre später ließ sich die Compagnie eine neue Verbindung zwischen Leipzig und Dresden, und zwar über Grimma, Döbeln, Roßwein und Nossen, genehmigen. Das heißt, es mußte die Strecke zwischen Borsdorf und Meißen neu gebaut werden; zwischen Leipzig und Borsdorf und zwischen Meißen und Dresden bestand ja bereits eine Eisenbahnlinie. Die Compagnie wurde u. a. verpflichtet, durchgehende Züge über die über Döbeln führende Strecke zwischen Leipzig und Dresden und umgekehrt verkehren zu lassen. Die heute gegenüber der älteren Verbindung ein wenig im Hintergrund bestehende zweite direkte Verbindung bot dem Eisenbahnbau einige Schwierigkeiten, dafür ist sie für Reisende landschaftlich abwechslungsreicher.

Es wurden folgende Streckenabschnitte eröffnet:

Borsdorf–Grimma (19,24 km) am 24. Mai 1866,
Grimma–Leisnig (22,23 km) am 27. Oktober 1867,
Leisnig–Döbeln (12,94 km) am 2. Juni 1868,
Döbeln–Nossen (19,00 km) am 25. Oktober 1868 und
Nossen–Meißen (21,87 km) am 22. Dezember 1868.

Mit dieser Strecke waren der „Leipzig-Dresdner Eisenbahn-Compagnie" Belastungen entstanden, die sich nur über neue, lukrative Verkehrsbeziehungen ausgleichen ließen. Einen günstigen Zugang zur Leipzig-Dresdner Eisenbahn konnte die am 20. April 1870 eröffnete Cottbus-Großenhainer Bahn bedeuten, von der 20,89 km auf sächsischem Territorium lagen. Die Compagnie beteiligte sich finanziell am Aufbau der Bahn, stellte die Betriebsmittel und übernahm die Betriebsführung auf Pachtbasis, bis am 1. Juni 1874 die Compagnie aus dem Geschäft wieder aussteigen mußte. Zugleich kaufte die Compagnie die Strecke Priestewitz–Großenhain, auf der sie seit 1862 die Betriebsführung ausübte und die eine direkte Verbindung zur Leipzig-Dresdner Eisenbahn darstellte, per 1. Juli 1869 auf.

Der abzweigende Streckenast in Richtung Cottbus sanierte noch nicht das Leipziger Unternehmen, deshalb erwarb die Compagnie Konzessionen zum Bau der Strecken Nossen–Freiberg, Freiberg–Dux und Nossen–Riesa–Elsterwerda, die in erster Linie als Abfuhrrichtung für böhmische Braunkohle über die sächsische Grenze nach Norden galten und der Gesellschaft gute Dividende versprachen. Bei der Bahn Freiberg–Dux beabsichtigte die „Leipzig-Dresdner Eisenbahn-Compagnie" den Bahnbau zunächst bis zur Landesgrenze, später bis zum böhmischen Brüx.

Vom Staat nicht erlaubt wurde eine rechtselbische Bahn zwischen Tetschen und Dresden, denn die konnte zur Konkurrenz für die bestehende staatliche linkselbische Bahn werden. Die Strecke Nossen–Freiberg wurde mit 23,97 km Länge am 15. Juli 1873, von der Strecke Freiberg–Brüx der Abschnitt Freiberg–Mulda (14,29 km) am 2. November 1875 eröffnet. An der Strecke Riesa–Elsterwerda ließ sich in Zeithain der Anschluß an die Leipzig-Dresdner Eisenbahn einrichten. Die Strecke Zeithain–Elsterwerda (20,02 km) ist am 15. Oktober 1875 eröffnet worden. 1874 hatte die „Leipzig-Dresdner Eisenbahn-Compagnie" den Streckenabschnitt Leipzig–Landesgrenze der Magdeburg-Leipziger Bahn, der sich im Besitz der Compagnie befand, an diese Bahn verkauft.

Zu den angeführten Konzessionen ließ sich die Compagnie noch die Strekken Beucha–Brandis, Großenhain–Leckwitz und Meißen–Jessen genehmigen. Diese Strecken wurden aber von ihr nicht ausgeführt.

Der „Leipzig-Dresdner Eisenbahn-Compagnie" kam nicht nur das Verdienst zu, die erste deutsche Ferneisenbahn eröffnet zu haben. Mit staatlichem Wohlwollen blieb sie ein Unternehmen mit guten Bilanzen, zudem hatte sie an mehreren Stellen Anschluß zum staatlichen Eisenbahnnetz; sie war das nicht zu übersehende Eisenbahnunternehmen im Königreich Sachsen. Mehrere Gründe bewogen die Regierung, die „Leipzig-Dresdner Eisenbahn-Compagnie" zum Verkauf ihres Vermögens an den Staat zu bewegen – zu recht günstigen Bedingungen. Die Übernahme der Compagnie-Strecken durch den sächsischen Staat ließ die Wagenübergabe an den Nahtstellen überflüssig werden und erleichterte die Bahnhofsumbauten in Dresden. Am 1. Juli 1876 gingen 337,3 km Eisenbahnstrecken, davon 51,8 km noch nicht in Betrieb, auf das Netz und 111 Lokomotiven (3 Lokomotiven wurden schon September/November 1876 zerschlagen) in den Fahrzeugbestand der sächsischen Staatseisenbahnen über. Da bei der Leipzig-Dresdner Eisenbahn links gefahren wurde, machten sich später (nach 1884) umfangreiche Änderungen an Lokomotiven und Weichen erforderlich.

1.3. Die Entwicklung der Sächsischen Staatsbahn

Ein Jahr nach Eröffnung der Eisenbahnstrecke Leipzig–Dresden erschien für den sächsischen Landtag am 18. April 1840 ein Regierungsbericht, mit dem die Finanzdeputation der II. Kammer ihre Einstellung zum Eisenbahnbau darlegte. Inzwischen hatten sich nämlich mehrere Eisenbahnkomitees gebildet, und der Staat mußte zu den aufgeworfenen Fragen einen Standpunkt finden. Nach Meinung der Regierung gab es nach dem Transport auf dem Wasser kein besseres Beförderungsmittel als die Eisenbahn. Sachsen als Land in der Mitte Deutschlands müsse sich besonders um Eisenbahnlinien bemühen, die sächsischen Handel und sächsische Industrie fördern. Das Königreich Sachsen benötigte Eisenbahnlinien nach Bayern, Schlesien und Böhmen. Dabei sollten diese Eisenbahnlinien mit der Leipzig-Dresdner Eisenbahn verbunden werden und so viel wie möglich das Innere des Landes durchschneiden. Außerdem sei dafür zu sorgen, daß Eisenbahnlinien des nördlichen und südlichen Deutschlands nicht Sachsen umgehen. Eine Zweigeisenbahn für das Erzgebirge solle mit der Bahn nach Bayern verbunden werden.

Der Landtag regte daraufhin Regierungsstellen an, in Sachen Eisenbahn selbst tätig zu werden. Von den nächsten Eisenbahnlinien sollten drei über die Landesgrenze hinausführen, davon eine nach Hof in Bayern. Eine solche Eisenbahnlinie sicherte den traditionellen Handelsweg zwischen Leipzig und Nürnberg nun auf Eisenbahngleisen und den Anschluß des im sächsischen Vogtland ansässigen Gewerbes an die Handelsmetropole Leipzig. Um sicher zu sein, daß die Eisenbahn auch an der gewünschten Stelle die bayerische Grenze überqueren dürfe und das Königreich Bayern selbst die Fortsetzung der Eisenbahnverbindung besorge, bemühte sich die sächsische Regierung um ein zwischenstaatliches Übereinkommen, das am 14. Januar

1841 zwischen dem Königreich Bayern, dem Herzogtum Sachsen-Altenburg und dem Königreich Sachsen zustande kam. Die Gefahr, daß Sachsen von Eisenbahnen zwischen Preußen und Bayern umgangen würde, schien gebannt. Mit der Zusicherung der sächsischen und altenburgischen Regierungen, die Bahn werde unter Umständen auch auf Staatskosten vollendet, und es gelte ein Rückkaufsrecht mit Entschädigung, fand das Komitee für die Sächsisch-Bayerische Eisenbahn ohne Schwierigkeiten Interessenten für Eisenbahnaktien. Am 22. Juni 1841 konstituierte sich die Sächsisch-Bayerische Eisenbahnkompagnie in Leipzig, am 19. September 1842 ging die Strekke von Leipzig bis zum damaligen Kopfbahnhof Altenburg in Betrieb. Der Bahnbau schritt weiter, neue Teilabschnitte wurden eröffnet. Zugleich wurde aber auch erkannt, daß die ursprünglich veranschlagten finanziellen Mittel nicht ausreichen. Die Baukosten waren viel zu niedrig angesetzt worden, auch die unumgänglichen Brükkenbauten, wie Göltzschtal- und Elstertalbrücke, verschlangen hohe Summen, die das Unternehmen nicht aufbringen konnte. Ihm blieb nichts anderes übrig, als die Eisenbahn unvollendet dem Staat zum Kauf anzubieten. Am 1. April 1847 ging die Sächsisch-Bayerische Eisenbahn in den Besitz des sächsischen Staates über. Damit hatte Sachsen seine erste Staatseisenbahn. Zu diesem Zeitpunkt war die Bahnstrecke nur von Leipzig bis Reichenbach i. Vogtl. in Betrieb.

Aufgabe der Regierung war jetzt, die Göltzschtal- und Elstertalbrücke und die Strecke von Reichenbach i. Vogtl. bis nach Bayern zu vollenden, was nicht überall auf Zustimmung stieß. So polemisierte schon im Jahre 1840 ein Landtagsabgeordneter, warum wohl das kleine, nicht reiche Sachsen die größten Brücken bauen müsse, wer bei einem Eisenbahnunglück von so hohen Brücken herabstürzen wolle, und daß von diesen Brückenbauten alles, nur nichts Gutes zu erwarten sei.

Die sächsische Regierung mußte eine Verbindungsbahn in Leipzig zur Leipzig-Dresdner Eisenbahn schaffen, dem Herzogtum Sachsen-Altenburg seinen Anteil auszahlen, einen Vertrag mit diesem Kleinstaat zur Regelung der Eisenbahnverhältnisse in dessen Territorium abschließen und eine Übereinkunft mit Bayern treffen, nach der Bayern die Strecke von Hof bis an die bayerisch-sächsische Landesgrenze der sächsischen Staatseisenbahn übergab. Diese übernahm bis in den bayerischen Bahnhof Hof die Betriebsführung, zugleich hatte Sachsen Unterhaltungskosten für diesen Bahnhof zu tragen und ein Bahngeld an Bayern zu zahlen. Am 1. April 1847 nahm in Leipzig die dem sächsischen Finanzministerium unterstellte „Königliche Direktion der Sächsisch-Bayerischen Eisenbahn" ihre Tätigkeit auf.

Der Landtag hatte für die Leitung der ersten Staatseisenbahn Bestimmungen festgelegt, die lange Zeit Bedeutung erhielten:

1. Die Beschäftigten des Direktoriums erhalten festes Gehalt, haben sich vollständig ihrem Beruf zu widmen und müssen sich für ihre Tätigkeit als geeignet erweisen.
2. Das Direktorium wird mit Befugnissen ausgestattet und unmittelbar einem Ministerium unterstellt.
3. Der Gehaltsetat der Beamten ist vom Landtag genehmigen zu lassen.
4. Die Eisenbahn-Tarife bedürfen der Genehmigung durch die Stände.

Die durchgehende Eisenbahnverbindung von Leipzig bis Hof war mit der Eröffnung des letzten Teilabschnittes am 15. Juli 1851 möglich.

Als Verbindung der Leipzig-Dresdner Eisenbahn mit dem Ausland hatte der Bericht des Landtages aus dem Jahre 1840 auch eine Sächsisch-Böhmische und eine Sächsisch-Schlesische Bahn angeführt. Ein Staatsvertrag mit Österreich sicherte den Anschluß auf böhmischem Gebiet von der Sächsisch-Böhmischen Bahn, die von Dresden bis Bodenbach geplant war, und die Fortführung der Eisenbahn bis nach Prag. Die sächsische Regierung ließ sich vom Landtag ermächtigen, den Bau der Sächsisch-Böhmischen Bahn auf Staatskosten, also als Staatseisenbahn, auszuführen. Am 1. August 1848 wurde der Abschnitt Dresden–Pirna eröffnet und die „Königliche Direktion für Bau und Betrieb der Sächsisch-Böhmischen Staatseisenbahn" mit Sitz in Dresden eröffnet. Nun hatte Sachsen staatlicherseits schon zwei Eisenbahndirektionen.

Am 24. Juli 1843 unterzeichneten das Königreich Sachsen und das Königreich Preußen einen Vertrag, der den Bau einer Eisenbahnstrecke von Dresden über Bautzen nach Görlitz und eines Anschlusses nach Bunzlau vorsah. Damit ließ sich die für Sachsen wichtige Verbindung Dresden–Breslau einrichten. Der letzte Streckenabschnitt der mit staatlicher Unterstützung gebauten Sächsisch-Schlesischen Bahn, Reichenbach (Oberlausitz)–Görlitz, ist am 1. September 1847 eröffnet worden. Geleitet wurde die Bahn von dem „Direktorium der Sächsisch-Schlesischen Eisenbahn-Kompagnie" in Dresden.

Der Staat beteiligte sich ebenso an anderen Bahnprojekten, die zunächst nicht für Staatseisenbahnen in Angriff genommen wurden, u. a. am Bau der Chemnitz-Riesaer Eisenbahn und am Bau der Löbau-Zittauer Eisenbahn. Noch war das Verhältnis der Regierung zu einem Staatsbahnsystem recht widersprüchlich. Zwar förderte sie neue Eisenbahnen, auch über die Landesgrenze hinweg, indem Staatsverträge bezüglich der Eisenbahnen abgeschlossen wurden, unterstützte manches Unternehmen finanziell, sicherte sich in Konzessionsbedingungen immer das Aufkaufsrecht in irgendeiner Form. Es darf aber nicht übersehen werden, daß in den nächsten Jahren der Bau mancher sächsischer Eisenbahn privaten Unternehmern überlassen wurde und einigen Eisenbahnkomitees die staatliche Unterstützung versagt blieb, weil finanzielle Mittel in erster Linie für Durchgangsstrecken verwendet werden sollten. Ein Eisenbahngesetz, wie es Preußen hatte, erhielt Sachsen nie, und so mußte über jedes einzelne Eisenbahnbauvorhaben im sächsischen Landtag entschieden werden. Schon im Jahre 1849 regten die I. und II. Kammer ein Eisenbahngesetz an. Aber man wollte erst Erfahrungen sammeln.

Am 6. März 1848 war mit dem Königreich Preußen ein Staatsvertrag zustande gekommen, nach dem einer Verbindungsstrecke Riesa–Landesgrenze nichts mehr im Wege stand. Es war nun ab 1. Oktober 1848 möglich, von Dresden nach Berlin, von einer Residenzstadt in die andere, auf kürzerem Weg per Eisenbahn zu fahren, allerdings nicht wie heute über Elsterwerda, sondern an Riesa vorbei über Jüterbog.

Im Jahre 1848 spielte sich an der vom sächsischen Staat geförderten Eisenbahnlinie Chemnitz–Riesa, wo besonders zwischen Döbeln und Waldheim große Geländeschwierigkeiten mit kostspieligen Kunstbauten zu überwinden waren, eine wahre Tragödie ab. Um die Mittel für die Vollendung der Bahnlinie „flüssig" zu machen, ließ die Chemnitz-Riesaer Eisenbahngesellschaft Anleiheobligationen zu 10 Taler je Schein drucken und verwendete sie als Zahlungsmittel. Banken in Dresden und Leipzig lösten diese 10-Taler-Scheine zum Nennwert ein, weil die verschuldete Eisenbahngesellschaft vorläufig mit Bargeld deckte, so daß lange Zeit die Meinung bestand, es handele sich hier um spezielles Papiergeld, bis dieses Scheingeld unter Wert sank. Einerseits ergaben sich gegenüber der Eisenbahngesellschaft, die die Gläubiger hinters Licht geführt hatte, und anderseits gegenüber der Regierung Vorwürfe, weil sie das geduldet hatte. Für die Riesa-Chemnitzer Eisenbahn blieben daraufhin die Anleihen aus; der Staat mußte die Eisenbahn aufkaufen, um die Eisenbahnverbindung zwischen der im Flachland am Elbhafen Riesa vorbei verlaufenden Leipzig-Dresdner Eisenbahn und einer in Nähe des Erzgebirges noch zu bauenden Ost-West-Strecke zu gewährleisten. Eine „Königliche Direktion der Chemnitz-Riesaer Staatseisenbahn" richtete sich zunächst in Döbeln, ab 1. Oktober 1853 in Chemnitz ein.

Im Königreich Sachsen lagen Ende des Jahres 1850 an Eisenbahnstrecken 475 km, davon 180 km als Staatseisenbahn.

Nicht Geldschwierigkeiten waren die Gründe für die Übernahme der Sächsisch-Schlesischen Eisenbahn durch den Staat. Die Regierung beabsichtigte, die ihr bereits gehörende Sächsisch-Böhmische Eisenbahn mit der Sächsisch-Schlesischen Bahn unter ihrer Leitung zu vereinen, was Ersparnisse bei den beiden Bahnen bringen würde, am günstigsten sicherlich in Dresden, wo beide Bahnen eigene Endbahnhöfe hatten. Die Sächsisch-Schlesische Bahn wurde am 31. Januar 1851 Staatseisenbahn. Gleichzeitig wurde ein „Königliches Direktorium der Sächsisch-Schlesischen und Sächsisch-Böhmischen Staatseisenbahnen" gebildet, am 14. Dezember 1852 entstand daraus die „Königliche Staatseisenbahn-Direktion zu Dresden". Am 19. April 1852 war über eine zunächst für den Straßen- und Eisenbahnverkehr gemeinsam genutzte Elbebrücke (die heutige Marienbrücke in Dresden) die Verbindung zwischen den Endbahnhöfen der beiden Bahnen hergestellt worden.

Es war nötig, die Leitung der Staatseisenbahnen neu zu ordnen. Die Staatseisenbahnverwaltung wurde Sache des Finanzministeriums. Den dem Finanzministerium nachgeordneten Direktionen waren wiederum Betriebsinspektoren für jede Eisenbahnstrecke unterstellt, eine Struktur, die prinzipiell bis zur Auflösung der Staatseisenbahnen galt.

Von staatlichen Einrichtungen waren in den nächsten zehn Jahren Bedenken, Eisenbahnen selbst zu bauen und sie auch als Staatseisenbahnen zu betreiben, nicht zu spüren. Fast alle sächsischen Eisenbahnstrecken waren von nun an bis zum Jahr 1862 als Staatseisenbahnen gebaut worden. In diese Zeit fiel die Fertigstellung der Sächsisch-Böhmischen Eisenbahn bis an die Landesgrenze (9,34 km), die für die Sächsisch-Bayerische Eisenbahn wesentliche Teilstrecke Reichenbach–Plauen (25,17 km), der komplizierte Abschnitt Limmritz–Chemnitz (35,67 km) und die Strecke Tharandt–Freiberg (26,30 km). Der sächsische Eisenbahnbau war, wenn sich günstigere Lösungen nicht anboten, äußerst schwierigen Geländeverhältnissen nicht aus dem Wege gegangen. Zu den problematischen Streckenabschnitten gehörte nicht nur die Strecke von Döbeln nach Waldheim, sondern auch die von Tharandt nach Freiberg. Bis zum Jahre 1862 wuchs die Eigentumslänge der Staatseisenbahnen auf 525 km an. Die Staatseisenbahnen führten auf einer Streckenlänge von 560 km den Betrieb, d. h. daß Privatbahnen die Ausübung des Eisenbahnverkehrs auf ihren Strecken dem Staat überließen.

Bis zum Jahre 1862 entstanden auf

Privatinitiative nur einige Kohlebahnen in den drei sächsischen Steinkohlezentren und die über die sächsisch-böhmische Landesgrenze hinwegführende Bahn von Zittau nach Reichenberg, für letztere erteilte Österreich nur einer Privatgesellschaft die Konzession, jedoch lagen 11/12 des Kapitals in sächsischer Staatshand. Im Jahre 1862 hatten die Staatseisenbahnen 157 Lokomotiven und 118 Tender.

In der eben behandelten Periode des Staatseisenbahnbaues geschah im Jahre 1858 Wesentliches, was für die sächsischen Staatseisenbahnen in den folgenden Jahrzehnten Bedeutung erlangen sollte. Die Eisenbahnlinie Riesa–Chemnitz wurde am 15. November 1858 bis Zwickau verlängert. Nun war nicht nur die für den Zwikkauer Steinkohlenbergbau wichtige Eisenbahnverbindung – auch als Niedererzgebirgische Eisenbahn bezeichnet – zu einem Elbehafen (Riesa) hergestellt, es war zugleich diese Strecke mit den wesentlichen Staatseisenbahnen verbunden, denn von Zwickau zur Sächsisch-Bayerischen Eisenbahn bestand schon seit 1845 eine Strecke. Es gab alle Veranlassung, für das zusammengewachsene Streckennetz nur noch eine Direktion vorzusehen. Die Direktion der Chemnitz-Riesaer Staatseisenbahn wurde aufgelöst. Deren Strecken verwaltete die Leipziger Direktion, ab 15. November 1858 als „Königliche Direktion der westlichen Staatseisenbahnen" bezeichnet. Gleichfalls nannte sich die Dresdner Direktion, deren Strecken noch nicht über eine Staatseisenbahnlinie (wohl aber durch die Leipzig-Dresdner Eisenbahn) mit den westlichen Bahnen verbunden waren, „Königliche Direktion der östlichen Staatseisenbahnen".

Der Zwickauer Steinkohlenbergbau war in besonderem Maße auf Eisenbahnen angewiesen. Die größte Menge an Steinkohle aus dem Zwickauer Revier ist im Jahre 1887 mit 2069745 t mit der Eisenbahn abgefahren worden. Noch 1890 gingen 38 Prozent (672300 t) der mit der Eisenbahn beförderten Zwickauer Steinkohle auf fremde Bahnen über. In den Jahren 1856 und 1859 erhielt Leipzig Eisenbahnverbindungen nach Corbetha und nach Bitterfeld, so daß Leipzig und andere sächsische Bahnhöfe von Thüringen und aus dem Anhaltischen (aus den Richtungen Magdeburg und Berlin) gut erreicht werden konnten.

Mit einer größeren böhmischen Stadt, mit Eger, wurde die Verbindung vom Vogtland aus gesucht. Absprachen mit der bayerischen Ostbahngesellschaft hatten ergeben, daß diese die Eisenbahnstrecke Regensburg–Schwandorf bis Eger zu verlängern beabsichtigte. Aus der sächsischen Staatskasse finanziert wurde die Vogtländische Bahn Herlasgrün–Eger; man glaubte, mit diesem Projekt eine günstige Verbindung zwischen dem Norden und München sowie mit den Donauländern hergestellt zu haben. Die Strecke Herlasgrün–Eger wurde am 1. November 1865 eröffnet. Von 101,73 km Strecke lagen 87,12 km auf sächsischem Territorium.

Der Krieg zwischen Preußen und Österreich von 1866, bei dem die Südstaaten auf seiten der Österreicher standen, brachte den sächsischen Eisenbahnen Verluste in mehrfacher Hinsicht. Um die wertvollen Lokomotiven nicht Feindeshand überlassen zu müssen, wurden sie vor den Preußen bis nach Hof, Eger und Budapest evakuiert. Der Viadukt von Ostrau (an der Strecke Chemnitz–Riesa) und die Elbebrücke bei Riesa mußten nach der Zerstörung wieder neu aufgebaut werden, die Wiederherstellungsarbeiten kosteten den sächsischen Staat ingesamt 82000 Taler. Im Berliner Friedensvertrag vom 21. Oktober 1866 sicherte sich das siegreiche Preußen mehrere Vergünstigungen bezüglich der Eisenbahn. Von der Sächsisch-Schlesischen Eisenbahn kamen die auf preußischem Territorium gelegenen Anlagen an Preußen. Der Bahnhof Görlitz wurde vollkommen preußisch. Ebenso war die preußische Strecke von Leipzig über Pegau nach Zeitz auf sächsischem Gebiet dem sächsischen Königreich durch den Friedensvertrag aufgezwungen worden.

Das obere Erzgebirge erhielt Eisenbahnanschluß mit der Obererzgebirgischen Eisenbahn Zwickau–Aue–Schwarzenberg, deren 36,30 km langer Streckenabschnitt Cainsdorf–Schwarzenberg am 15. Mai 1858 eröffnet wurde, und am 1. Februar 1866 mit der 43,05 km langen Strecke Flöha–Annaberg, die zugleich die Städte Zschopau und Wolkenstein miteinander verband. Die Fortsetzung nach der Industriestadt Chemnitz wurde ebenfalls am 1. Februar 1866 eröffnet. Die Annaberger Strecke erhielt ihre Verlängerung nach Böhmen im Jahre 1872 über Bärenstein zum Bahnhof Weipert. Diese Verbindung über die böhmische Grenze lag besonders in der Einfuhr wertvoller böhmischer Braunkohle begründet, von der Sachsen im Jahre 1890 dreißigmal soviel (3543777 t) beförderte wie eigene Braunkohle. So nimmt es nicht wunder, wenn später noch vier weitere Gebirgsüberschienungen entstanden zugunsten von Kohletransporten für die aufblühende Industrie in den Erzgebirgsorten.

Im Jahre 1869 brauchte nur der 27,24 km lange Streckenabschnitt Freiberg–Flöha fertiggestellt und der Abschnitt Flöha–Chemnitz für das zweite Gleis verbreitert zu werden, und die bis heute bedeutungsvolle Strecke Dresden–Werdau konnte durchgehend befahren werden. Seitdem lagen die beiden Streckennetze, das östliche und das westliche, nicht mehr losgelöst voneinander. Die Leipziger und

Dresdner Direktionen waren über eigenen Schienenweg verbunden. Sie wurden aufgelöst, und ab 1. Juli 1869 leitete in der Residenzstadt Dresden den Eisenbahnbetrieb der Staatseisenbahnen und der unter Staatsverwaltung befindlichen Privateisenbahnen die „Königliche Generaldirektion der Staatseisenbahnen“.

Ab dem Jahre 1872 gehörte zur Generaldirektion eine technische Abteilung mit Maschinen-Hauptverwaltung. Im „Exekutiven Maschinendienst“ waren u. a. Heizhausvorstände (heute sagen wir Leiter der Bahnbetriebswerke dazu), Feuerleute, Nachtfeuerleute, Kohlenmesser beschäftigt. 274 Lokomotivführer und 51 Reserveführer standen bei den sächsischen Staatseisenbahnen im angeführten Jahr in Diensten.

Die Eisenbahn avancierte überall, nicht nur in Sachsen, zur beliebten Einrichtung, derer es noch mehr zu schaffen galt. Das Privatkapital wurde aktiv, Gründer und Bauunternehmer versahen an vielen Orten ihr Geschäft. Die Bahngesellschaften selbst verschuldeten oft, die Nachfrage trieb Preise und Löhne in die Höhe. Das ging auf die Dauer nicht gut; es kam zum Gründerkrach. Dem sächsischen Staat, wenn er Interesse an begonnenen und fertiggestellten Eisenbahnen hatte, blieb nichts anderes übrig, als solche Eisenbahnen aufzukaufen, so daß sich das Streckennetz der Staatseisenbahnen auch während der Krise in den siebziger Jahren vermehrte. Doch der Landtag wurde gegenüber neuen Konzessionsgesuchen kritischer.

Schließlich hatten Eisenbahnstrecken die Industrialisierung der Städte gefördert. Auch in Dörfern etablierten sich größere Industriebetriebe, besonders der Textilindustrie. Für alles war die Eisenbahn unerläßlich, da in Sachsen andere Verkehrsmittel, wie Schiffe, Fahrposten und Fuhrwerke, nicht immer und überall den Transportanforderungen genügten. Sachsen war bereits Industriestaat.

In Dresden verdoppelte sich die Einwohnerzahl nahezu zwischen den Jahren 1854 und 1864; 1894 lebten 316660 Einwohner in dieser Stadt, fast viermal soviel wie 1854. Im „sächsischen Manchester“, in Chemnitz, nahm zwischen 1858 und 1867 die Bevölkerung um ein Drittel zu. Es vergrößerte sich nicht allein die Stadtbevölkerung, auch die Einwohnerzahl des Königreiches insgesamt. Sachsen zählte 1846 1825500 Bürger, 1870 2509300 Bürger und 1900 4065300 Bürger. Die Industrieanlagen zogen immer mehr Menschen an. Das bedeutete, weitere Strecken und Bahnhofsanlagen für den Personen- und Güterverkehr zu schaffen oder bestehende zu erweitern. Die Baufreude bei Eisenbahnen in Sachsen kann jedoch nicht darüber hinwegtäuschen, daß es auch im Königreich Sachsen noch unterentwickelte Gebiete gab, deren Aufschwung vermutlich erst mit einer Eisenbahn in Gang käme. Das traf beispielsweise bis in die siebziger Jahre des 19. Jahrhunderts für die Südlausitz zu.

Aber nicht alle Wünsche ließen sich sofort, manche überhaupt nicht erfüllen. Große Summen mußten für die stetige Vermehrung der Betriebsmittel (Lokomotiven, Tender und Wagen), für schon erwähnte Erweiterungsbauten und für Werkstattkomplexe ausgegeben werden. Allein die Landtage von 1872/1873 und von 1873/1874 bewilligten

16500000 Mark für Betriebsmittel,
16390000 Mark für Bahnhofsumbauten und -erweiterungen,
750000 Mark für ein neues Signalsystem.

Erwünscht waren weitere Eisenbahnstrecken, doch selbst der Fiskus konnte nicht allen Erwartungen gerecht werden. Vielleicht ließe sich manches an den Eisenbahnstrecken vereinfachen? Die Landtagsperiode 1875/1876 setzte das Sekundärbahnsystem auf die Tagesordnung. Der Bau von Staatseisenbahnen wurde Prinzip.

Vorbildern in England und Norwegen folgend, hatte die Techniker-Versammlung des Vereins Deutscher Eisenbahnverwaltungen in Dresden im Jahre 1865 Grundsätze für sekundäre Bahnen aufgestellt. Das „Centralblatt für das Deutsche Reich“ vom 14. Juni 1878 setzte die „Bahnordnung für deutsche Eisenbahnen untergeordneter Bedeutung“ ab 1. Juli 1878 in Kraft. Erleichterungen wurden u. a. zugestanden:

- bei der Bahnbewachung,
- bei der Anzahl zu besetzender Bremsen im Zuge,
- für Bahneinfriedungen,
- bei der Wegübergangssicherung,
- im Signaldienst,
- bei Lokomotiven und Wagen bezüglich der Radreifenabnutzung.

Strecken, für die diese Erleichterungen zutrafen, nannte man in Sachsen Sekundärbahnen. Sie sollten nur mit geringer Geschwindigkeit und einfachen Lokomotiven und Wagen befahren werden. Ersparnisse ließen sich auch bei der Betriebsführung erzielen, und so verfügte man, 26 ursprünglich als „Primärbahn“ gebaute Strecken mit einer Gesamtlänge von 453 km ab sofort nur als Sekundärbahn zu betreiben, u. a. die Strecken Werdau–Weida, Herlasgrün–Falkenstein, Riesa–Nossen. Als erste Sekundärbahn wurde die Strecke Plagwitz-Lindenau–Gaschwitz gebaut; am 1. September 1879 mit 9,82 km eröffnet; der Betrieb auf ihr wich jedoch kaum von dem auf Hauptbahnen ab. Als Sekundärbahn gebaut und auch mit allen möglichen Erleichterungen betrieben wurde zuerst die Strecke Pirna–Berggießhübel (14,93 km, am 19. Juli 1880 eröff-

net). Auch die in den nächsten Jahren gebauten Schmalspurbahnen galten grundsätzlich als Sekundärbahnen.
Die Zuwendung zum generellen Staatsbahnsystem in Sachsen liegt in traditionellen Vorbehalten gegenüber Preußen begründet. Einige Unzuträglichkeiten bei deutschen Eisenbahnen veranlaßten das Deutsche Reich, als Behörde über alle deutschen Eisenbahnen ein Reichseisenbahnamt einzusetzen, das mehrere für die Eisenbahnen verbindliche Bestimmungen in Kraft setzen ließ, u. a. ein Betriebsreglement (1874), eine Signalordnung (1875), Normen für die Konstruktion und Ausrüstung der Hauptbahnen (1878) und die schon genannte Bahnordnung für deutsche Eisenbahnen untergeordneter Bedeutung (1878) (letztere in Sachsen ergänzt am 15. April 1882 von „Allgemeinen Vorschriften zur Sicherung des Betriebes der im Königreich Sachsen gelegenen Eisenbahnen untergeordneter Bedeutung"). Als bekannt wurde, daß der Reichskanzler Fürst Bismarck beabsichtigte, alle Eisenbahnen unter Hoheit des Reiches mit preußischer Hegemonie zusammenzufassen, setzten Bayern, Württemberg und Sachsen ihren Einspruch dagegen. Die Regierung in Sachsen versuchte nun, möglichst alle sächsischen Eisenbahnen zu besitzen, um dem Reichseisenbahnprojekt zuvorzukommen, auch unrentable, für das Land zugleich wichtige Strecken aufrechtzuerhalten und ein größeres Gewicht gegenüber der preußischen Eisenbahn zu erlangen.
Seit dem Jahre 1854 schon hatte sich die Regierung bemüht, die Strecken der „Leipzig-Dresdner Eisenbahn-Compagnie" in den Verband der Staatseisenbahnen einzubeziehen. Das geschah dann am 1. Juli 1876; das sächsische Staatseisenbahnnetz vergrößerte sich damit um 337,3 km. Die Generaldirektion hatte Ende 1876 insgesamt 1 676 km Streckenlänge in Betrieb, davon waren 1 619 km in Staatsbesitz. Die Anzahl der Lokomotiven erhöhte sich zwischen 1875 und 1876 von 474 auf 672.
Im Jahre 1881 begann im Königreich Sachsen der Bau der ersten schmalspurigen Sekundärbahn, eine bis heute umstrittene und viel diskutierte Angelegenheit. Die Einsparungen bei normalspurigen Sekundärbahnen waren noch nicht groß genug. Bei schmalspurigen Eisenbahnen, für die es in anderen europäischen Ländern schon Vorbilder gab, ließen sich weitere Kosten einsparen. Einige Landstriche durften auf eine Eisenbahn in schmaler Spur hoffen. Die Schmalspurbahnen hatten in Sachsen nicht nur Befürworter, schon bei der 6,72 km langen Strecke Wilkau–Kirchberg Stadt (17. Oktober 1881 eröffnet) gab es heftige Debatten. Die Gesamtlänge der Schmalspurbahnen wuchs schließlich bis zum Jahre 1920 auf 519,88 km an, sie hatten damit in Sachsen noch nicht ihre größte Ausdehnung erreicht.
Fortan mußte sich die K.Sächs.Sts. E.B. auch auf spezielle Anlagen und Betriebsmittel für Schmalspurbahnen konzentrieren. Bei Lokomotiven und Wagen sind bemerkenswerte Konstruktionen entstanden, und es ist eine weitgehende Einheitlichkeit für alle Strecken erreicht worden. Die Spurweite betrug zunächst einheitlich 750 mm. Als Ausnahme unter den sächsischen Schmalspurbahnen gilt die Strecke Zittau–Oybin mit Abzweig Bertsdorf–Jonsdorf. Sie durfte von einer Privatgesellschaft errichtet werden, weil der Staat zu der Zeit für eine Schmalspurbahn zum Zittauer Gebirge keine finanziellen Mittel erübrigen konnte, eine Eisenbahnverbindung aber dringend erforderlich war. Die Zittau-Jonsdorfer Eisenbahn (ZOJE) ist am 25. November 1890 in Betrieb genommen worden. Da die Staatseisenbahnen bei ihr die Betriebsführung ausübten, wichen Lokomotiven und Wagen nicht von denen der schmalspurigen Staatseisenbahnen ab. Am 1. Juli 1906 ging die Zittau-Oybin-Jonsdorfer Eisenbahn in Staatseigentum über.
Am 1. Januar 1899 wurde eine neue Verwaltungsordnung gültig. Der Generaldirektion mit den Hauptverwaltungen unterstanden für den Lokomotivbetrieb Eisenbahn-Maschinen-Inspektionen, deren Aufgabe es war, die Lokomotiven und Tender bereitzustellen sowie über die Heizhäuser (heute Bahnbetriebswerke) die Aufsicht auszuüben.
Große Bedeutung für Sachsen erlangte die Berlin-Dresdner Eisenbahn, deren Dresdner Bahnhof sich in Friedrichstadt befand. Am 1. April 1888 wurde die Strecke Dresden–Elsterwerda Staatseisenbahn, was eine Verbindungskurve in Nähe von Kötzschenbroda (heute Radebeul West) zur Folge hatte, so daß die großen Bahnhofsumbauten in Dresden für die Zukunft Berliner Züge nicht mehr in Dresden-Friedrichstadt, sondern auf den Bahnhöfen Dresden-Neustadt und Dresden Hauptbahnhof berücksichtigen konnten. Zur bevorzugten Verbindung Dresden–Berlin wurde jetzt die Strecke über Elsterwerda. Die eben genannten Dresdner Bahnhofsumbauten begannen im Jahre 1891 und brachten ein bis in die Gegenwart gültiges Eisenbahnsystem in der Elbestadt zustande. Schon an den nur in Auszügen genannten Bauobjekten wird deutlich, welche immense Leistung für die Eisenbahn erbracht wurde, aber zugleich auch, welche Bedeutung die Eisenbahn für Sachsen gewonnen hatte. Bei den neuen Dresdner Bahnhofsbauten ging es um einen Zentralbahnhof, den Hauptbahnhof. An seiner Stelle war erst 1864 der Böhmische Bahnhof gebaut worden. An die Stelle des Schlesischen Bahnhofs kam der Bahnhof Dresden-Neustadt, nun auch für die

Berliner und Leipziger Züge (der Leipziger Bahnhof wurde Güterbahnhof). Hauptbahnhof und Neustädter Bahnhof erhielten den Fernverkehr zugewiesen. Eine neue Eisenbahn-Elbebrücke mit der neuen viergleisigen Verbindungsbahn verband beide Bahnhöfe. Die viergleisige Strecke reichte bis Coswig. In Stadtmitte kam hinzu der Bahnhof Wettinerstraße (heute Dresden Mitte). Der Personenverkehr wurde vom Güterverkehr getrennt. Klotzsche und Dresden-Friedrichstadt erhielten großzügige Rangierbahnhöfe, letzterer auch einen Werkstattbahnhof. Zum Umbauprojekt gehörten auch der Abstellbahnhof Dresden-Altstadt, ein neuer Winterhafen an der Elbe, das Dienstgebäude für die Generaldirektion. Die umfassenden Bauarbeiten waren am 1. März 1901 im großen und ganzen abgeschlossen.

Das abwechslungsreiche Streckenprofil der Staatseisenbahnen verdeutlichen Werte aus dem Jahre 1900 (Schmalspur als Klammerwerte). Von der Betriebslänge 2623,76 km (410,26 km) lagen nur 701,65 km (21,31 km) in der Waagerechten. Dabei sind die Steigungs- bzw. Gefällestrecken unterteilt nach Neigungen bis einschließlich 1:200 mit 608,70 km (46,71 km), von 1:200 bis einschließlich 1:100 mit 772,41 km (58,41 km), von 1:100 bis einschließlich 1:40 mit 573,61 km (173,96 km) und über 1:40 mit 3,39 km (43,76 km). Als stärkste Neigungsstrecke bestanden im Jahre 1900 zusammenhängend 236 m mit der Steigung von 1:34 als Normalspurstrecke, schmalspurig zusammenhängend 686 m mit 1:20.

In der Krümmung lag fast die Hälfte der Streckengleise, nämlich 1144,93 km (150,28 km). Der kleinste Krümmungshalbmesser betrug auf freier Strecke 71 m (50 m). 254,52 km Bahnlänge (Gleise der freien Strecke und der Stationen) ließen sich in Geländehöhe anlegen, für 2772,59 km Bahnlänge waren Erdarbeiten im Auftrag oder Abtrag erforderlich. An Kunstbauten gehörten zu den K.Sächs.Sts.E.B. bis zum Jahre 1900 insgesamt 1408 Brücken mit lichten Öffnungen zwischen 10 m und 30 m, 157 Viadukte – insgesamt 20422 m lang – und 41 Tunnel. An Oberbau waren im ganzen 5758,09 m Gleise zu unterhalten. Für Lokomotiven standen insgesamt 140 Drehscheiben mit Durchmesser bis 16 m zur Verfügung.

Im Jahre 1910 bildete man Züge auf Normalspurstrecken durchschnittlich mit 35 Achsen, und zwar Schnellzüge mit 25, Eilzüge mit 24, Personenzüge mit 23, Güterzüge mit 65 und Arbeitszüge mit 26 Achsen. Von den im gleichen Jahr insgesamt 1289103 gefahrenen Zügen (einschließlich der Züge auf Schmalspurstrecken) waren die Personenzüge (797127) am stärksten vertreten, gefolgt von Güterzügen (450604). Auf Nebenstrecken fuhren Züge meist mit weniger als 20 Achsen, auf Hauptstrecken jedoch mußten die Lokomotiven mehr leisten. Auf der Strecke Bodenbach–Dresden zog eine Lokomotive der Gattung II durchschnittlich 108 Achsen. Für die Lokomotivfeuerung wurde zu dieser Zeit meist Steinkohle (626242 t im Jahre 1910) verwendet, doch auch Koks – vornehmlich für den Rangierdienst – und Holz zum Anfeuern mußten gebunkert werden.

Am 15. Dezember 1902 ging die Schmalspurbahn Reichenbach i. Vogtl. unt. Bf. – Oberheinsdorf (5,40 km) in Betrieb. Ihre Spurweite betrug 1000 mm, wie bei der am 14. Mai 1917 eröffneten Schmalspurbahn Klingenthal–Untersachsenberg-Georgenthal (4,96 km).

So wie sich der Staat fast aller sächsischen Eisenbahnen bemächtigte und neue nur als Staatseisenbahn zuließ, kümmerte er sich auch um Straßenbahnen und Autobuslinien, wenn nach Meinung der Regierung daraus Konkurrenzlinien für die Staatseisenbahnen entstehen könnten. So wurde auf Staatskosten die zweigleisige Straßenbahn von Dresden-Pieschen nach Kötzschenbroda (heute Radebeul) gebaut, und auch neue Autobuslinien gehörten der K.Sächs.Sts.E.B.

Am 1. Januar 1910 trat für die sächsischen Staatseisenbahnen die letzte Verwaltungsordnung in Kraft. Der Generaldirektion mit dem Maschinenbetriebsbüro und dem Maschinentechnischen Büro sowie 10 Hauptverwaltungen wurden die 6 Betriebsdirektionen (vorher Betriebsinspektionen) Leipzig I, Leipzig II, Zwickau, Chemnitz, Dresden-Altstadt und Dresden-Neustadt unterstellt. Für den Lokomotiveinsatz gab es innerhalb der Betriebsdirektionen 5 Maschinenämter, zuständig für 23 Heizhausverwaltungen und 123 Heizhäuser, und 4 Werkstättenämter, denen 4 Hauptwerkstätten (Chemnitz, Dresden-Friedrichstadt, Leipzig-Engelsdorf, Zwickau) zugeordnet waren. Die „Eisenbahn-Maschinenämter haben den Maschinenbetriebsdienst auszuführen und zu überwachen, insbesondere dafür zu sorgen, daß sich die für den Betrieb erforderlichen Lokomotiven und Tender jederzeit in betriebstüchtigem Zustande befinden.“

Das nächste – und letzte – große Umbauprojekt nach den Dresdner Bahnhöfen wurde der Umbau der Leipziger Eisenbahnanlagen. Der zunehmende Eisenbahnverkehr in der Messestadt und die Lage der Bahnanlagen forderten dringend eine Verbesserung der Verkehrsverhältnisse. Anstelle von 6 Bahnhöfen im Stadtzentrum schien ein Zentralbahnhof, in Leipzig auch als Hauptbahnhof bezeichnet, geeigneter. Die beiden in Leipzig beteiligten Eisenbahnverwaltungen, K.Sächs.Sts.E.B. und K.P.E.V., fanden nach langwierigen Verhandlungen eine Lösung und

einigten sich auf einen gemeinsamen Hauptbahnhof (als Kopfbahnhof) unter beider Verwaltung. Zusätzlich mußten neue Anlagen für Übergabebahnhöfe, Verbindungsbahnen, Postbahnhof, Maschinenhäuser, Güterschuppen u. a: projektiert und gebaut werden.
Große Rangierbahnhöfe errichtete Sachsen in Engelsdorf, Preußen in Wahren, um den Güterverkehr der Eisenbahnen weitgehend vom Stadtzentrum fernzuhalten. Mit der Fertigstellung des Empfangsgebäudes für den Hauptbahnhof am 4. Dezember 1915 waren die Umgestaltungsarbeiten in Leipzig und Umgebung beendet.
Die politischen Umwälzungen nach dem ersten Weltkrieg zwangen 1918 den sächsischen König zur Abdankung, die K.Sächs.Sts.E.B. wurde Sächs.Sts.E.B. Großzügige Ausgaben für Bahnhofsbauten und neue Strecken und besonders die Auswirkungen des ersten Weltkrieges trieben die sächsische Staatseisenbahn ins Defizit. Bei den anderen deutschen Staatseisenbahnen lagen ähnliche Verhältnisse vor, und so gab es nicht viel Widerstand, als sich die größten deutschen Eisenbahnen (auch als Ländereisenbahnen bezeichnet) per 1. April 1920 zur Deutschen Reichsbahn-Gesellschaft zusammenschlossen. Sukzessive verschwand das Eigentumsmerkmal Sächs.Sts.E.B. von Lokomotiven und Wagen. Die sächsische Staatseisenbahn hatte bei ihrer Eingliederung in die Deutsche Reichsbahn-Gesellschaft ihre größte Ausdehnung mit 3370,04 km erreicht.

1.4. Die sächsischen Lokomotivfabriken

Die erste auf deutschem Boden gebaute Lokomotive für Normalspur war die SAXONIA für die Leipzig-Dresdner Eisenbahn. Professor Johann Andreas Schubert (1808–1870), dem die sächsische Eisenbahn auch die Göltzschtalbrücke verdankt, entwarf 1838 in der Maschinenbau-Anstalt Uebigau bei Dresden die Lokomotive nach englischem Vorbild (B-Lokomotive COMET von Rothwell) und brachte bei seiner Maschine zusätzlich unter dem Führerstand eine Schleppachse an. Sie sollte die Treibachse entlasten und bei Achsbruch ein Kippen der Lokomotive verhindern. An weiteren Neuerungen hatte der Konstrukteur einen beweglichen Rost, Speisewasserwärmvorrichtung und schmiedeeiserne Räder sowie eine Bandbremse, von oben auf die Treibräder wirkend, vorgesehen. Die Bandbremse war wegen des großen Verschleißes aber bald wieder abgebaut worden. Die Pioniertat Schuberts, die erste deutsche Lokomotive gebaut zu haben, wurde nicht ernst genommen. Schubert durfte mit der SAXONIA den Eröffnungszug der Leipzig-Dresdner Eisenbahn nicht fahren. Bei den führenden Männern dieser Bahn gab es starke Vorbehalte gegen Schubert und sein Unternehmen. Im Jahr 1856 wurde SAXONIA verschrottet, nachdem sie bereits lange zuvor nur noch Bahnhofsdienst verrichtet hatte oder abgestellt war.
Zwei Jahre später baute die Maschinenbau-Anstalt Uebigau die Lokomotive PHOENIX und übergab sie am 12. April 1840 der Leipzig-Dresdner Eisenbahn. Allerdings ist die Lokomotive kaum benutzt und an die Fabrik wieder zurückgegeben worden. Die Firma, die auch Dampfschiffe für die Elbe-Schiffahrt baute, stellte weitere Lokomotiven nicht mehr her.

Die Sächsische Maschinenbau-Compagnie in Chemnitz übernahm von Carl-Gottlieb Haubold 1836 einen Spinnereibetrieb, bei dem zehn Jahre zuvor der Maschinenbau eingeführt worden war. Die Sächsische Maschinenbau-Compagnie baute die Lokomotiven PEGASUS (nach der als Vorbild von der Leipzig-Dresdner Eisenbahn geliehenen 1A1-Lokomotive STURM) und TEUTONIA. Letztere erwies sich bei der Magdeburg-Leipziger Eisenbahn als untauglich. PEGASUS hatte ihre Probefahrt bei der Leipzig-Dresdner Eisenbahn am 26. Januar 1840, doch erst nach mehreren Änderungen übernahm die Bahn die Maschine im Jahre 1842. Weitere Lokomotiven zu bauen gelang der Firma nicht, da ihr die für eine weitergehende Lokomotivherstellung notwendige Kapitalhilfe versagt blieb.
Schon im Jahre 1848 hatte der Wirtschaftsexperte Wieck kritisiert, daß sich zu viele Kleinunternehmen dem Lokomotivbau zuwenden wollen. Man solle lieber ein großes, leistungsfähiges Unternehmen unterstützen. Das wird sich auch die Regierung gedacht haben. Wegen fehlender Unterstützung scheiterte der Lokomotivbau auch bei der Firma Rabenstein & Co. in Chemnitz. Carl August Rabenstein war einst bei der Sächsischen Maschinenbau-Compagnie angestellt gewesen, gründete 1843 eine eigene Fabrik und baute 1846 zwei Lokomotiven, eine übernahm die Maschinenfabrik Hartmann und verkaufte sie nach geringfügigen Umbauten im Jahre 1851 als PHOENIX an die Sächsisch-Böhmische Eisenbahn.
In Dresden versuchte sich der Amerikaner Washington Beyer und lieferte eine 1B-Lokomotive an die Albertbahn, wo sie unter dem Namen FRIED-

RICH AUGUST fuhr. Vermutlich handelt es sich um die zweite Rabenstein-Lokomotive, die Hartmann von dieser Firma übernommen und an Beyer weitergegeben hat.

Wesentlich erfolgreicher war Richard Hartmann (1809–1878), der im Jahre 1832 als Schmied aus dem Elsaß nach Chemnitz kam und sich in der Sächsischen Maschinenbau-Compagnie anstellen ließ. Um als Meister arbeiten zu dürfen, erwarb er im Jahre 1837 das Bürgerrecht und gründete ein eigenes Unternehmen, das Textilmaschinen reparierte und später solche selbst herstellte. Als Hartmann im Jahre 1844 seine Fabrik in die Leipziger Straße verlegte, dachte er zugleich an die Fertigung von Lokomotiven, da er Bedarf an Betriebsmitteln bei der fortschreitenden Entwicklung der sächsischen Eisenbahnen erkannte.

Durch Fürsprache von Chemnitzer Honoratioren und am Königlichen Hof erhielt Hartmann mehrmals städtische und staatliche Kredite, für die er Maschinen anschaffte und Werkhallen bauen ließ.

Hartmann unternahm im Jahre 1845 mit dem künftigen Leiter der Lokomotivproduktion Theodor Steinmetz Studienreisen nach England und Frankreich und stellte mit Ingenieur Gonzenbach einen weiteren Elsässer für die Lokomotivherstellung ein. Ihrer Abstammung ist wohl zuzuschreiben, daß Hartmannsche Lokomotiven nicht ganz frei von französischen Einflüssen blieben.

Erste Lokomotive wurde im Jahre 1848 die GLÜCKAUF, eine 1B-Gemischtzuglokomotive für die Sächsisch-Bayerische Eisenbahn zum Preis von 15262 Talern. Sie ist am 5. Januar 1848 wie ein Schiff getauft worden. Die GLÜCKAUF wurde in Leipzig übergeben.

Richard Hartmann beteiligte sich als Großkapitalist an der Chemnitzer Aktienspinnerei, an der Chemnitz-Würschnitzer Eisenbahn, am Ursprunger Steinkohlenbau-Verein, an der Chemnitzer Bierbrauerei sowie bei der Serpentin-Industrie in Zöblitz/Erzgebirge. Ab 1854 besaß er eine eigene Gießerei. Im Jahre 1864 ließ Hartmann eine große Halle bauen, die die Montage mehrerer Lokomotiven zuließ. Fast sämtliche Lokomotiven für die sächsischen Staatseisenbahnen wurden bei ihm in Chemnitz gebaut, der sächsische Staat war Hartmanns bester Auftraggeber. Hartmann-Fabriken wurden in Chemnitz zum größten Unternehmen, das weiterhin Spinnmaschinen, Werkzeugmaschinen, Dampfmaschinen, Mühlengeräte und Waffen herstellte. Am 1. Januar 1868 nahm Richard Hartmann die Söhne Richard und Gustav sowie seinen Schwiegersohn Eduard Keller als Teilhaber des Unternehmens auf, doch schon am 1. April 1870 wandelte er, neue Gesetze schnell nutzend, die 200 000 m^2 bedeckende Firma in eine Aktiengesellschaft um. Von nun an wurden sächsische und andere Lokomotiven bei der „Sächsischen Maschinenfabrik zu Chemnitz vormals Richard Hartmann“ gebaut.

Eine neue und größere Gießerei entstand in den Jahren 1896/1897 in Chemnitz-Altendorf, die Lokomotivfabrik erhielt Normalspur- und Schmalspurverbindung zur Gießerei und später Gleisanschluß zur Eisenbahn. Bis zum Jahre 1908 fehlte der Hartmannschen Firma ein Gleisanschluß, und so mußte jede Lokomotive von Pferden durch die Stadt gezogen und der Eisenbahn zugeführt werden. Der letzte Lokomotivtransport mit Pferden fand im Jahre 1908 mit einer 2Cn4v-Lokomotive für die französische Ostbahn (SMF 3189/1908) statt.

Bereits 1855, also schon sehr früh, lieferte Hartmann die ersten dreifach gekuppelten Lokomotiven für die Albertbahn. Zu dieser Zeit war praktisch ausschließlich die Achsanordnung 1B üblich. Mit der 1'B-Lok SCHWARZENBERG für die Obererzgebirgische Bahn lieferte Hartmann 1856 eine der ersten Tenderlokomotiven. Sie war gewisser-

Bild 5
Da bis 1908 ein Eisenbahnanschluß fehlte, mußten Lokomotiven von der Hartmannschen Fabrik im Pferdegespann durch Chemnitz zum Bahnhof gezogen werden
Foto Sammlung E. Preuß

maßen der Prototyp für die bekannten Gebirgslokomotiven der Gattung IVb (später Gattung IIb), deren erste mit der Fabriknummer 100 durch ihren Namen HUNDERT repräsentativ herausgestellt wurde. Schon ein Jahr später folgte mit den 2'B-Tenderlokomotiven Gattung VIIIb T der Albertbahn eine weitere Spezialkonstrukion. Allerdings haben sich diese Maschinen nicht auf Dauer durchsetzen können und wurden später in 1'B umgebaut.
Ein besonderer Höhepunkt in der Hartmannschen Lokomotivproduktion war die elegante 2'B1, Gattung X V. Die Lokomotive Nr. 176 (Fabriknummer 2492) wurde auf der Pariser Weltausstellung 1900 mit dem Grand Prix ausgezeichnet.
Die 4000. Lokomotive, die die Sächsische Maschinenfabrik am 9. März 1918 an die sächsische Staatseisenbahn übergab, war die erste der Gattung XX HV (spätere DR 19 005). Nach dem Fertigstellungsprogramm wäre für Fabriknummer 4000 eine Güterzug-Tenderlokomotive der Gattung XI HT (die spätere DR 94 2041) in Frage gekommen. Eine solche Lokomotive schien dem Lieferjubiläum nicht angemessen, so übertrug man die runde Fabriknummer einfach der im Bau befindlichen Schnellzugmaschine, zumal Entwicklungsarbeiten zur Gattung XX HV als vermutlich gelungene Serie besondere Aufmerksamkeit genossen. Bis zu dieser Zeit hatten die sächsischen Staatseisenbahnen von der Chemnitzer Lokomotivfabrik über 1900 Lokomotiven erworben und über 103 Millionen Mark für Lokomotiven und Tender bezahlt.
Zu bestimmten Zeiten, wenn in Chemnitz die Lokomotivproduktion an der Kapazitätsgrenze angelangt war und die K.Sächs.Sts.E.B. weitere Lokomotiven benötigte, erhielten auch außersächsische Lokomotivfabriken bescheidene Aufträge. Das Hartmannsche Unternehmen und die Nachfolgefirma hatten aber bei den sächsischen Staatseisenbahnen das Primat und lieferten außerdem in mehrere europäische Länder – u. a. über 150 Lokomotiven für Strecken in Rußland (ab 1860), nach Rumänien, Dänemark, Spanien, auch nach Preußen. Gustav Hartmann gründete im Jahre 1896 ein Zweigwerk in Lugansk/Rußland, das ab dem Jahr 1900 Lokomotiven herstellte. Chemnitzer Lokomotiven fuhren auf Gleisen mit 1067 mm Spurweite in Java, 300 Lokomotiven der Bauart Mallet in Niederländisch-Indien, andere in Kanada, in Japan, auf der Hedjazbahn von Damaskus nach Mekka, nahezu auf allen Kontinenten.
Die Qualität und die Leistungsfähigkeit der Lokomotiven waren geschätzt, als Neuerungen galten u. a. Verbundlokomotiven, Anfahrventile nach Lindner, die Bauarten Klose und Meyer.
Erst in den Krisenjahren nach dem ersten Weltkrieg stellt die Firma mit der Fabriknummer 4699 den Lokomotivbau ein, weil die geringen Aufträge eine wirtschaftliche Fabrikation nicht mehr ermöglichten. Die letzte Serie waren Schmalspur-Lokomotiven der Baureihen 99^{73-76} für die Reichsbahndirektion Dresden im Jahre 1928. Eine Übersicht über die von der Firma Richard Hartmann bzw. von der Sächsischen Maschinenfabrik Chemnitz gelieferten Lokomotiven gibt die Tabelle 1.

Tabelle 1
Lokomotiven der Firma Richard Hartmann bzw. der Sächsischen Maschinen-Fabrik Chemnitz

Fabriknummer	Ablieferung
1	Februar 1848
100	April 1858
200	Januar 1864
300	Dezember 1866
400	Oktober 1869
500	Oktober 1871
1000	Juni 1878
2000	August 1894
3000	Februar 1906
4000	März 1918
4699	1928

1.5. Die Bezeichnung der Lokomotiven

Die Lokomotiven der sächsichen Eisenbahnen trugen – wie in anderen deutschen Ländern auch – von Anfang an Namen. Dieses Unterscheidungsmerkmal genügte lange Zeit allen Anforderungen, bei der Leipzig-Dresdner Eisenbahn sogar bis zur Verstaatlichung im Jahr 1876. Wurde eine Lokomotive ausgemustert, so tauchte ihr Namensschild alsbald an einer anderen, neuen Lokomotive wieder auf. In verwaltungsinternen Listen wurden die Lokomotiven außerdem mit einer laufenden Nummer gekennzeichnet, die aber noch nicht fest zur jeweiligen Lokomotive gehörte, sondern praktisch mit jeder Veränderung des Lokomotivbestandes wechselte. Nur einzelne Bahnen gaben ihren Lokomotiven auch äußerlich sichtbar fortlaufende Nummern (Bahnnummer), z. B. die Chemnitz-Komotauer Bahn. Mit zunehmendem Verwaltungsaufwand machte sich eine Systematisierung der Bezeichnung erforderlich. Die Listennummer wurde allmählich zur Bahnnummer (zuerst bei der Westlichen Staatsbahn), die ab 1869 auch an den Führerhausseitenwänden der Lokomotiven angebracht wurde. Etwa gleichzeitig teilte man bei den Sächsischen Staatsbahnen den Lokomotivpark in „Kategorien" ein, die mit einer Abkürzung der Herstellerfirma und einer römischen Ziffer

(von I bis VIII) bezeichnet wurden. Dieses System stellte im wesentlichen eine fortlaufende Numerierung der Bauarten jedes Herstellers dar.
Die Abkürzungen bedeuteten:

C	Cockerill,
Crlsr, Cr	Maschinenbau-Gesellschaft Karlsruhe,
B	Borsig,
E	Egestorff (Hanomag),
H	Hartmann,
Hg	Hagans,
Hth	Hawthorn,
Hl, Hsch	Henschel,
K	Keßler (Esslingen),
Kr	Krauss (München),
Schi, Sch	Schichau,
Sigl, Sgl	Sigl,
S, Schw	Schwartzkopff,
St	Stephenson,
U	Uniongießerei Königsberg,
W	Wöhlert.

Ab 1871 erhielt die **Gattungsbezeichnung** eine neue Bedeutung. Während die abgekürzte Bezeichnung der Lieferfirma beibehalten wurde, bezeichnete die römische Ziffer nunmehr eine bestimmte, meist durch ihre Achsanordnung gekennzeichnete Bauart. Zusatzbuchstaben hatten die Bedeutung
a „alt" und
b im Sinne von „neu" oder „zweite Bauart".
Die wichtigsten Gattungen waren zu dieser Zeit:

Gattungen I und II
1B-Lokomotiven der Longboilerbauart (einschließlich Tenderlokomotiven) verschiedener Hersteller, Baujahr ab 1845;
Gattung III
1B-Lokomotiven der Longboilerbauart Baujahr ab 1852;
Gattung III a
1B-Lokomotiven mit durchhängender Feuerbüchse zwischen den Kuppelachsen, Baujahr 1853;

Bild 6
Beschilderung einer Güterzuglokomotive: Eigentumsschild, Bahnnummer, Gattungsschild
Foto Contius, Repro Meyer

Gattung III b
1B-Personenzuglokomotiven, Baujahr 1871;
Gattung IV
1′B-Lokomotiven für kurvenreiche Gebirgsstrecken (einschließlich Tenderlokomotiven), Baujahr ab 1856;
Gattungen V a und V
C-Güterzuglokomotiven, Baujahr ab 1855;
Gattung VI a
1A1-Lokomotiven, Baujahr ab 1848;
Gattung VI
1B-Eilzuglokomotiven, Baujahr ab 1858;
Gattung VII
B-Gemischtzuglokomotiven, Baujahr ab 1868;
Gattung VIII
2′B-Lokomotiven (einschließlich Tenderlokomotiven), Baujahr ab 1857.
Ohne römische Ziffer in der Gattungsbezeichnung waren anfangs nur die C-Tenderlokomotiven der Gattung H T (ab 1876 in Gattung H V T umbenannt).
Veränderungen des Bezeichnungssystems ergaben sich durch Einführung weiterer Buchstaben
– als selbständiges Gattungskennzeichen:
F für Bauart Fairly (ab 1885),
M für Bauart Meyer (ab 1889),
Kl für Bauart Klose (ab 1889);
– als Zusatzkennzeichen hinter der Gattungsnummer:
T für Tenderlokomotiven (ab 1876),
K für 750-mm-Schmalspurlokomotiven (ab 1881), dieses Kennzeichen erscheint ab 1896 vor der Gattungsnummer, später wieder dahinter;
S für Sekundärbahn-Lokomotiven (ab 1884);
O für Omnibuszug-Lokomotiven (ab 1885);
C (Compound) für Verbund-Lokomotiven (ab 1887), ab 1889 geändert in V;
M für Meterspur-Lokomotiven (ab 1902);
H für Heißdampflokomotiven.
Die Buchstaben V und H wurden in Fraktur geschrieben. Der Zusatzbuchstabe b erhielt ab 1885 die Bedeutung „bewegliche Laufachse". Bei Lokomotiven mit Drehgestell entfiel diese Kennzeichnung ab 1896. Ferner entfiel ab 1896 die Angabe der Lieferfirma in der Gattungsbezeichnung.
Lokomotiven mit unterschiedlichem Treibraddurchmesser innerhalb einer Gattung erhielten ab 1896 eine arabische Ziffer als weiteres Zusatzkennzeichen:

1 Schnellzuglokomotive,
2 Personenzuglokomotive.
Schmalspurlokomotiven erhielten von 1896 bis 1900 folgende Zusatzkennzeichen:
A für feste Achsen,
B für bewegliche Achsen (Klien-Lindner-Hohlachse).

Ab 1896 wurde die Gattungsbezeichnung unter der Eigentumsbezeichnung „K.Sächs.Sts.E.B." (nach 1918 „Sächs.Sts.E.B.") an den Führerhausseitenwänden angebracht.

Infolge Ausmusterung älterer Gattungen ergaben sich folgende Änderungen:

1885 wurde die Gattung III (nicht IIIa und IIIb!) in Gattung II umbenannt, nachdem die alten Gattungen I und II ausgemustert waren. Aus der alten Gattung IIIb wurde die Gattung III (mit starrer Laufachse) bzw. die Gattung IIIb (mit neuer Bedeutung des „b" für die Lokomotiven mit Novotny-Lenkachse).

1890 wurde die Gattung I mit B'B'-Günther-Meyer-Lokomotiven neu besetzt (zunächst Tenderlokomotiven Gattung I TV, ab 1898 auch Schlepptenderlokomotiven).

1900 wurde die Gattung IVb T in die Gattung IIb T umbenannt und die Gattung IV T durch 1'B1'-Tenderlokomotiven der ehemaligen Gattung VIIIbbT$_2$ neu besetzt.

Bei der Indienststellung neuer Gattungen erhielten von nun an die Schnellzug- und Personenzuglokomotiven gerade, die Güterzug-, Nebenbahn- und Verschiebelokomotiven ungerade Gattungskennzeichen. Schmalspurlokomotiven wurden zunächst wie Normalspurlokomotiven, aber mit dem Zusatzzeichen K, bezeichnet:
eine Bt-Lokomotive als VII TK,
eine Ct-Lokomotive als V TK.

Bild 7
Lokomotive der Gattung IIb mit Tender sä 3 T 9 Nr. 669 (erbaut in eigener Werkstatt 1901). Nummernschilder und Eigentumsanschrift an der Tenderrückwand. Westinghousebremse mit Schlauchhochlage und Blindkupplung.
Foto Schulz, Repro Meyer

Ab 1896 wurde mit I beginnend eine neue Gattungsbezeichnung für die Schmalspurlokomotiven eingeführt und das Zusatzzeichen K davorgestellt.

Bei der Übernahme der Sächsischen Staatsbahn durch die DRG existierten bei Normalspurlokomotiven 18 Gattungen (I bis XVI, XVIII und XX) und bei Schmalspurlokomotiven 6 Gattungen (I K bis VI K).

Die **Numerierung** der Lokomotiven erfolgte zuerst, wenn überhaupt, in fortlaufender Reihenfolge, wobei durch Ausmusterung freigewordene Nummern in der Regel wiederverwendet wurden. Erste Umnumerierungen wurden bei der Übernahme von Privatbahnen durch die Staatsbahn erforderlich. Die Generaldirektion der K.Sächs.Sts.E.B. numerierte im Jahr 1869 die Lokomotiven der Westlichen Staatsbahn entsprechend ihrer Listennummer ab Nr. 1, die Lokomotiven der Östlichen Staatsbahn erhielten dagegen Nummern ab 201. Bis zur Eingliederung der Leipzig-Dresdner Eisenbahn im Jahr 1876 war die fortlaufende Numerierung (entsprechend der Beschaffung bzw. Übernahme von ehemaligen Privatbahnen) bis zur Nr. 513 gediehen, so daß die Lokomotiven der Leipzig-Dresdner Eisenbahn die Nummern ab 514 erhielten.

Umzeichnungen in größerem Umfang gab es im Jahr 1892 mit der Einführung eines neuen Nummernplanes. Mit diesem Plan versuchte man, eine gewisse Systematisierung der Lokomotivnummern zu erreichen, indem die einzelnen Gattungen bestimmte Nummernbereiche erhielten. So erhielten z. B. die IIIb-Personenzuglokomotiven die Nummern ab 201, die IIIb V ab 501, die V ab 801 usw. Schon bald zeigte sich aber, daß die gewählten Bereiche den Erfordernissen nicht mehr entsprachen, und Änderungen machten sich erforderlich:

1900 wurden die Nummern der noch vorhandenen Lokomotiven der Gattungen II, IIb, V und VII um 2000 erhöht, um deren Nummernbereiche für neue Gattungen freizumachen. So war es möglich, daß im Jahre 1906 die erste Lokomotive der Gattung XII H noch einmal die Bahnnummer 1 erhielt.

1912 erfolgte eine Änderung für die 1. Serie der Gattung XIV HT und Zuordnung der Nummern ab 1801 für diese Lokomotiven.

1916 wurden die Bahnnummern innerhalb der Gattung III, die durch Ausmusterungen stark dezimiert waren, neu festgelegt. Eine weitere Umnumerierung betraf die Gattung XI HT, die von nun an die Nummern ab 2001 erhielt.

1918 wurden die Bahnnummern für die Gattung XII H2 um 3000 erhöht.

Man kann also feststellen, daß es eine durchgehend systematische Numerierung der Lokomotiven bei der Sächsischen Staatsbahn nie gegeben hat.
Ab 1900 wurde die Bahnnummer nicht mehr am Führerhaus, sondern an beiden Seiten der Rauchkammer, bei Tenderlokomotiven an den Wasserkästen angebracht. Die Stirnseite der Lokomotiven trug keine Nummer. Nur einige Lokomotiven der neuesten Gattungen, z. B. XII H2, trugen Anfang der zwanziger Jahre zusätzlich an der vorderen roten Pufferbohle die weiß aufgemalte Betriebsnummer. Die Tendernummern (nicht identisch mit der Lokomotivnummer!) waren an beiden Seiten der Tenderrückwand angebracht.
Die **Namen** der Lokomotiven befanden sich an beiden Seiten des Kessels (bei Tenderlokomotiven an den Wasserkästen) und wurden im allgemeinen nur geändert, wenn sich infolge von Verstaatlichungen Doppelungen ergaben. Die SAXONIA gab es beispielsweise gleich viermal: bei der Leipzig-Dresdner Eisenbahn (Übigau 1838), bei der Sächsisch-Bayerischen Bahn (Stephenson 1842, Fabriknummer 364), bei der Sächsisch-Schlesischen Bahn (Stephenson 1845, Fabriknummer 462) und bei der Sächsisch-Böhmischen Bahn (Hartmann 1848, Fabriknummer 2). Die DRESDEN finden wir bei der Leipzig-Dresdner Eisenbahn (Hawthorn 1844, Fabriknummer 375, bei der Sächsisch-Schlesischen Bahn (Stephenson 1845, Fabriknummer 460) und bei der Sächsisch-Böhmischen Bahn (Cockerill 1847, Fabriknummer 189). Ähnliche Beispiele ließen sich noch viele aufzählen. Fast jede Bahn gab mindestens einer Lokomotive den (lateinischen) Namen des Landes, mit dem die Bahnlinie Sachsen verband: BAVARIA – Bayern, SILESIA – Schlesien, LUSATIA – Lausitz, BOHEMIA – Böhmen, AUSTRIA – Österreich, BORUSSIA – Preußen. Die Sächsisch-Bayerische Bahn gab anfangs ihren Maschinen Tiernamen, die deren Kraft symbolisieren sollten. Etwa ab 1855 wurde es üblich, den Lokomotiven die Namen der an der Strecke liegenden Orte zu geben. Auch die Namen von Fabrikanten, Aktionären und anderen einflußreichen Männern fanden sich an den Maschinen, besonders bei der Leipzig-Dresdner Bahn (WILLIAM KIRTLEY, EDWARD BURY, PETER ROTHWELL, ROBERT STEPHENSON, GUSTAV HARKORT usw.). Eine Lokomotive HARTMANN hatte fast jede Bahn, aber bezeichnenderweise finden wir keine Lokomotive mit dem Namen ANDREAS SCHUBERT!
Bei der Östlichen Staatsbahn waren Namen aus der Mythologie beliebt, wie z. B. TELLUS, PALLAS, CERES, VESTA u. ä. In späteren Perioden wurde es „Mode", Namen von Wissenschaftlern, Komponisten, Philosophen, Dichtern, aber auch von Gestirnen, Flüssen, Städten und vielem anderen zu verwenden. Auch politische Ereignisse spiegeln sich in den Namen der Lokomotiven wieder, wie z. B. der Deutsch-Französische Krieg 1870/71 in einer Serie von Schlachtenorten, und um 1880 machte sich eine wahre Amerika-Welle auf den Namensschildern (besonders der Gattung III b) breit. Güterzuglokomotiven erhielten sehr oft die Namen von Bergen, vielfach von Alpengipfeln, die durch ihre Mächtigkeit einen Hauch von Kraft suggerierten.
Umbenennungen gab es im allgemeinen nur, wenn die Bahn den Eigentümer wechselte. Viele Lokomotiven der Leipzig-Dresdner Eisenbahn erhielten ab 1876 bei der Staatsbahn neue Namen.
Ab 1892 war es mit den Namen für die Güterzuglokomotiven vorbei. Die Namensschilder wurden entfernt und zunächst gelagert. Nach 1893 tauchten sie dann an neugebauten Schnellzug- und Personenzuglokomotiven wieder auf (z. B. SALZBURG: V Nr. 815, ab 1894 VIIIb$_2$ Nr. 120). Dabei war manche Kuriosität zu beobachten: Irgend jemand muß sich den Spaß gemacht haben, die Namensschilder teilweise alphabetisch zu ordnen und dann an Neulieferungen entsprechend herauszugeben. Auf diese Weise erhielten beispielsweise die Gattung III b (Nr. 444 BAUTZEN bis Nr. 453 SCHEIBENBERG, Nr. 454 ALTENBERG bis Nr. 484 WIESENBURG) und die Gattung VIII V$_2$ (Nr. 519 ESSLINGEN bis Nr. 538 ZEITZ, Nr. 569 AUE bis Nr. 581 ZWENKAU) alphabetisch geordnete Namen.
Die Schnellzug- und Personenzuglokomotiven behielten ihre Namen bis zum Jahr 1900. Die „Kleinen" aber, die Gattungen VII und VII T, durften ihre Namen bis zu ihrer Ausmusterung behalten, vielleicht zum Ausgleich für ihr bescheidenes Nebenbahn- oder Rangierbahnhofsdasein!
Bei aller Exaktheit der „alten Deutschen" (und auch der Sachsen) finden wir jedoch auch manche Inkonsequenz in den Lokomotivbezeichnungen. So gab es z. B. in der Gattung I T neben den neuen B'B'-Tenderlokomotiven (Gattung I TV, Hartmann 1890) noch die alten 1B-Lokomotiven aus den Jahren 1857/58.
Die in 1'B-Tenderlokomotiven umgebauten Lokomotiven der Gattung VIIIb T (ehemalige 2'B) der Albertbahn waren wohl zu unbedeutend, um nach dem Umbau eine neue Gattungsbezeichnung zu erhalten. Eine umgebaute IVb dagegen (Nr. 112 WILDECK, Hartmann 1864), die durch Hinzufügen einer hinteren Laufachse im Jahr 1882 in eine 1'B1'-Tenderlokomotive verwandelt worden war und die Gattungsbezeichnung VIIIbb T erhalten hatte (was auch nicht ganz „astrein" war, denn die Gattung VIII kennzeichnete ja 2'B-Lokomotiven), mußte 15 Jahre später als geistiges Vorbild für die

neuen 1'B1'-Tenderlokomotiven der Gattung VIIIbb T (Hartmann 1897/1901) dienen. Diese wurden später wieder in die Gattung IV T umbenannt und sind unter dieser Bezeichnung bekannt geworden. Die Zusatzkennzeichen „1" und „2" hatten anfangs wohl auch mehr die Bedeutung einer zeitlichen Reihenfolge, denn sowohl die Lokomotiven der Gattung VIII_1, (Keßler 1870) als auch die der Gattung VIII_2 (Hartmann 1891), die ja noch gleichzeitig im Einsatz waren, hatten große Treibräder. Dagegen sind die Lokomotiven der Gattung VIII V_1 und die der Gattung VIII V_2 durch ihre Treibraddurchmesser eindeutig als Schnellzug- bzw. Personenzuglokomotiven gekennzeichnet.
Ein letztes Kuriosum sei noch angefügt: die Einordnung der Sekundärbahn-Tenderlok-Pärchen (2 x VII TS) mit ihren winzigen Rädern (auf deren Durchmesser bezogen) in die Gattung XVI T, also als „Personenzuglokomotiven".

1.6. Die technische Entwicklung der sächsischen Lokomotiven

1.6.1. Allgemeine Tendenzen

Die ersten Lokomotiven der sächsischen Eisenbahnen, beschafft von der Leipzig-Dresdner Eisenbahn, entsprachen schon einem relativ hohen Entwicklungsstand, hatten doch die englischen Lokomotivbauer schon langjährige Erfahrungen im Bau solcher Maschinen (bereits im Jahr 1829 war die erste öffentliche Strecke Manchester–Liverpool eröffnet worden). Zunächst waren es Lokomotiven mit der Achsfolge 1A1, die sich aber nur für den Sommerverkehr als brauchbar erwiesen, und Maschinen mit der Achsfolge B. Zu ihnen gesellte sich mit der SAXONIA von Professor Schubert die Achsfolge B1, die von Stephenson ebenfalls schon seit 1834 gebaut wurde. Viele der B-Lokomotiven wurden ja später ebenfalls in diese, eine größere Fahrsicherheit versprechende B1-Bauart umgebaut.
Interessante Hinweise auf konstruktive Details, Ausführungsqualität und betriebliche Bewährung von zwei der ersten Lokomotiven der Leipzig-Dresdner Eisenbahn, der BLITZ und RENNER, sind in einem handschriftlichen Bericht enthalten, den Zivilingenieur Köhler im Jahre 1837 über die Erfahrungen des ersten Betriebsjahres der Bahn schrieb. Der Bericht zeigt, daß die vielgerühmten englischen Maschinen durchaus nicht immer von bester Qualität waren und daß schon vor 150 Jahren der Gedanke der Standardisierung geäußert wurde. Der die Lokomotiven betreffende Teil des Berichtes ist nachstehend wiedergegeben (Hervorhebungen im Original).

Auszug aus

Bericht über den **Betrieb der Leipzig-Dresdner Eisenbahn während des ersten Jahres der Eröffnung von Leipzig bis Althen**
von H. Köhler, Civil-Ingenieur
(gerichtet an Direktorium und Chef-Ingenieur der Leipzig-Dresdner Eisenbahn)

Locomotiven.
Bei der Beaufsichtigung der Locomotiven kann keine Erfahrung zu kleinlich und keine Genauigkeit übertrieben sein. Es bedarf daher wohl keiner Entschuldigung, wenn ich bei diesem Kapitel, während vorliegenden Berichtes, Ihre Aufmerksamkeit auf eine mehr detaillierte Weise in Anspruch nehme, als es bei den übrigen Abschnitten nöthig ist, denn hier wachsen alle Details zu bedeutenden und werthvollen Gegenständen an, und können außerdem noch sehr ernsthafte Folgen nach sich ziehen.
Am 11.ten April kam die erste Locomotive, welche die Leipzig-Dresdner Eisenbahn befuhr, der „BLITZ" hier an und wurde in zwei Tagen zusammengesetzt. Bei dem ersten Ausfluge, welchen diese Maschine machte ließ sich aber sogleich bemerken, daß sie eilig gefertigt, und eilig aus der Werkstatt entlassen worden war. Wenn ich daher aufführe, daß die Ventile (steam valves) unregelmäßig arbeiteten, und nicht in Linie standen, daß die Dampfstöße undicht waren, die Zu- und Ableiteröhren im steam chamber gelöthet werden mußten, viele Bolzen sehr bald unbrauchbar wurden und brachen, die Kolbenstangen nicht in Linie mit den Excentriques arbeiteten, und endlich der ganze Kessel nicht in Linie mit dem Gestelle und den Rädern stand, so dürfte dies den Beweis geben, daß Eile bei Herstellung dieser Art Maschinen ein höchst kostspieliger Gewinn ist.
Mit den obigen Defecten habe ich Ihnen zugleich die Arbeiten genannt, welche mich schon vom Anfang herein mit dieser Locomotive beschäftigten, während sie zu gleicher Zeit ihren **regelmäßigen** Dienst zu thun hatte, der sich damals jedoch nur auf die Fortbewegung von 6. Kutschen erstreckte. Nachdem wegen Mangel an gutem Coacks die Roste verändert und um 3/4 engl. Zoll erweitert worden waren konnten wir 8. Kutschen, und endlich nach thunlichst vollkommener Adjustierung, 10. Kutschen mit Leichtigkeit fortbringen. Vor Veränderung des Rostes, dessen Construktion ich

ganz der Qualität der hiesigen Coacks anpassen mußte, hatte ich Holzfeuerung versucht, jedoch sowohl mit Nachtheil für die Bekleidung der Passagiere als für die Feuerungskosten. Um dem Effecte der schiefen Stellung des Kessels gegen das Traggerüste entgegenzuarbeiten hatte ich auf der entgegengesetzten Seite Ringe um die Axen gelegt. Ich fand jedoch sehr bald, daß dieselben, da zu viel Spielraum erzeugt wurde, die Axenlager beschädigten und zunächst die Kolbenstangen und Kolben außer Linie brachten, dann aber auch die Räder auf der Ringseite gegen die Schienen drückten, wodurch ein schädliches Abnutzen des betheiligten Radkranzes erwuchs.

Im August sprangen die ersten **tubes,** und Anfang September zeigten sich die ersten Anzeigen eines bauchförmigen **Herausdrückens** der Seitenwände **des Firebox.** Diese beiden kostspieligen Vorfälle haben bis zum heutigen dato die strengste Aufmerksamkeit erheischt, da in ihnen die ersten Lebensbedingungen der ganzen Maschine mit enthalten sind. Die gesprungenen und unsicher gewordenen Kupfertubes, 64 an der Zahl, sind durch messingene ersetzt, und die Wände des Firebox durch 18. kupferne Schraubenbolzen befestigt worden. Beide Vorfälle beweisen nur zu deutlich die Nothwendigkeit **für jede** neue Maschine von vorn herein **kupferne Fireboxes** und **messingene tubes** zu bestellen, so wie die ersteren mit Bolzen (stags) zu versehen, die Fireboxes mögen nun rund oder vierkantig in der Werkstatt hergestellt werden.

Trotz aller Vorsicht während der strengen Kälte dieses Winters ist uns doch die eine Pumpe etwa auseinandergetrieben worden, da ich jedoch schon vor längerer Zeit um die Duplette hiervon aus England, bei Ihnen gebeten habe, so darf ich über baldige Auswechslung dieses Maschinenteiles, ehe eine ganz aufhältliche Reparatur daran vorfällt, beruhigt sein. Zur Aufthauung des sich im Pumpenventil sammelnden Eises hatte ich eine Dampfverbindung aus dem Kessel hergestellt, auf die Art wie ich schon vor zwei Jahren die Idee davon in England aussprach, und wie sie jetzt allgemein dort eingeführt wird. Der vorige Winter weist überhaupt auf eine bestmögliche **Warmhaltung** der Maschinen **im Standlokale** und auf eine **vollkommene Vorheitzung** hin.

Es wird Ihnen nicht uninteressant sein die oben aufgestellten Reparaturvorfälle mit den hauptsächlichsten der ersten drei Jahre auf der Liverpooler Bahn zu vergleichen, und zugleich durch den Vergleich zu erfahren, was uns ungefähr, aber wo möglich **nicht,** für die **nächste** Zukunft bevorsteht.

Herr Dixon rapportierte vor 4. Jahren an das dortige Directorium, daß:

die „LIVER“ vom 12.ten März 1832 bis Juli 1834, 20 Wochen der Dienstzeit durch Reparaturen von Crank-axle, tubes und Räder verloren hatte,

daß die Maschinen zuweilen in den Ausweichezungen, und auf der Bahn vom Gleise gesprungen sind, und dabey durch den Stoß ein allgemeines Derangement erlitten habe.

Tabelle der Dimensionen	Rothwell BLITZ	Kirtley RENNER
Durchmesser des Kessels	3′6″	3′3″
Länge desselben	7′5 1/2″	6′10″
Lange Seite des Firebox	3′6″	5′7″
Breite desselben	2′8″	2′4″
Vom Roste bis Decke desselben	3′5″	3′8 1/2″
Flächeninhalt des Rostes	8.46□′	8.15□′
Totale Heitzfläche	306.8□′	332.5□′
Breite des Rauchkastens	3′9″	4′1″
Länge desselben	1′11″	2′1 1/2″
Durchmesser der Esse	1′5/8″	1′1 1/4″
Höhe derselben	4′9 1/2″	5′5″
Anzahl der Röhren	88	96
Äußerer Durchmesser derselben	1 1/2″	1 5/8″
Entfernung derselben vom Mittelpunkt zu Mittelpunkt	2 3/4″	2 1/4″
Flächeninhalt aller Röhren	263□″	290□″
Durchmesser des Cylinders	11″	11 1/2″
Länge des Hubes	1′4″	1′6″
Von Mitte zu Mitte der Cylinder	2′2 1/2″	2′8″
Zwei Schiebe-Ventile		
Durchmesser der Pumpen	1 1/6″	1 5/8″
Durchmesser der Arbeitsräder	5′	5′ 1″
do der anderen	5′	3′6″
Von Mittel zu Mittel der Räder	5′6 1/2″	5′2″
Mittlerer Durchmesser der Kröpfungen	4 3/4″	4 3/8″
Durchmesser der inneren Lagerungen	4 3/4″	4 3/8″
do der äußeren	3 1/2″	3 1/2″
Länge der Lagerungen	5″	5 1/4″
Durchmesser der geraden Axe	4″	4 3/8″
Länge des Gestelles	17′4″	14′8 1/2″
Breite des Gestelles	5′1 1/2″	6′3″
Totales Gewicht der Maschine	ca. 8 tons	ca. 8 3/4 tons

Die „FIREFLY" mußte nach 1 1/2 Jahren mit neuer Crank-axle und Firebox versehen werden, so wie fast alle Maschinen nach 1 1/2 bis 2 Jahren von der Linie für „general refit" genommen wurden, welches circa 1/2 der Anfertigungskosten der ganzen Maschine betrug.

Gewöhnlich wurden die Fireboxes zuerst defeckt, dann die tubes, die Dampf- und Wasser-Ventile, die Excentrics, die gekröpften Axen, welche meistens am Winkel brachen, dann die Radsätze und zuletzt die Kolben.

Bei den **Kolben** des „BLITZES", welche mit **eisernen** Ringen gelüdert waren, hatten **wir** jedoch eine sehr baldige Ersetzung durch messingene Lüderungsringe vorzunehmen.

Herr Dixon empfiehlt unter anderem in demselben Rapporte die ausschließliche Benutzung von **ganz reinem** Wasser zur Speisung, welches **wir** uns jedenfalls auch auf irgend eine Weise werden anschaffen müssen, wie aus der Analyse des Herrn Professor Erdmann von unserem Kesselstein, und dessen höchst nachtheiliger Wirkung auf die Maschinen, durch „priming of the Engine", Umkleidung der tubes, so daß sie nicht die gehörige Wärme durchlassen, und Eintritt in die Cylinder, hervorgeht.

Über die aus der Erfahrung gezogene **Zweckmäßigkeit** der Einrichtung unserer Lokomotiven, so wie die Berechnung des Effektes derselben, wird es den späteren Berichten vorliegender Art, zufallen, Nachweisung zu geben, wenn die Bahn auf eine längere Strekke, und ganz bis Dresden in Betriebe steht. Sei es daher nur die Aufgabe dieses ersten Berichtes, die Construktion der zwei ersten auf hiesiger Bahn arbeitenden Locomotiven unter sich, und mit den Dimensionen der **Lebensteile** der durch Erfahrung am **effektreichsten** bewährten Maschinen auf der Liverpool-Bahn zu **vergleichen**, und somit den späteren Nachweisungen vorzuarbeiten.

In einzelnen Theilen sind die für den „RENNER" bezeichneten Dimensionen erst nach dessen Ankunft hier so hergestellt worden. Diese Maschine besitzt, wie ich schon am ersten Tage erklärt habe, und wie es die Erfahrung jetzt vollkommen bestätigt, falsche Dimensionen in ihren Dampferzeugungs-Apparaten. Dem **Kessel** ist zu seiner Vervollkommnung nun allerdings nicht abzuhelfen gewesen, seit dem kurzen Dienste dieser Maschine aber, der im September begann, sind bereits 2/3 der Röhren ausgeworfen und durch messingene ersetzt worden, die Esse ist um 2 1/4 Zoll im Durchmesser erweitert und der Herd zweckmäßiger für unseren Coacks arrangiert worden. Dennoch verbleibt der Uebelstand, daß eine genugsame mit den Dimensionen der Cylinder und des Kolbenhubes proportionierte Dampf-Entwicklung dieser Locomotive nur etwa mit Hilfe der **allerbesten englischen Coacks in großen Stücken** annähernd hervorzubringen ist, und wie wahrscheinlich die Zunkunft lehren wird, **auch dieses** nicht auf eine **lange** Dauer der Fahrt. Den oben aufgestellten Dimensionen seiner Maschinentheile nach, sollte der „RENNER" mit 50 Pfd. Druck auf den Quadrat Zoll des Kolbens (ca. 4 bar, d. Verf.) bequem 16. unserer Kutschen **gefüllt** die Steigungsverhältnisse von 1:216 mit einer Geschwindigkeit von 380 einfachen, oder 760 Kolbenhüben beider Cilinder p. Minute (ca. 55 km/h, d. Verf.) überwinden. Er leistet diesen Effekt aber nur mit 75 bis 80 Pfd. Dampfspannung. Es würde daher in mehrfacher Beziehung höchst ungerathen seyn, diese Maschine unter so hoher Spannung arbeiten zu lassen, weshalb ich bei dieser Gelegenheit darum ansuche, dem „RENNER" künftig nicht mehr als einen Train von 10 bis 12 unserer Kutschen zuzumuthen.

Außerdem besitzt jedoch diese Maschine in vielen einzelnen Theilen Vorzüge und Convenienzen der Construktion welche für alle anderen Maschinen zum Modell dienen möchten.

Bei **kaltem** und **nassem** Wetter hat sich der Gebrauch von 6. Rädern zum Renner sehr unvortheilhaft bewährt, das unabänderliche **Gleiten** der Räder, durch den Mangel an Adhäsion auf nassen und glatteisigen Schienen verursacht, beweist, daß sechräderige Locomotiven, die **zu allen Jahreszeiten** vollen Dienst leisten sollen, ein Gewicht von mindestens 12 Tonnen englisch haben müssen, wobei die gekröpften Achsen solche Dimensionen bekommen daß man darauf 7 Tonnen Gewicht der Maschine bringen kann.

Ich würde Ihnen demnach bei Bestellung von etwa 20 Locomotiven nur das Verhältnis von 14 vierrädrigen und 6 sechsrädrigen vorschlagen können. Überhaupt halte ich es für den künftigen Betrieb unserer Bahn von höchster Wichtigkeit **eine Norm** bei Bestellung der Locomotiven festzuhalten, oder wenigstens dahin zu streben, daß **die meisten** nach einerlei Schablone bis in die kleinsten Details, abgeliefert werden, damit jedes Stück einer Locomotive auf die andere paßt. Ich könnte mich fast verpflichten durch dieses System jährlich ein **bedeutendes Kapital** an Reparaturkosten ersparen zu wollen, unbeachtet der überaus vermehrten Zuverlässigkeit für die **Regelmäßigkeit** des Betriebes. Würden bei diesem System Maschinen zum **gemeinschaftlichen** Dienste für Passagiere und Güther verwendet, so dürften die vierräderigen mit 9 Tons Gewicht und die sechsräderigen mit 11 bis 12 Tons die zweckmäßigsten sein.

*

Mit der Betriebseröffnung der Sächsich-Bayerischen Bahn kam seit 1842 die 1B-Achsfolge, zunächst noch mit Innenzylindern, hinzu, wie sie von Stephenson seit etwa 8 Jahren schon produziert wurde. Zwei Jahre später erschienen aber schon die ersten Longboiler-1B mit Außenzylindern, die schließlich fast 30 Jahre lang den deutschen Lokomotivbau allein beherrschten, denn von diesem Zeitpunkt an begannen sich die deutschen Lokomotivfabrikanten schnell durchzusetzen (zuerst Borsig, später Hartmann und andere). Auch die 1A1-Lokomotiven, die vor allem von der Leipzig-Dresdner Eisenbahn noch längere Zeit beschafft wurden, hatten nun Außenzylinder.

Bis über die Jahrhundertwende hinaus wurden bevorzugt Lokomotiven mit der Achsfolge 1B beschafft, zuerst in der Longboiler-Variante bis etwa 1875 (Gattungen I und II), ab 1860 aber in steigendem Maße mit unterstütztem Stehkessel (Gattungen VI, III, IIIb), so daß höhere Fahrgeschwindigkeiten zugelassen werden konnten. Zu dieser Zeit hatte sich, zumindest auf den Hauptstrecken, die Personenbeförderung vom Gütertransport getrennt, in den die Lokomotiven der Gattung II nach und nach abgedrängt wurden. Erst 10 Jahre später erschien die in süddeutschen Ländern schon lange eingesetzte 2'B der Gattung $VIIIb_1$ als ausgesprochene Schnellzuglokomotive (in Sachsen als „Eilzuglokomotive" bezeichnet), die aber für die bisher eingesetzten 1B-Schnellzuglokomotiven der Gattung VI noch kein ernsthafter Konkurrent werden konnte.

Der Lokomotivbau in Sachsen bediente sich also weitgehend schon erprobter Erzeugnisse und vermied kostspielige Experimente, deshalb waren hier keine Achsfolgen der Norries-Entwicklungen (2A und 2A1) und auch keine Crampton-Lokomotiven zu finden. Als Experiment könnte man vielleicht die etwa zu gleicher Zeit für den Betrieb auf der im Jahr 1858 eröffneten Obererzgebirgischen Bahn bestimmten 1'B-Gebirgslokomotiven der Gattung IVb (später Gattung IIb) bezeichnen, die für die Konstruktion führender seiten- bzw. drehbeweglicher Laufachsen wesentliche Erkenntnisse brachten. Dagegen führten die 2'B-Tenderlokomotiven der Albertbahn (Gattung VIIIb T), obwohl sie lange Zeit auf der Windbergbahn in Betrieb waren, nicht zu Ergebnissen, die einen Weiterbau rechtfertigten.

Nachdem Personen- und Güterzüge schon seit längerer Zeit von speziell dafür geeigneten Lokomotiven befördert wurden (wenn auch die Personenzuglokomotiven der Gattungen III und IIIb noch lange gemischte Züge und sogar Güterzüge auf den Erzgebirgsstrecken fuhren), begann sich gegen Ende des Jahrhunderts auch der Schnellzugverkehr stärker vom normalen Personenzugverkehr zu lösen. Bei beiden wurden aber nun endlich stärkere Maschinen erforderlich, und sie erschienen dann auch seit 1891 in den 2'B-Varianten der Schnellzuglokomotiv-Gattungen $VIIIb_2$ und VIII V_1 und der Personenzuglokomotiv-Gattung VIII V_2. Inzwischen hatte der Verbundbetrieb, zunächst an der 1'B-Variante der Gattung VIb V erprobt, gute Ergebnisse gezeigt, so daß er auch bald bei den C-Güterzuglokomotiven der Gattung V V (sprich „fünf vau") und bei den Personenzuglokomotiven der Gattung IIIb V eingeführt werden konnte.

Seit der Jahrhundertwende setzte sich diese Entwicklung schneller fort. Nach der 2'B1'-Achsfolge (Gattung X V), die bald für die immer schwerer werdenden Schnellzüge zu schwach wurde, folgten schnell die 2'C-Lokomotiven der Gattungen XII H, XII HV und XII H1, denen nach dem „Rückfall" in die 2'B1-Lokomotive der Gattung X H1 (mit starrer Schleppachse!) dann ab 1917 die Achsfolgen 2'C1' (Gattung XVIII H) und 1'D1' (Gattung XX HV, genannt „Sachsenstolz") für den Schnellzugdienst folgten. Für den Personenzugdienst wurde nur noch eine Variante entwickelt, die als „Rollwagen" bekanntgewordene Gattung XII H2 mit der Achsfolge 2'C, die eine der erfolgreichsten Maschinen Sachsens wurde und auch oft vor Schnellzügen zu sehen war, vor allem auf der Hauptstrecke Dresden–Reichenbach (Vogtl).

Für den stark aufkommenden städtischen Nahverkehr wurden die 1'B1'-Tenderlokomotiven der Gattung IV T und später die 1'C1'-Tenderlokomotiven der Gattung XIV HT entwickelt.

Aus dieser Darstellung ist ersichtlich, daß in Sachsen viele in anderen Ländern eingesetzten Achsanordnungen nicht erschienen. So fehlen z. B. die vor allem aus Bayern bekannten 1B2- und 1C2-Personenzug-Tenderlokomotiven sowie die besonders in Preußen für Lokomotiven im Personenzugdienst bevorzugten Achsfolgen 1C und 2C2. Ebenso sind unter den Schlepptenderlokomotiven die in Österreich beliebten 1C1-, 1C2- und 2D-Maschinen nicht zu finden. Auch an der Entwicklung sogenannter Schnellfahrlokomotiven beteiligte sich Hartmann nur durch den (nicht verwirklichten) Entwurf einer stromlinienverkleideten 2'B2'-Schlepptenderlokomotive (1902 von Lindner).

Nach 1900 machte auch der Bau von Güterzuglokomotiven in Sachsen einen großen Sprung, denn man ging von der Achsfolge C gleich zur 1'D- und E-Bauart über. Die besonders in Preußen so beliebten 1C- und D-Achsfolgen übersprang man, wenn man nicht als Ersatz für den steifen Vierkuppler die B'B-Mallet-Bauart der Gattung I V betrachten will. Es entstanden also zunächst die Gattungen IX H (1'D) und XI V (E), denen sich bald auch die entsprechenden Heißdampf- und Verbundbauarten zugesellten (Gattungen IX HV, XI H und XI HV). Schließlich endete die sächsische Entwicklung auf diesem Sektor mit den 1'E-Lokomotiven der Gattung

XIII H. Auch bei den Tenderlokomotiven übersprang man die Achsfolgen 1C und D und ging gleich zur E-Tenderlokomotive der Gattung XI HT über. Die in Preußen bekannten 1'D1'-Tenderlokomotiven erschienen in Sachsen ebenfalls nicht. Von der langlebigen C-Bauart mit Schlepptender wurde in Sachsen keine Personenzug-Variante abgeleitet, obwohl eine solche Entwicklung für Sachsen mit seinen größtenteils schwierigen Streckenverhältnissen durchaus denkbar gewesen wäre.

Bei den ab Ende der sechziger Jahre entstehenden Nebenbahnen erlebten die schon fast vergessenen Achsfolgen B und B1 ein „Comeback". Zuerst kamen die B-Schlepptenderlokomotiven der Gattung VII zum Einsatz, ihnen folgten bald die B1'-Tenderlokomotiven der Gattung IIIb T. Für den Einsatz auf der Cottbus-Großenhainer Bahn entstanden um diese Zeit 10 Stück B1-Schlepptenderlokomotiven, wie sie bis dahin auf preußischen Bahnen schon mehrfach eingesetzt worden waren. Den größten Aufschwung erlebten aber die B-Tenderlokomotiven nach dem Bau der vielen Sekundärbahnen als Gattungen VII T und VII TS, zu denen sich als Variante für Leichtzüge auf Hauptbahnen noch die „Omnibuslokomotive" der Gattung VII TO gesellten. Eine letzte Entwicklung auf diesem Gebiet ist dann noch eine B'B' der Gattung I TV, die weithin bekannte „Kreuzspinne" der Windbergbahn, die die schon längere Zeit meist in Doppelbespannung auf dieser Strecke eingesetzte Gattung VII T ablösen konnte. Die besonders in Bayern eingesetzten Lokalbahnlokomotiven der Achsfolgen C1, D und D1 haben sich in Sachsen nicht eingebürgert.

Eine auch anderswo wenig gebaute CC-Tenderlokomotive der Gattung XV HTV, die für den Schwerlast- und Schubbetrieb im Erzgebirge gedacht war, blieb mit 2 Stück ein bald wieder verschwundener Einzelgänger.

Bei den Schmalspurlokomotiven ist die Entwicklung leichter überschaubar. Den zuerst entwickelten C-Lokomotiven (I K) folgten einige nicht befriedigende C1'-Stütztenderlokomotiven (Gattung III K) und D-Tenderlokomotiven mit Klien-Lindner-Endachsen (Gattung V K). Nur die seit 1892 in größerer Stückzahl beschaffte Gattung IV K (B'B') konnte sich durchsetzen und ist teilweise bis heute noch im Dienst. Die letzte Entwicklung stellte eine E-Tenderlokomotive (Gattung VI K) dar, die 1918 erschien, obwohl Hartmann auch einen Beitrag zur ersten Fertigung der 1'E1'-Einheits-Schmalspurlokomotive leistete.

Auf den Meterspurstrecken erschienen die B'B'-Lokomotiven der Gattung I M und als Elektrolokomotiven die Bo'Bo' der Gattung I ME.

Einen zusammenfassenden Überblick über die für sächsiche Eisenbahnen beschafften Lokomotiven gibt die Tabelle am Beginn des Archivteils. Insgesamt wurden für die sächsischen Eisenbahnen folgende Lokomotiven beschafft:

- 2574 Normalspurlokomotiven, davon 1328 von der DRG übernommen und 30 nachgebaut,
- 176 Schmalspurlokomotiven, davon 151 von der DRG übernommen und 47 nachgebaut,
- 1 Dampfspeicherlokomotive,
- 2 elektrische Schmalspurlokomotiven,
- 8 Normalspur-Triebwagen, davon 4 Dampftriebwagen,
- 2 elektrische Schmalspurtriebwagen.

Tabelle 2
Lokomotiven der K.Sächs.Sts.E.B. im Jahre 1890 und ihre Herstellerfirmen

Herstellerfirma		1890 eingesetzte Lokomotiven	
		Normalspur	Schmalspur
R. Hartmann	Chemnitz	196	–
Sächsische Maschinenfabrik	Chemnitz	400	36
A. Borsig	Berlin	21	–
L. Schwartzkopff	Berlin	10	–
Berliner Maschinenbau AG.	Berlin	79	–
F. Wöhlert	Berlin	8	–
E. Kessler	Esslingen	32	–
Maschinenfabrik	Esslingen	42	–
F. Schichau, Elbing		12	–
Henschel & Sohn, Cassel		38	–
G. Sigl, Wien		8	–
AG. der Lokomotivfabrik vorm. G. Sigl, Wiener Neustadt		11	–
Maschinenbaugesellschaft, Carlsruhe		2	–
AG. Hohenzollern, Düsseldorf		3	–
Union-Gießerei, Königsberg		1	–
Hannoversche Maschinenbau-AG. (G. Egestorff), Linden		2	–
Chr. Hagans, Erfurt		–	1
R. & W. Hawthorn, Newcastle		–	2
Krauss & Comp. AG., München		–	2

Mit 664 Stück halten die Lokomotiven mit der Achsanordnung 1B den Rekord unter allen Lokomotiven. Lokomotiven mit 2 Kuppelachsen bilden mit 1141 Stück den größten Anteil (44% der Normalspurlokomotiven), gefolgt von 866 Dreikupplern (34%) und 372 fünffach gekuppelten Maschinen (15%). Bei den von der DRG übernommenen und naturgemäß später gebauten Maschinen verschiebt sich dieses Verhältnis auf 40% Dreikuppler, 30% Zweikuppler und 24% Fünfkuppler. Lokomotiven mit vier Kuppelachsen bilden mit 7% bzw. 6% immer die Minderheit.

Die in der größten Stückzahl gebaute Lokomotive ist mit 218 Stück die Personenzuglokomotive der Gattung IIIb, danach folgen 213 Güterzuglokomotiven der Gattung V und 165 Güterzuglokomotiven der Gattung V V. Bei der DRG am zahlreichsten vertreten war mit 146 Stück die Güterzugtenderlokomotive der Gattung XI HT (Baureihe 94^{20-21}), gefolgt von 134 Personenzuglokomotiven der Gattung XII H2 (38^{2-3}) und 130 Güterzuglokomotiven der Gattung V V. Einen Rekord ganz anderer Art hält die Tenderlokomotive der Gattung V T: sie wurde, natürlich mit Veränderungen, über eine Zeit von 49 Jahren (!) gebaut, was wohl als Beweis für ihre zweckmäßige Konstruktion und ihre Eignung als „Mädchen für alles" gelten kann.

Die im Jahre 1890 von der K.Sächs.Sts.E.B. eingesetzten Normalspur- und Schmalspurlokomotiven sowie ihre Herstellerfirmen sind in der Tabelle 2 aufgeführt.

1.6.2. Die Besonderheiten

Die heutige Lokomotive ist das Ergebnis einer mehr als hundertjährigen Geschichte von Erfahrungen und Erfindungen, Erfolgen und Mißerfolgen. Auf den sächsischen Beitrag hierzu und auf die wesentlichen Eigentümlichkeiten der sächsischen Lokomotiven soll hier eingegangen werden.

Am Beginn des Lokomotivbaus in Sachsen stand der Einfluß der aus England bezogenen Lokomotiven. Eine amerikanische Lokomotive mit stehendem Kessel machte durch ihre ungeeignete Konstruktion von sich reden und konnte so nicht zur Nachahmung reizen. Der einheimische Lokomotivbau orientierte sich daher am englischen Vorbild: die B-Lokomotive SAXONIA (Übigau 1838) am COMET von Rothwell und die 1A1-Lokomotive PEGASUS (Sächsische Maschinenbau-Compagnie in Chemnitz 1839) am STURM von Kirtley. Hier finden wir schon die Urformen, aus denen sich die späteren Güter- und Reisezuglokomotiven entwickeln sollten. In Anbetracht der Topographie Sachsens war vorauszusehen, daß die ungekuppelte Lokomotive keine große Rolle spielen würde. Sie war hauptsächlich bei der Leipzig-Dresdner Eisenbahn vertreten, obgleich auch deren Hauptstrecke durchaus nicht die ideale Flachlandrennbahn war und schon vor der Verstaatlichung zur 1B-Bauart übergegangen worden war. Außer der Leipzig-Dresdner Eisenbahn hat nur die Östliche Staatsbahn 1A1-Lokomotiven beschafft, und zwar drei Stück in den Jahren 1861/62 für die Elbtallinie nach den drei 1A1-Umbauten in den Jahren 1853/54 aus ehemaligen 1B-Lokomotiven der Sächsischen-Bayerischen Bahn. Die anderen frühen Bahnen, etwa die Sächsisch-Schlesische mit dem Steilanstieg aus dem Elbtal, die Chemnitz-Riesaer Bahn oder die Sächsisch-Bayerische Bahn boten den 1A1-Lokomotiven von vornherein keine Chance.

Bereits die allererste Lokomotive in Sachsen, der COMET (Rothwell 1836) war B-gekuppelt gewesen. Von diesen alten B-Maschinen, teilweise in B1-Maschinen umgebaut, ging die Entwicklung folgerichtig zur 1B-Lokomotive, die in unzähligen Ausführungen zur Standardlokomotive schlechthin wurde. Damals steifachsig, wurde sie im Raddurchmesser den verschiedenen Bedürfnissen für den Reisezugdienst (spätere Gattung I) und für den gemischten Dienst (spätere Gattung II) angepaßt. Auch als Tenderlokomotive (Gattung I T) erschien sie; diese Gattung wurde durch Umbau ehemaliger Schlepptenderlokomotiven später stark vermehrt.

Nachdem die frühen Anfänge des sächsischen Lokomotivbaus ohne Fortsetzung geblieben waren und man die Maschinen aus dem Ausland beziehen mußte (oder wollte), trat im Jahr 1848 Richard Hartmann auf den Plan, dessen Firma bis zum Übergang der Sächsischen Staatsbahn in die Deutsche Reichsbahn-Gesellschaft der Hauptlieferant der Sächsischen Staatsbahn bleiben sollte. Seine erste Lokomotive GLÜCK AUF – eine steifachsige 1B-Maschine für die Sächsisch-Bayerische Bahn – zeigte bei aller Anlehnung an das englische Vorbild (sie war das Ergebnis einer vorherigen Studienreise Hartmanns nach Großbritannien) doch schon den Beginn Hartmannscher Eigenentwicklung (Stehkessel, Dampfdom).

Nachdem die alten Gabelsteuerungen, bei denen noch mit „Handsteuerung" angefahren werden mußte, durch die bessere Kulissensteuerung ersetzt worden war, fand man in der Praxis bald heraus, daß es auch möglich war, mit Zwischenstellungen zu fahren und die Dampfexpansion zu nutzen.

Kirchweger von der Leipzig-Dresdner Eisenbahn erfand die nach ihm benannnte Abdampf-Kondensationseinrichtung: er leitete einen Teil des Abdampfes in den Tender und benutzte ihn so zur Vorwärmung des Speisewassers. Äußeres Erkennungszeichen dieser besonders bei der Leipzig-

Dresdner Eisenbahn verbreiteten Einrichtung war der Tenderschornstein, durch den nicht niedergeschlagener Restdampf entweichen konnte. Diese nützliche, aber für das Lokpersonal nicht ungefährliche Erfindung verlor erst mit der Einführung der Injektoren (die bekanntlich kein heißes Wasser fördern) ihre Bedeutung und tauchte erst im 20. Jahrhundert in veränderter Form als Vorwärmer auf der Lokomotive wieder auf.

Im Jahre 1858 – mit dem Bau der Obererzgebirgischen Eisenbahn Zwikkau–Aue–Schwarzenberg – trat nun das Problem auf, das sich wie ein roter Faden durch den sächsischen Lokomotivbau bis zu seinem Ende hindurchziehen sollte: die Bogenläufigkeit. Die damalige Strecke wies Bogen von 170 m Halbmesser auf; man befürchtete eine starke Abnutzung von Schienen und Rädern beim Betrieb mit steifachsigen Lokomotiven. Die neuen Maschinen (spätere Gattung IIb, teilweise auch Tenderlokomotiven) bekamen deshalb ein Bissel-Gestell, das aber wegen fehlender Rückstelleinrichtung nicht befriedigte; auch war der feste Achsabstand viel zu klein. Novotny nutzte die „Selbstspurung“ einer Eisenbahnachse und erfand sein einachsiges Drehgestell mit dem Drehzapfen über der Achsmitte. Es wurde ein voller Erfolg. Eine spätere Verbesserung ließ noch den eigenen Drehgestellrahmen wegfallen, ohne das Grundprinzip zu verändern. Damals war das ein gewagter Schritt in Neuland – heute wird das gleiche Prinzip ganz selbstverständlich bei den Lenkachswagen angewendet. Bekannt sind auch die einachsigen Drehgestelle sächsischer Schmalspurwagen. Die Erfindung setzte sich durch und wurde bis zum Ende der 1'B-Lokomotiven (Gattung VIb und Gattung IIIb V 1890/92) angewendet.

Für im Güterzugdienst eingesetzte Lokomotiven ließ sich bald die dreifache Kupplung nicht mehr umgehen. Im Jahr 1855 erschien der C-Kuppler auf der Albertbahn, im Jahre 1859 auf der Staatsbahn, um sich als Gattung V oder als Gattung V V (mit Verbundwirkung) und als Tenderlokomotive der Gattung V T in großen Stückzahlen nützlich zu machen. Die Tenderlokomotiven waren noch nach dem zweiten Weltkrieg in reichlicher Anzahl vorhanden, teilweise mit einem Dienstalter um 65 Jahre!

Für leichte Züge waren die nach Krauss'schem Vorbild anfangs als Schlepptenderlokomotiven entwickelten B-Lokomotiven gedacht. Diese Gattung wurde auch von einigen Privatbahnen beschafft (z. B. von der Chemnitz-Aue-Adorfer Bahn, von der Chemnitz-Komotauer Bahn und von der Zwickau-Falkensteiner Bahn). Die größere Rolle sollte dann aber die B-Tenderlokomotive spielen, besonders nach dem Aufkommen der „Secundärbahnen“ Ende der 1870er Jahre, aber auch in einer speziellen Ausführung für Omnibuszüge auf Hauptbahnen. Privatbahnen beschafften daneben auch die Scherenmaschinen der Gattung IIIb T mit Schleppachse (Vergrößerung der Vorräte). Von ihnen ließ die Sächsische Staatsbahn 20 Stück nachbauen.

Eine frühe Serie von 2'B-Maschinen der Gattung VIIIb T für die Hänichener Kohlenbahn war ohne Einfluß auf die Entwicklung geblieben, und auch die württembergische Form der Gattung VIII_1 mit Überhang der Zylinder und extrem kurzem Drehgestell konnte nicht zum Nachbau verlocken. Erst die unabweisbare Vergrößerung des Kessels mit der Steigerung der verlangten Leistung verhalf im Jahr 1891 mit der Gattung VIII_2 dem zweiachsigen Drehgestell zum Durchbruch. Es wurde bei allen weiteren Schnellzuglokomotiven verwendet, bis die vierfache Kupplung bei der Gattung XX HV den Einsatz des Krauß-Helmholtz-Gestells erzwang, übrigens ohne Einbuße an Laufruhe. Diese Möglichkeit, einen Laufradsatz durch einen angetriebenen Radsatz zu ersetzen, wurde vorher nicht genutzt. Eine 1'C-Lokomotive statt der üblichen 2'B-Lokomotive wäre gerade auf den hügeligen Strecken durch ihre größere Reibungsmasse von Vorteil gewesen; bei einer 1'C1'-Lokomotive statt der späteren 2'C-Lokomotive hätte man Stehkessel und Aschkasten günstiger ausbilden können. Diese Überschätzung des zweiachsigen Drehgestells teilte der sächsische Lokomotivbau (hier hielt man an der sogenannten Erfurter Bauart mit halbkugeligem Stützzapfen fest) jedoch mit dem Lokomotivbau anderer Länderbahnen in Deutschland, wo diese Überschätzung bis zur Reichsbahnzeit anhielt.

Die sächsischen 2'B-Maschinen boten wenig Besonderes. Mit der Gattung VIII V1 erschien der Belpaire-Stehkessel, der sich bis zu den Gattungen XI HT, XII H2 und XIII H bewähren sollte. Der Übergang zur Verbundwirkung (schon bei der Gattung VIb V) gab Lindner Anlaß zur Erfindung seiner Anfahrvorrichtung, die bei ausgelegter Steuerung und entsprechender Stellung des Hochdruckkolbens Frischdampf zum Niederdruckschieber strömen ließ.

Nur zu bald war auch die 2'B-Lokomotive überfordert, man ging zur 2'B1'-Lokomotive über (Gattung X V, 1900, die einzige De Glehn-Maschine Sachsens). Diese äußerlich wohlgelungene Maschine (sie erhielt den Grand Prix der Pariser Weltausstellung im Jahr 1900) nutzte leider die Möglichkeiten zur Vergrößerung des Kessels nicht voll aus. Als man dies 1909 mit der Gattung X H1 korrigierte mit Übergang zum robusten, wirtschaftlichen Heißdampfzwilling, war die Zeit zweifach gekuppelter Lokomotiven vorbei.

Die 2'C-Lokomotive trat ihre Herrschaft an. War die Gattung X V die letzte Naßdampfschnellzuglokomotive gewesen, so beherrschte nun die Heißdampflokomotive das Feld. Drei Varianten – die Gattung XII H (Vierling), die Gattung XII HV (Vierzylinder-Verbund) und die Gattung XII H1 (Zwilling) – wurden erprobt, man entschied sich zum Weiterbau in etwas einseitiger Betonung des Kohlenverbrauchs für die Gattung XII HV. Immerhin hatte ihre Hängeeisen-Steuerung den Vorteil, daß bei Vorwärtsfahrt die Schieberschubstangen gesenkt wurden. Ihre Mitbewerber hatten leider diesbezüglich die ungünstigste Bauform, wie sie auch von der Garbeschen P8 in der Ursprungsform (Museumslokomotive 38 1182) gut bekannt ist: Gegenkurbel voreilend bei innerer Einströmung = Schieberschubstange bei Vorwärtsfahrt oben mit großem Steinspringen. Bei der Rekonstruktion wurde dies übrigens bei der Gattung XX HV beseitigt.

Nur wenige Jahre dauerte es, bis – für den Kriegsbetrieb – noch stärkere Maschinen notwendig wurden für die schwereren Züge. Die 2'C1'-Lokomotive der Gattung XVIII H erschien für den Einsatz auf der Strecke Dresden–Berlin und die 1'D1'-Lokomotive der Gattung XX HV für die bergigen Strekken von Leipzig und Dresden nach Hof. Beide Maschinen überzeugten in ihren Einsatzgebieten. Nach heutigen Erkenntnissen wäre die Verbundmaschine für die Gattung XVIII H auf den langen Flachlandabschnitten nach Berlin günstiger gewesen, während die Gattung XX HV vom besseren Drehmoment der Drillingsmaschine sicher profitiert hätten. Trotzdem hat die vielgerühmte „Elastizität der Dampflokomotive" diesen eigentlich „falsch herum" konstruierten Maschinen zu großartigen Leistungen verholfen. Besonders die Gattung XVIII H, die immer etwas im Schatten der Gattung XX HV stand, war eine hervorragende Maschine. Die späteren seitlichen Luftfangtaschen am Aschkasten bewirkten wahre Wunder an Verdampfungswilligkeit – unvergessen sind die Langläufe Dresden–Güstrow mit den schlechten Brennstoffen in den Nachkriegsjahren. Als Ersatz für die Stromlinienlokomotive 61001 vor dem legendären Henschel-Wegmann-Zug konnte eine Lokomotive der Gattung XVIII H durchaus die Fahrzeit halten. Auch äußerlich war sie wohlgelungen und wahrscheinlich die schönste sächsische Lokomotive.

Im Personenzugdienst kam man noch etwas länger mit der 1'B-Lokomotive aus. Ihr folgten ab 1896 die 2'B-Lokomotiven der Gattung VIII V2, der kleinen Schwester der Gattung VIII V1. Ab 1910 kam dann der bekannte und beliebte „Rollwagen", die Gattung XII H2, ganz im Gegensatz zu seinem erfolglos gebliebenem Vorbild der Gattung XII H1 eine der glücklichsten Konstruktionen des sächsischen Lokomotivbaus. Mit dieser Gattung endete die Beschaffung sächsischer Maschinen überhaupt.

Im Güterzugdienst versuchte man ab 1898 mit der B'Bn4v-Mallet-Maschine der Gattung I V eine Leistungssteigerung zu erzielen. Die bekannten Nachteile der Bauart verhinderten einen durchschlagenden Erfolg. Einer steifachsigen Maschine mochte man nicht trauen und versuchte es mit der Klien-Lindner-Hohlachse ab 1902 bei den 1'D-Lokomotiven der Gattung IX V und später der Gattung IX HV. Diese Konstruktion bestand aus einer fest im Außenrahmen gelagerten Welle mit Antriebskurbeln, die über ein Kugelgelenk und über Mitnehmer die hohle Radsatzwelle antrieb. Interessanterweise wurden die hohlen Radsatzwellen wegen häufiger Schäden an den Mitnehmerbolzen später teilweise wieder festgelegt – ohne wesentliche Einbuße an Bogenläufigkeit!

Die Gölsdorfsche Anordnung (durchaus anfechtbar und daher später auch abgeändert) zeigte endlich einen einfachen Weg, der ab 1905 mit der Gattung XI beschritten wurde. Bei Vergleichen der Gattungen XI V (n2v), XI H (h2) und XI HV (h2v) war die Naßdampfmaschine insgesamt am erfolgreichsten (!) und wurde serienweise bis zum Jahr 1915 weitergebaut, erst dann ging man zur Heißdampf-Verbund-Maschine über. Die originale Gölsdorfsche Achsanordnung der Prototypen, die das Gleis zum gewaltigen Ärger der Bahnmeister hart mitnahm, wich bei den Serien der Anordnung mit Antrieb des mittleren Radsatzes, wodurch auch die hin- und hergehenden Massen vermindert werden konnten. Als im ersten Weltkrieg noch größere Leistungen verlangt wurden, zögerte der sächsische Lokomotivbau nicht, die preußische G12[1] in verstärkter und verbesserter Ausführung nachzubauen. Sechs dieser Maschinen kamen als Reparation zur französischen Ostbahn (EST, später SNCF-Reihe 1-150-D, im Dienst bis zum Jahr 1952) und galten dort gegenüber den auch vorhandenen preußischen Maschinen als so wohlgelungen, daß die EST 195 Stück (!) nach dem sächsischen Vorbild nachbauen ließ und die ETAT weitere 10 Lokomotiven. In Deutschland war der Bauart (mit Blechrahmen, langer schmaler Feuerbüchse, 17 t Achsfahrmasse) kein solcher Erfolg beschieden; man ging hier zur bekannten G12 mit Barrenrahmen und breiter Feuerbüchse über. Diese Lokomotive wurde mit kleinen Änderungen in Sachsen als Gattung XIII H von 1919 bis 1924 gebaut.

Die Tenderlokomotiven bilden ein besonderes Kapitel. Während die Cn2-T bis weit in die 1960er Jahre im Rangier- und Übergabedienst tätig waren (früher mit gutem Erfolg auch im gemischten Dienst auf Gebirgsstrekken), kamen statt der alten B und B1'-Lokomotiven zunehmend stärkere Bauarten in den Streckendienst, wenn auch einige B-Lokomotiven im Rangierdienst noch den zweiten Weltkrieg überlebten. Die 1'B1'n2-Maschinen der Gattung IV T bedienten seit 1897 den Reiseverkehr und wurden im Jahr 1911 durch die noch erfolgreicheren Maschinen der Gattung XIV HT (1'C1') abgelöst. Die den Adamsachsen nachgesagten Mängel waren im Gebirgsdienst nicht zu spüren, die Lokomotiven der Gattung XIV HT bewährten sich bis in die 1970er Jahre hinein.

Höchst interessante Konstruktionen findet man unter den Tenderlokomotiven: Nach einem wenig erfolgreichen Versuch von 1890/91 mit der Gattung M TV zur Verbesserung der Bogenläufigkeit durch Teilung des Triebwerks wurde die ab 1910 in Dienst gestellte Serie von 18 Meyer-Lokomotiven der Gattung I TV ein Erfolg, allerdings wohl mehr deshalb, weil keine andere vergleichbare Lokomotive die Bogen von 85 m Halbmesser auf der Windbergbahn befahren konnte. Immerhin standen die Maschinen bis in die 1960er Jahre im schweren Dienst. Die Versuche, durch die Verbindung zweier „altbrauchbarer" B-Tenderlokomotiven eine vollwertige Maschine zu schaffen, mißlangen. Unbeliebt beim Personal, schwierig in der Handhabung, schwach in der Leistung, teuer in der Unterhaltung, verschwanden diese Gespanne (Gattung XVI T und Gattung XVI TV) sang- und klanglos.

Der große Erfolg war die Gattung XI HT, der von 1908 bis 1923 gebaute Fünfkuppler. Die Laufeigenschaften waren auch nach Verbesserung des Fahrwerks äußerst mäßig und die teilweise zugelassenen 60 km/h Höchstgeschwindigkeit ein Witz, aber im Schleppen schwerer Lasten war die Lokomotive unübertroffen und von keiner Einheitslokomotive auch nur annähernd zu ersetzen, auch hinsichtlich ihrer Achsfahrmasse und Meterlast. Für die Männer auf der Maschine war sie der gute, alte „Buckel"; die Meinung der Werkmeister und Schlosser steht allerdings auf einem anderen Blatt.

Mißglückt war dagegen der Versuch mit den beiden sechsfach gekuppelten Lokomotiven der Gattung XV HTV von 1916 mit ihren Klien-Lindner-Hohlachsen und den Zylinderpaaren in der Mitte. Der Lauf in der Geraden (!) war – wie meist bei „Kurvenlokomotiven", z. B. auch der 84er – hervorragend, der im Bogen weit weniger. Der äußerst geringe Leistungsgewinn (auch die Dampfmaschine hatte ihre Mängel) rechtfertigte nicht die verwickelte und teure Bauart. Die Maschinen verschwanden sehr schnell im Rangier- und Heizdienst.

Immerhin haben die tüchtigen Lokomotiven der Gattungen XI HT und XIV HT bis zum Ende des allgemeinen Dampflokomotivbetriebs treu und brav ihre Pflicht getan und stellten ihren Erbauern ein gutes Zeugnis aus. Gerade die vielen Kurzstrecken im sächsischen Streckennetz boten ein reiches Betätigungsfeld für eine große Zahl von Tenderlokomotiven, früher allgemein als „Stutz" bezeichnet. Sogar Schnellzüge konnte man auf den grenznahen Strecken mit der 75er (Gattung XIV HT) bespannt sehen.

Leicht überschaubar ist die Entwicklung bei den Schmalspurlokomotiven. Einer alt gekauften B-Lokomotive von den Oberschlesischen Schmalspurbahnen (Hagans 1872), die umgespurt und zumeist als Baulokomotive verwendet wurde, folgte die lange Reihe der C-Kuppler der Gattung I K. Vier Maschinen davon hatten eine Klien-Lindner-Hohlachse, überflüssigerweise, wie sich später herausstellte. Später wurden vier Lokomotiven zu zwei Pärchen (Gattung II K neu) zusammengestellt, ohne großen Erfolg wie auch beim „großen" Vorbild. Vorher hatte man sich eine Leistungssteigerung von der Gattung II K (alt) erhofft, einer aus Großbritannien bezogenen Fairly-Lokomotive. Die verwickelten, unbequem zu handhabenden Maschinen überzeugten nicht. Auch Versuche mit dem Gelenktriebwerk nach Klose (ein gebürtiger Sachse aus Bernstadt!), das bei sechs Maschinen der Gattung III K angewendet wurde, brachten nicht den erhofften Erfolg.

So ging man dann im Jahre 1892 zur Bauart Meyer über, die sich auf den sächsischen Schmalspurbahnen glänzend bewähren sollte. In den 1960er Jahren wurde nochmals eine Serie von Lokomotiven dieser gelungenen Konstruktion aufgelegt (in geschweißter Ausführung von Rahmen, Drehgestellen, Kessel, Vorratsbehältern usw.), so daß diese Gattung wohl die am längsten gebaute der Welt sein dürfte! Aus buchhaltungstechnischen Gründen erhielten die Neubauten die Nummern ausgemusterter Lokomotiven und wurden als Reko-Lokomotiven bezeichnet. So fahren für Laienaugen auf den sächsischen Schmalspurbahnen immer noch die alten IV K, während es in Wirklichkeit moderne, geschweißte Fahrzeuge sind, die zu den letzten gehören, die überhaupt neu gebaut worden sind.

Die in den Jahren von 1901 bis 1907 in nur neun Exemplaren gebauten Zweizylinder-Verbundlokomotiven mit Klien-Lindner-Hohlachsen (Gattung V K) haben es zur Beliebtheit der Gattung IV K nicht zu bringen vermocht. Während des zweiten Weltkriegs verschwanden die letzten weitgehend unbemerkt aus Eppendorf. Man kann vermuten, daß vor allem das Laufwerk den Anforderungen nicht gewachsen war.

Nach dem ersten Weltkrieg kam dann die als „Gleisfresser“ (Gölsdorf-Triebwerk) berüchtigte Gattung VI K, ein E-Kuppler der ehemaligen Heeresfeldbahn. Diese Heißdampflokomotive hatte eine große Leistung und wurde in vielen Exemplaren nachbestellt (darunter vier Stück in Meterspur für Württemberg), glänzte aber durch schlechten Lauf, großen Verschleiß und öftere Entgleisungen. Der schon angelaufene Neubau (ähnlich wie bei der Gattung IV K unter den Nummern ausgemusterter Maschinen) war gut gelungen, mußte aber gestoppt werden, weil wegen Streckenstillegungen kein Bedarf mehr vorlag. Soweit also nicht Einheitsmaschinen den Dienst versehen, haben heute die nachgebauten Lokomotiven der Gattung IV K das Heft in der Hand.

Der Meterspurbetrieb gehört der Vergangenheit an, die hier tätigen Maschinen waren jedoch Leckerbissen für den Lokomotivfreund. Die drei Maschinen für die Rollbockbahn Reichenbach (Vogtl) unt. Bf.–Oberheinsdorf (Gattung I M von 1902) waren wohl das Nonplusultra auf diesem Gebiet mit dem Doppelkessel nach Fairly, zwei Schornsteinen, zwei Feuerlöchern, zwei Schauluken auf der Führerseite zur Kontrolle der Feuerung, ursprünglich drei Reglern, an jedem Drehgestell Hoch- und Niederdruckzylinder mit Anfahrvorrichtung und einer Bogenläufigkeit bis 15 m Halbmesser! Diese letztere Eigenschaft ließ die Maschine bis zum Ende des Dampflokomotivbetriebs überleben, und sie bleibt jedem unvergeßlich, der sie in Fahrt erleben durfte. Die Hartmannsche Lokomotivkonstruktion hat sich den extremen Anforderungen des Rollbockbetriebs auf Stadtstraßen und in engen Fabrikhöfen nebst erheblichen Steigungen gewachsen gezeigt!

Einige konstruktive Details waren besonders typisch für die sächsischen Lokomotivbauarten. So erforderten die im meist bewegten Gelände liegenden Strecken nicht nur gut bogenläufige Maschinen (Bauart Novotny, Klose, Fairly, Meyer, Mallet und Klien-Lindner), sondern auch kräftige Bremsen. Schon frühzeitig (1852) tauchten die berühmten Dampfschlittenbremsen auf, die unseren heutigen Magnetschienenbremsen ähnlich waren, allerdings mit einem wesentlichen Unterschied: sie entlasteten das gesamte Fahrzeug und erhöhten die Entgleisungsgefahr! Dennoch waren sie lange Zeit die typische sächsische Lokomotivbremse.

Nach wenigen Versuchen mit Dampfbandbremsen kamen dann die von oben auf die Treib- und Kuppelräder wirkenden Dampfklotzbremsen auf, mit denen eine große Anzahl von Güterzuglokomotiven ausgerüstet wurde. Später wirkte die Dampfbremse wie heute die Druckluftbremse auf normale Bremsklötze. Sie erleichterte dem Heizer die Arbeit sehr, denn es gehörte zu dessen Aufgabe, die Handbremse des Tenders zu bedienen. Gerade die Rangier- und Güterzuglokomotiven waren lange Zeit (einige bis nach dem zweiten Weltkrieg) nicht mit Druckluftbremsen ausgerüstet. War keine Dampfbremse vorhanden, so hatte der Heizer die gesamte Schicht lang die Spindel zu drehen oder den Wurfhebel zu schwingen, wie noch heute auf den IV K-Nachbauten, wenn rangiert wird.

In den alten Zeiten, in denen die Lokomotiven noch ungebremst waren, hatte man häufig den „Apparat zu Fahren mit Gegendampf“ nach Lechatelier. Dieser bestand eigentlich nur aus einem Hahn, mit dessen Hilfe beim Gegendampfgeben ein Dampf-Wasser-Gemisch in die angesaugte Luft eingespritzt wurde. Auf diese Weise wurden das Ansaugen von Lösche aus der Rauchkammer und ein übermäßiges Erhitzen der Zylinder verhindert. Dieser Einrichtung ist es zu verdanken, daß die Gegendampfbremse auch auf längeren Gefällestrecken zum Regulieren der Fahrgeschwindigkeit verwendet werden konnte. Für Schnellbremsungen in Gefahrenfällen war es erforderlich, die Steuerung sofort auf Rückwärtsfahrt zu stellen. Dies ist der Grund, weshalb sich die Umsteuerung durch Händel (Handhebel) so lange gehalten hat und auch nach Einführung der Steuerschraube zur besseren Füllungseinstellung Kombinationen mit der Händelumsteuerung gesucht wurden. Mit der Einführung anderer Bremssysteme wurden diese Überlegungen gegenstandslos, und die Steuerschraube setzte sich allgemein durch.

Die Reisezuglokomotiven bekamen verhältnismäßig früh die Druckluftbremseinrichtung, wenn auch zunächst nur für den Wagenzug, nicht für die Lokomotive selbst. Das zuerst verwendete System Schleifer wich bald der bewährten Westinghouse-Bremse. Die Heberlein-Bremse als durchgehende, selbsttätige Reibungsbremse war zwar im Wagenpark, besonders bei den Schmalspurbahnen, verbreitet, aber nur wenige Normalspurlokomotiven wurden damit ausgerüstet. Eine größere Anzahl besaß aber die Haspel zur Betätigung der Heberlein-Bremse des Zuges.

Eine Besonderheit bei den sächsischen Lokomotiven war das Verbindungsrohr zwischen zwei Dampfdomen. Es sollte die Funktion eines Dampfsammlers erfüllen und wurde mit großem Durchmesser bei der Gattung IX V verwendet. Kleine Domverbindungsrohre hatten die Güterzuglokomotiven der Gattungen XI H, XI HV und XI V sowie die Schnellzuglokomotive der Gattung XII HV. Ähnliche Einrichtungen waren sonst nur noch an Lokomotiven in Österreich, Württemberg und Baden zu finden. Infolge der unterschiedlichen Wärmedehnung waren die Verbin-

dungsrohre immer Sorgenkinder und konnten nur schwer dichtgehalten werden, deshalb wurden sie auch teilweise durch Verbindungsrohre im Inneren des Kessels ersetzt.
Typisch für die ältesten Lokomotiven war der zylindrische oder leicht nach oben verjüngte Schornstein, nach dem damaligen Maschinenmeister Novotny benannt. Er wich um 1870 dem kegeligen Prüsmann-Schornstein. Da zum Teil böhmische Braunkohle verfeuert wurde, erhielten die betreffenden Lokomotiven zumeist einen Funkenfänger eigener Konstruktion (Bauart Ressig), der den sächsischen Lokomotiven ein charakteristisches Aussehen verlieh: Eine waagerechte Platte mit einer Öffnung ließ den mittleren Teil des Auspuffs ungehindert ins Freie, während der äußere, die meisten Funken enthaltende Teil umgelenkt wurde. Durch den Anprall an Platte und ballonförmig erweitertem Schornsteinkopf verlöschten die Funken größtenteils. Typisch für das Aussehen vieler sächsischer Lokomotiven war auch der Schornstein mit Krempe am oberen Rand, bei den älteren Maschinen mit niedriger Kessellage zweiteilig (Gattungen IIIb, VIb V u. a.), nach 1900 meist aus einem Gußstück bestehend (Gattungen X, XII, XIV HT u. a.). Nach der Jahrhundertwende kamen die Klappschornsteine auf, bei denen mit einem Handgriff die Maschine auf das normale Umgrenzungsprofil zurückgeführt werden konnte, wenn alte, niedrige Heizhaustore dies erforderten.
Eine andere sächsische Eigentümlichkeit war der abklappbare Blasrohrkopf (früher waren verstellbare Blasrohre sehr in Mode, um den Saugzug dem verwendeten Feuerungsmaterial anpassen zu können). Erkenntlich war die Einrichtung an dem seitlich an der Rauchkammer sichtbaren Betätigungshebel.
Die Rauchkammer war lange Zeit sehr kurz, mit einer meist zweiflügeligen Tür. Bereits sehr früh gab es Spritzeinrichtungen und Löschefallrohre, um ein Ausglühen der Rauchkammer zu verhindern. Die späteren Gattungen (XI, XVIII, XX) hatten extrem lange Rauchkammern („... so daß man die Rohre ausziehen kann, ohne die Rauchkammertür zu öffnen!") mit der bekannten spitzen Rauchkammertür. In diesem Zusammenhang ist auch der „Heißdampfautomat" zu erwähnen, eine Einrichtung, die in Verbindung mit einem Klappensystem die Rauchrohre bei geschlossenem Regler automatisch verschloß, um das Ausglühen der Überhitzerelemente zu verhindern. Die große Rauchkammer war notwendig zur Aufnahme des Klien-Dampftrockners, der den Verbinderdampf bei Verbundmaschinen (z. B. der Gattung XI V) verbesserte, aber doch einen echten Überhitzer nicht ersetzen konnte.
Weithin unbekannt, aber einwandfrei bis in die 1970er Jahre funktionierend, war der Lindnersche Nachfüllschieber. In den Kolbenschieberkörpern befanden sich je zwei Nachfüllkanäle, die von einem in den Schieberkörpern laufenden zusätzlichen kleinen Kolbenschieber so gesteuert wurden, daß Dampf in den Zylinder gelangen konnte, wenn die Einströmung durch die steuernde Kante des normalen Kolbenschiebers schon abgeschlossen war. Die Steuerung brauchte daher keine so großen Füllungsgrade zum Anfahren. Das bedeutete weniger „Dreharbeit" für den Lokomotivführer und eine kürzere Schwinge, z. B.:
Lokomotive 38 204^{II}
(ohne Nachfüllschieber):
größte Füllung 75 %,
Lokomotive 38 210
(mit Nachfüllschieber):
größte Füllung 55 %.
Die Stange für den Nachfüllschieber lenkte oberhalb der Schieberstange am Voreilhebel an (besonders gut zu sehen bei der 1. Serie der Gattung XII H2 mit hintenliegendem Voreilhebel). Je nach Schrägstellung des Voreilhebels ergab sich der Versatz der beiden Schieber und damit die Steuerung der Nachfüllkanäle.
Charakteristisch für die Triebwerksanordnung war die durchweg verwendete zweischienige Kreuzkopfgleit-

Bild 8
Kolbenschieber mit Lindner-Nachfüllschieber (ausgebaut aus 75 515)
Foto Meyer

bahn. Einzige Ausnahmen in dieser Beziehung bildeten die großen Schnellzuglokomotiven der Gattung XVIII H und XX HV. Die Treibstangen wurden bei allen Lokomotiven mit Antrieb der 1. Kuppelachse (Gattungen II, III, VIII, X H1, XII H, XII HV, XII H1) zwischen Kuppelstange und Rad angeordnet, um den Abstand der Zylinder von der Fahrzeugmitte und damit die Drehbewegungen der Lokomotive gering zu halten. Buchsenlager in den Kuppelstangen (ab Gattung XII) bewährten sich ausgezeichnet und wurden zur Regelbauart bei den Einheitslokomotiven. Druckausgleicher waren zumeist Umlaufrohre mit mechanisch betätigten Hähnen, eine wenig störanfällige Konstruktion.

Eine interessante Konstruktion war der mechanische Sandstreuer Bauart v. Helmholtz. Ein von der Steuerung oder vom Triebwerk der rechten Lokseite angetriebenes Gestänge sorgte dafür, daß bei jeder Umdrehung der Treibräder eine bestimmte Sandmenge in die Fallrohre befördert wurde. Zum Anfahren mußte selbstverständlich „von Hand" gesandet werden. Trotz ihrer Kompliziertheit ist diese Einrichtung bis zum Aufkommen der Druckluftbremse (und damit des Druckluftsandstreuers) viel verwendet worden.

Auffällig war die tiefe Anbringung der Injektoren (nichtsaugend!); man mußte sehr achtsam deren Einfrieren im Winter verhüten. Andererseits war der Injektor nicht im Wege, wenn das Lokpersonal durch eine Stirnwandtür des Führerhauses den Umlauf betrat (ganz im Gegensatz zu unseren heutigen Lokomotiven, bei denen nicht nur diese Einrichtung fehlt, sondern außerdem der Zugang von vorn durch die Windleitbleche versperrt ist). Auf dem Umlauf befand sich meist die Kipprostspindel. Überhaupt mußte er zu vielen Verrichtungen betreten werden. Das sächsische Führerhaus (besser gesagt das Hartmannsche Führerhaus), in seiner letzten Ausführung bei allen regelspurigen Gattungen außer der XIII H angewandt, war groß und geräumig und hatte eine gute Lüftung. Die Sitze allerdings waren alles andere als bequem, und die geteilten Seitenfenster wollten sich beim Hinausbeugen nicht so recht mit der Dienstmütze vertragen.

Nicht ins Auge fällt die abweichende Kupplung zwischen Lokomotive und Tender: Es gab nur ein Notkuppeleisen, das unter dem Hauptkuppeleisen lag und durch ein Langloch normalerweise nicht zum Tragen kam. Die Stoßpuffer waren ballig, die Pufferplatten entsprechend konkav.

Man kann sagen, daß die sächsischen Lokomotiven im großen und ganzen sehr betriebstüchtige, robuste Konstruktionen waren. Sie haben sich bewährt und auch unter den schwierigen Verhältnissen der Nachkriegszeit – für die sie nicht gebaut waren – wacker durchgehalten. Darüber ist schon viel geschrieben worden, ... doch die im Dunkeln sieht man nicht ...! Einer kommt immer zu kurz: der Schlosser in der Werkstatt. Was hier geleistet wurde – jeder Eingeweihte weiß, was dahinter steckt, wenn vom hinteren Schlammabscheider der Gattung XI HT, den Achskeilen, Ausgleichhebeln oder dem „Einschwenken" der Treibachse die Rede ist – harrt noch

Bild 9
Führerstand der Güterzuglok V V Nr. 1005. Untiedsche Feuertür mit Sekundärluftschieber. Wasserstand mit Drahtkorb und Absperrvorrichtung (von Führerseite aus zu bedienen), zusätzlich 2 Probierhähne. Dampfventile (Handräder) für die Injektoren, rechts daneben Handrad zum Bläser. In der Mitte Anstellventil zum Dampföler (hinter dem Heizer) und Absperrventil der Dampfpfeife. Pfeifenzug oben Mitte und rechts. Waagerechter Hebel hinter dem Lokführer betätigt den Handsandstreuer. Kesselschild „Sigl 1890 Nr. 3447", darüber der Regler. Beachtenswert die großen Stirnfenster. Vorn links die Wurfhebelbremse des Tenders.
Urheber unbekannt, Repro Meyer

der Würdigung. Nur die Schwerarbeit der Kollegen in der Werkstatt und im Ausbesserungswerk und ihr nie versiegender Erfindungsreichtum (Ersatzteile!) hat es überhaupt möglich gemacht, daß so lange und so gut mit den sächsischen Maschinen gefahren werden konnte! Das muß einmal gesagt werden – unser Dank gilt allen, die dabei waren!

1.7. Die Tender

Die gesamte Geschichte der sächsischen Tender kann aus Platzgründen hier nicht geschrieben werden. Für die älteren Zeiten wird daher nur ein kurzer Abriß gegeben, ehe näher auf die gebräuchlichen Tender der letzten Jahre eingegangen wird. (Das Aussehen der alten Bauarten geht aus den Zeichnungen und Fotos in diesem Buch hervor.)

Anfangs war es durchaus nicht so, daß von der Lokomotivfabrik auch der Tender mitgeliefert wurde. Dieser ist sehr oft von einer anderen Firma bezogen oder in eigener Werkstatt der Bahn hergestellt worden. Außerdem waren die Tender nicht an eine bestimmte Lokomotive gebunden, sondern in der Regel innerhalb der Gattung tauschbar; meist paßten sie für mehrere Gattungen. Da die Reparaturen an den Tendern nicht so lange dauerten, kam man mit einem geringeren Bestand aus: im Jahr 1877 besaß die Staatsbahn 602 Schlepptenderlokomotiven, aber nur 524 Tender, Ende des Jahres 1900 war das Verhältnis 952 zu 879.

Jeder Tender hatte seine eigene Nummer, ein konsequenteres Verfahren als das heutige, bei dem der Tender zwar die Nummer der Maschine trägt, aber zumeist getauscht ist (Da das Fabrikschild oft von „Eisenbahnfreunden" gestohlen wurde, muß man erst im Betriebsbuch nachsehen, woher der Tender stammt!). Die Gepflogenheit, Lokomotiven meist von vorn oder von der Seite zu fotografieren oder den Tender ganz wegzulassen, hat leider nur ganz wenige Fotos überliefert, auf denen die Tendernummer zu erkennen ist; sie war zweifach in den oberen Ecken der Rückwand angebracht.

Die anfänglich zweiachsigen Tender wichen bald dreiachsigen (wenn auch später nochmals zweiachsige auftauchten, z. B. bei der Gattung VII), die zunächst hölzernen Untergestelle wurden durch eiserne abgelöst.

Die „Cisternen" waren anfangs hufeisenförmig, teilweise ovalzylindrisch. Später setzte sich die flache Form durch, die dem Heizer das Feuern erleichterte, weil die Kohle nun auf der vorn geneigten Wasserkastendecke lag. Da die alten Maschinen meist keine Bremse hatten, waren die Tender von Anfang an damit ausgerüstet. Die umständliche Spindelbremse wurde ab dem Jahr 1870 durch die noch heute gebräuchliche, schnellwirkende Extersche Wurfhebelbremse ersetzt. Dazu kam dann später die Druckluftbremse, und sehr lange dauerte es, bis endlich die Zusatzbremse ihren Einzug hielt.

Es folgt nun die Beschreibung der drei Tenderbauarten, die bis in die letzte Zeit im Einsatz waren, wobei auf Selbstverständlichkeiten, wie Kohlenbretter, Haken für Schürgeräte,

Bild 10
Tender sä 3 T 12 Nr. 162 (ehem. Nr. 134), erbaut in eigener Werkstatt 1894. Aufnahme 1968 in Weißenfels.
Foto Meyer

Wasserstandsanzeiger, Absperrventile, Saugkörbe usw. nicht besonders eingegangen wird. Alle diese Tender waren genietet, hatten die Extersche Bremse und die Radsätze liefen in Gleitlagern. Als Brennstoff für die Beleuchtung wurden anfangs Gas oder Petroleum verwendet, später wurde die elektrische Beleuchtung eingeführt.

Sächs. 3 T 21, gekuppelt mit Lokomotiven der Gattung XIII H (58^4): Der Blechrahmen hatte große Ausschnitte und entsprechende Versteifungen. Der Kuppelkasten nach der üblichen Reichsbahn-Bauart wies prismatische Stoffpuffer auf, hatte Hauptkuppel- und zwei Notkuppeleisen, auf jeder Seite zwei Ersatzteil- und Werkzeugkästen, drei mit Blattfedern abgefederte Radsatzwellen, wobei die beiden hinteren durch Längsausgleichshebel verbunden waren (Vierpunktabstützung). Der Vorratsbehälter üblicher Bauart war aufgesetzt und vorn links und rechts mit Kästen für Ölkannen, Werkzeug und die Taschen des Personals versehen. Dazwischen lag der Zugang zum Kohlenraum. An diesen anschließend folgte ein großer Werkzeugkasten.

Dahinter war früher der Gasbehälter angeordnet (er entfiel mit Einführung der elektrischen Beleuchtung). Dieser freie Platz auf der Wasserkastendecke wurde zumeist als Lagerplatz für allerlei Ersatzteile, besonders Bremsklötze benutzt. Auf jeder Seite war eine ziemlich lange Einfüllöffnung vorhanden (**sehr** praktisch). Der Hebel der Handbremse schwang entgegen sächsischem Brauch quer zur Fahrtrichtung. Die Kunze-Knorr-Bremse war unbefriedigend und daher „planmäßig" ausgeschaltet, sie hatte nicht einmal eine Stellung für Personenzug, obwohl die Maschinen bis zuletzt auch im Schnellzugdienst eingesetzt waren. Einige Tender erhielten nachträglich die normale einlösige Bremse. Die für eine

Bild 11
Tender sä 3 T 21 mit einlösiger Bremse (Kbr PGmZ), erbaut von Hartmann 1924 (Fabr.-Nr. 4606, geliefert mit 58 446). Aufnahme 1958 in Wilkau.
Foto Meyer

Bild 12
Tender sä T 3 21, erbaut von Hartmann 1924 (Fabr.-Nr. 4606, geliefert mit 58 446). Aufnahme 1967 in Zwickau.
Foto Meyer

so kräftige Lokomotive etwas beschränkten Vorräte resultierten aus der Forderung, die Maschine auch auf 16-m-Drehscheiben wenden zu können – man mutete damals dem Personal Rückwärtsfahren nicht zu.

Sächs. 2′2′T 21, gekuppelt mit Lokomotiven der Gattung XII H2: Das Untergestell bestand aus Profilen mit Versteifungen. Zwischen Lokomotive und Tender war eine sächsische Kupplung angeordnet. Die Treppe zum Besteigen des Führerstandes war am Tender angebracht. Der Tender hatte zwei Blechrahmendrehgestelle ohne Wiege mit Blattfedern für jeden Radsatz, Drehzapfen und je zwei seitliche Gleitstücke (Vierpunktabstützung). Der Vorratsbehälter war aufgesetzt; charakteristisch waren der hintere runde Abschluß des Kohlenkastens, dahinter querliegend die Einfüllöffnung. Hinten am Wasserkasten lag anfänglich bei Lokomotiven mit Gasbeleuchtung der Gasbehälter, darunter ein großer Werkzeugkasten. Weitere Kästen befanden sich seitlich und vorn. Anfangs gab es hinten rechts am Tender eine Stange mit Führungsöse, um die Zugleine über die Kohlen bis ans Führerhaus führen zu können. Der Handbremshebel schwang in Fahrtrichtung, dadurch konnte der Heizer beim Bedienen den Fahrweg beobachten (die Zusatzbremse wurde erst später eingebaut). Der Kolbenhub der auf alle Räder doppelseitig wirkenden Westinghouse-Bremse wurde durch Gestänge auf einen Zeiger mit Gradbogen außen am Langträger übertragen (wie bei den sächsischen Schmalspurwagen).

Sächs. 2′2′T 31, gekuppelt mit Lokomotiven der Gattungen XVIII und XX HV:

Das Untergestell war in Gemischtbauweise ausgeführt, teils Blechrahmen, teils Profile, weil die beiden hinteren Radsätze im Tenderrahmen gelagert waren, die vorderen in einem Blech-

Bild 13
Tender sä 2′2′ T 21 Nr. ETAT 21147, zu ETAT 230-966 (ehem. Gattung XII H2 Nr. 3687) gehörend. Aufnahme 1960 in Karl-Marx-Stadt.
Foto Meyer

Bild 14
Tender sä 2′2 T 31, zu Gattung XX HV gehörend. Treppe abgebaut. Aufnahme 1964 in Reichenbach (Vogtl).
Foto Meyer

rahmendrehgestell ohne Wiege mit Drehzapfen und seitlichen Gleitstücken (Sechspunktabstützung), da jeder Radsatz einzeln durch Blattfedern abgefedert war. Später wurden die hinteren Federn auf jeder Seite durch Längsausgleichshebel verbunden (Vierpunktabstützung). Durch die gewählte Achsanordnung war es möglich, Lokomotive und Tender auf 20-m-Drehscheiben zu wenden, z. B. auch in Aue (Sachs). Die Treppe zum Führerhaus war am Tender angebracht. Der aufgesetzte Vorratsbehälter war üblicher Bauart. Werkzeugkästen und andere Kästen befanden sich vorn und seitlich, der hintere große Werkzeugkasten war oben hinter dem Kohlenkasten, dahinter anfangs ein Gasbehälter für die Beleuchtung. Die Einfüllöffnung für das Wasser lag hinten quer. Der Handbremshebel schwang in Längsrichtung. Die Luftdruckbremse Westinghouse (später Knorr mit selbsttätiger Lastabbremsung und Zusatzbremse) mit zwei Bremszylindern wirkte doppelseitig auf alle Räder. Der Kolbenhub wurde auf einem Zeiger mit Gradbogen außen am Rahmen übertragen. Zwischen Lokomotive und Tender bestand eine sächsische Kupplung.

Die Abmessungen dieser drei Bauarten gehen aus den Zeichnungen hervor. Das „Merkbuch“ 1924 enthält folgende Angaben:

	Leermasse in t	Dienstmasse in t	Wasser in m^3	Kohle in t
sä. 3 T 21	19,6	47,0	21	6
sä. 2'2'T 21	21,4	49,8	21	7
sä. 2'2' T 31	24,4	62,8	31	7

1.8. Die Triebwagen und sonstigen Triebfahrzeuge

Es ist kaum bekannt, daß die Sächsische Staatsbahn auch einige Triebwagen sowie elektrische und Dieseltriebfahrzeuge besaß. Alle diese Fahrzeuge dienten mehr oder weniger nur Versuchszwecken und blieben somit Einzelgänger.

Den längsten Einsatz erlebten drei im Jahre 1883 von der Maschinenfabrik Hohenzollern gelieferte Dampftriebwagen der Bauart Thomas. Sie bestanden aus einem einachsigen Maschinenteil mit querliegendem Kessel und einem zweiachsigen Doppelstockwagen (geliefert von MAN), die fest miteinander gekuppelt waren. Die Triebwagen liefen unter der Gattungsbezeichnung Hz O und den „Bahnnummern“ A, B und C etwa zehn Jahre im Raum Löbau (Sachs)/Zittau und danach vereinzelt im Pirnaer Raum und auf der Gaschwitz-Meuselwitzer Bahn.

In den Jahren 1903/04 beschaffte man – offensichtlich zu Vergleichszwecken – je einen Dampf-, Akku- und Daimler-Verbrennungstriebwagen.

Der Dampftriebwagen der Bauart Serpollet mit der Bezeichnung S 1 wurde von der Maschinenfabrik Esslingen geliefert. Er hatte anstelle des herkömmlichen Heizrohrkessels einen Wasserrohr-Zwangsdurchlaufkessel, der sich aber nicht bewährte.

Der Akkutriebwagen E 1 bestand aus zwei kurzgekuppelten, zweiachsigen Wagen, die über eine gemeinsame mittlere Einstiegsplattform betreten werden konnten. Sein Einsatzgebiet war ebenfalls der Raum Pirna.

Der zweiachsige Daimler-Verbrennungsmotortriebwagen Dai 1 soll gleichfalls auf Kurzstrecken um Pirna und im damaligen Chemnitz eingesetzt worden sein. Weitere Angaben hierüber sind nicht bekannt.

Zu den Versuchen, einen wirtschaftlichen Nebenbahnbetrieb zu erreichen, zählte auch der Umbau eines Straßen-Omnibusses in einen Schienen-Omnibus etwa im Jahr 1914. Dabei wurden die hartgummibereiften Räder des Busses mit stählernen Laufkränzen versehen. Abgesehen vom damaligen Stand der Kraftfahrzeugtechnik mögen hier auch die betrieblichen Nachteile (Wenden des Fahrzeugs) zum Scheitern des Versuchs geführt haben.

Im Jahr 1915 beschaffte die Sächsische Staatsbahn zwei fünfachsige dieselelektrische Triebwagen, die sich gut bewährten. Allerdings unterbrach der erste Weltkrieg diese hoffnungsvolle Entwicklung. Die beiden Wagen wurden an die „Regional du Val-de-Travers“ in die Schweiz verkauft. Einer dieser Triebwagen existiert noch heute. Er wurde rekonstruiert und steht als ABm 2/5 Nr. 9 seit 1982 im Verkehrshaus Luzern.

Eine Sonderstellung im Betriebspark der Sächsischen Staatsbahn nahm eine feuerlose Dampflokomotive mit der Gattungsbezeichnung I F und der Bahnnummer 1 ein, die von Hartmann im Jahr 1917 geliefert worden war. Sie war im Schwellenwerk Wülknitz und im Dresdner Industriegelände eingesetzt.

Für die meterspurige Strecke Klingenthal–Sachsenberg-Georgenthal lieferte Hartmann im Jahr 1914 zwei elektrische Lokomotiven mit der Achsanordnung B'B', die die Gattungsbezeichnung I ME erhielten. Sie glichen damaligen Straßenbahn- und Werklokomotiven. Die elektrische Ausrüstung stammte von Siemens. Bis zur Einstellung des Gütertransports im Jahr 1963 verrichteten sie ihren Dienst zur Zufriedenheit. Im Jahr 1916 lieferte die Waggonfabrik Bautzen für die gleiche Strecke zwei elektrische Triebwagen. Es waren straßenbahnähnliche und mit Westinghousebremse ausgerüstete Fahrzeuge.

1.9. Die Einsatzgebiete der sächsischen Lokomotiven

1.9.1. Allgemeine Tendenzen

In den Anfangsjahren der Eisenbahn war die Frage des Lokomotiv-Einsatzes recht einfach zu beantworten. Die für eine Strecke beschafften Lokomotiven blieben so lange dort, bis sie nicht mehr brauchbar waren und verkauft oder verschrottet wurden. Das war zunächst auch in Sachsen so. Mit der Verdichtung des sächsischen Streckennetzes jedoch sollte sich das bald ändern. Infolge der Ausbildung zweier Staatsbahnnetze in Sachsen, die zunächst nur über die private Leipzig-Dresdner Eisenbahn miteinander in Verbindung treten konnten, dauerte es immerhin bis zum Jahr 1869 (Fertigstellung der Strecke Freiberg(Sachs)–Flöha), bis sich wesentliche Veränderungen abzeichneten. Die Tatsache, daß Lokomotiven der Sächsisch-Bayerischen Bahn auf der Niedererzgebirgischen Bahn (Riesa–Chemnitz–Zwickau (Sachs)) und auf der Obererzgebirgischen Bahn (Zwickau (Sachs)–Schwarzenberg) Dienst taten, ist dabei nicht als wesentliche Änderung des Einsatzgebietes zu bezeichnen, sie blieben ja im gleichen Netz. Im östlichen Staatsbahnnetz war es ähnlich, denn nach Fertigstellung der Elbbrücke in Dresden kamen ab und zu Lokomotiven der Sächsisch-Schlesischen Bahn zum Einsatz auf der Sächsisch-Böhmischen Bahn und umgekehrt.

Nach dem Jahr 1869 aber, als die Verbindung zwischen Ost- und Westsachsen durch die staatseigene Linie Dresden–Chemnitz gesichert war, setzte eine Wanderung von Lokomotiven ein, die eine auffallend einseitige Tendenz aufwies: Die Lokomotiven „wanderten“ bevorzugt in West-Ost-Richtung. In den Jahren 1870 bis 1896 gab es ca. 150 Umsetzungen von Lokomotiven aus den westlichen Teilen des Staatsbahnnetzes nach dem Osten Sachsens; nur etwa 20 % dieser Lokomotiven kamen viel später wieder auf westliche Strecken zurück. In Ost-West-Richtung sind in dieser Zeit nur 14 Umsetzungen bekannt geworden. Der Grund für diese Wanderung lag vor allem darin, daß die schwierigen und einen stärkeren Verkehr aufweisenden Strecken in Westsachsen früher mit neuen, leistungsstärkeren Maschinen ausgestattet wurden als die Strecken der östlichen Landesteile. So waren in größerem Umfang dreifach gekuppelte Lokomotiven im Westen bereits ab dem Jahr 1859 eingesetzt, in Ostsachsen aber erst ab etwa dem Jahr 1869.

Ein bekanntes Beispiel für diese Umsetzungen ist die Lokomotive PLEISSE (Hartmann 1856, Fabriknummer 63 für

Tabelle 3
Dienstalter der im Jahr 1910 eingesetzten Lokomotiven

Herstellungsjahr	Anzahl der Lokomotiven	Herstellungsjahr	Anzahl der Lokomotiven
1857	1	1887	27
1858	1	1888	27
1861	1	1889	19
1862	1	1890	75
1865	5	1891	53
1866	5	1892	62
1867	2	1893	43
1868	11	1894	35
1869	9	1895	35
1870	11	1896	45
1871	23	1897	61
1872	56	1898	59
1873	48	1899	64
1874	78	1900	71
1875	36	1901	90
1876	49	1902	37
1877	25	1903	11
1878	13	1904	12
1880	3	1905	14
1881	3	1906	20
1882	12	1907	26
1883	14	1908	46
1884	17	1909	75
1885	27	1910	55
1886	20		

die Sächsisch-Bayerische Bahn), die von 1870 bis 1875 Dienst auf der Vogtländischen Bahn (Herlasgrün–Eger) tat. Aus ihren Laufleistungen im Jahr 1873 (die übrigens alle sorgfältig registriert und statistisch erfaßt wurden) von 14430 Nutzkilometer und 14660 Leerkilometer läßt sich schließen, daß sie dort fast nur als Vorspann- oder Schiebelokomotive auf den steigungsreichen Strecken dieser Bahn (z. B. Elster–Brambach und Oelsnitz(Vogtl)–Lottengrün) eingesetzt war. Im Jahr 1875 wurde sie zur Elbtalbahn Dresden–Bodenbach umgesetzt, wo sie zunächst noch drei Jahre normalen Güterzugdienst leistete (im Jahr 1876 etwa 26000 Nutzkilometer, 20 Leerkilometer). Erst ab dem Jahr 1878 wurde sie stärker in den Rangierdienst eingeordnet, wie das bei fast allen älteren Lokomotiven der Fall war.

Eine Übersicht über das Dienstalter der im Jahr 1910 eingesetzten Lokomotiven gibt die Tabelle 3.

Natürlich gab es auch in Sachsen die Erscheinung, daß die älteren Lokomotiven vom Streckendienst in den Rangierdienst wechselten, bis dieser selbst infolge der gestiegenen Leistungsanforderungen speziell dafür geeignete Lokomotiven erforderte. Ebenso ist die Tatsache, daß ältere Lokomotiven noch zum Führen von Bauzügen eingesetz wurden, nicht auf Sachsen beschränkt gewesen, sondern war allgemein üblich. Daß solche Lokomotiven vorher oder zu diesem Zweck von Schlepptender- in Tenderlokomotiven umgebaut wurden, ist häufig zu finden. Ferner war es wohl überall üblich, mit der Erweiterung und Verdichtung des Streckennetzes ältere, nicht mehr so leistungsfähige Maschinen von den Hauptbahnstrecken abzuziehen und auf Nebenbahnstrecken einzusetzen, bis diese ebenfalls besondere Lokomotivtypen erforderten, wie dies z. B. bei der Entstehung der Sekundärbahnen der Fall war.

1.9.2. Universeller Streckeneinsatz

Für folgende Gattungen ist kein spezieller Einsatz erkennbar: Personenzuglokomotiven der Gattungen III, IIIb, VIII V_2, XII H2, IV T, XIV HT, Gemischtzuglokomotiven der Gattung II, Güterzuglokomotiven der Gattungen V, V V, V T, XI HT.

Kleine Einschränkungen sind hierbei vorzunehmen bei den Lokomotiven der Gattung VIII V_2, die kaum auf die Erzgebirgsstrecken südlich der Linie Dresden–Plauen(V) gekommen sind (bis auf eine Ausnahme, die später behandelt wird), ferner bei den Lokomotiven der Gattung IV T, die zunächst nur bevorzugt im Vorortverkehr der Großstädte eingesetzt wurden und erst später auf Nebenbahnen auftauchten sowie bei den Lokomotiven der Gattung V T, die wohl bevorzugt für den Rangierdienst gedacht, aber bald auch im Güternahverkehr anzutreffen waren. Im übrigen waren alle obengenannten Gattungen im Laufe der Zeit auf fast allen sächsischen Strecken außer den später genannten Spezialstrecken zu finden.

1.9.3. Lokomotiven für spezielle Einsatzzwecke

Als solche könnte man zunächst alle älteren Schnellzuglokomotiven (in alten Unterlagen allgemein als „Eilzuglokomotiven" bezeichnet) nennen, die infolge der geografischen Struktur des Landes nur auf den Flachlandstrecken eingesetzt werden konnten, also die Lokomotiven der Gattungen VIa, VI, VIb, VIb V. Selbst die zuerst auf der Sächsisch-Bayerischen Bahn eingesetzten Maschinen der Gattungen VI, VIb V und VIII_2 kamen früher oder später auf die reinen Flachlandstrekken. Eine Ausnahme bildete hierbei die Keßlersche Gattung VIII_1, die für die Vogtländische Bahn Herlasgrün–Eger bestimmt war, bald aber zur vielleicht noch schwierigeren Strecke Dresden–Chemnitz abwanderte und dort zwanzig Jahre den gesamten Schnellzugverkehr bewältigte. Später waren einzelne Lokomotiven dieser Gattung von Dresden aus auch auf den Strecken Dresden–Görlitz und Dresden–Bodenbach eingesetzt, aber nur kurzzeitig. Man ist erstaunt, daß diese Lokomotive ab 1895 auf die bogenreiche Gebirgsstrecke Chemnitz–Annaberg–Weipert kam und dort ihre letzten Jahre verbrachte. Noch im Jahr 1922 konnte die letzte Lokomotive dieser Art dort beobachtet werden, allerdings meist mit einer Lokomotive der Gattung IIIb V als Vorspann. Sie dürfte damit die einzige Schnellzuglokomotive gewesen sein, die auf einer solchen Gebirgsstrecke zum Einsatz kam, denn auch die neueren Schnellzuglokomotiven (Gattungen VIII V_1, XII HV, XVIII H und XX HV) blieben in ihrem Einsatz auf die Hauptstrecken Görlitz–Dresden–Reichenbach–Hof bzw. Leipzig–Hof und auf die nördlich davon liegenden Flachland-Schnellzugstrekken beschränkt. Die Lokomotiven der Gattungen X V und X H1 blieben überhaupt nur auf den Strecken Leipzig–Dresden und Elsterwerda–Dresden–Bodenbach, denn auf den steigungsreicheren Hauptstrecken waren sie schon überfordert.

Als Maschinen für den speziellen Einsatz könnte man damit auch die vier- und fünffach gekuppelten Güterzuglokomotiven der Gattungen IX und XI bezeichnen, die ebenfalls kaum südlich der Hauptstrecke Dresden–Reichenbach anzutreffen waren. Als Speziallokomotiven bekannter geworden sind wahrscheinlich die für die Ober-

erzgebirgische Bahn Zwickau(Sachs)–Schwarzenberg und für die Strecke Chemnitz–Annaberg–Weipert konstruierten bogenläufigen Berglokomotiven der Gattung IVb (später Gattung IIb), die lange Zeit fast allein auf diesen Strecken Dienst getan haben und erst später auf andere Nebenbahnen oder in den Rangierdienst abwanderten. Auch die Tenderlokomotive dieser Bauart (Gattung IVb T bzw. Gattung IIb T) blieben immer im Raum Schneeberg.
Ähnlich erging es den ursprünglich für die Muldenthalbahn Glauchau–Rochlitz–Wurzen und für die Strecke Chemnitz–Aue(Sachs)–Adorf gebauten B1-Tenderlokomotiven der Gattung IIIb T, die jedoch bald von diesen Strecken auch auf andere Nebenstrecken wechselten, wenngleich die meisten von ihnen noch lange vor allem auf der Erzgebirgsstrecke blieben.
Ganz spezielle Lokomotiven entstanden ab dem Jahr 1880, als der Bau der vielen kleinen Stichbahnen in Sachsen auf der Grundlage des Sekundärbahngesetzes begann. Zwar mußte der Betrieb auf der ersten Sekundärbahn Sachsens, der Strecke Plagwitz–Gaschwitz (1879) noch mit älteren Lokomotiven der Gattungen II und II T eröffnet werden, aber schon die zweite Sekundärbahn Pirna–Berggießhübel konnte mit den dafür entwickelten Lokomotiven der Gattung VII TS befahren werden. Hier setzte auch die schon fast vergessene Sitte wieder ein, diesen Lokomotiven die Namen der an der Strecke liegenden Ortschaften zu geben. Bereits sechs Jahre früher waren auf der Chemnitz-Komotauer und der Gaschwitz-Meuselwitzer Bahn kleine, leichte Zweikuppler als Tenderlokomotiven für den Nebenbahndienst erschienen, und auch die Leipzig-Dresdner Eisenbahn hatte für den Betrieb auf dem Streckenast Priestewitz–Großenhain vier solche Maschinen beschafft, aber erst ab dem Jahr 1884 setzte der Bau derartiger Kleinlokomotiven in größerem Umfang ein, die dann in der Gattung VII T zusammengefaßt wurden. Speziell für den Zwickauer Nahverkehr mit Leichtzügen bestimmt waren dann die vier B-Tenderlokomotiven der Gattung VII TOV.
Nur für den Spezialeinsatz bestimmt, den sie dann auch bis zu ihrem Ende durchführten, waren die Maschinen der Gattungen Va, VIIIb T und I TV, die auf der ehemaligen Albertbahn bzw. den ihr angeschlossenen Kohlenbahnen (heute als „sächsische Semmeringbahn" bzw. als Windbergbahn bekannt) Dienst taten.
Wegen der Bedenken gegen die Bogenläufigkeit vier- und mehrfach gekuppelter Einrahmenlokomotiven hatte man vor allem für die mittelsächsischen Erzgebirgsstrecken die Gattungen I V, ITV und später XV HTV entwickelt, die zwar bevorzugt dort eingesetzt wurden, aber in keinem Fall befriedigten. Es verursachte fast Mitleid, wenn sich die Lokomotiven der Gattung I V abmühten, mit einem etwas schwereren Güterzug die nach der Ausfahrt aus Chemnitz Hbf in Richtung Zwickau (Sachs) sich bald anschließende leichte Steigung zu meistern, mehrmals mußten sie meist zurückdrücken, um dann doch mit vielem Pfeifen die Chemnitzer Rangierlokomotive (meist Gattung V V) zum Nachschieben aufzufordern.
Als Maschinen mit speziellem Einsatzgebiet auf der Strecke Chemnitz–Zwickau(Sachs)–Reichenbach–Hof kann man auch die der preußischen $G\,12^1$ ähnliche Gattung XIII H (58^1) bezeichnen, die während ihrer kurzen Dienstzeit nur dort eingesetzt waren und von den Lokomotiven der BR 43^0 abgelöst wurden.
Als Lokomotiven für den speziellen Einsatz sind schließlich alle Schmalspurlokomotiven zu bezeichnen, wenngleich sie infolge ihrer leichten Transportierbarkeit auch öfters im Streckeneinsatz wechselten.

1.9.4. Einsätze außerhalb Sachsens

Bei der Flucht der sächsischen Lokomotiven, die zu Beginn des Deutsch-Österreichischen Krieges 1866 die meisten sächsischen Lokomotiven dem Zugriff Preußens entziehen sollte und viele Maschinen nach Österreich und Ungarn entführte, kann man wohl nicht von einem normalen Dienst außerhalb Sachsens sprechen. Auch sollen hier nicht die Dienste behandelt werden, die sächsische Lokomotiven auf den Streckenteilen verrichteten, die im Ausland (Bayern, Österreich, Preußen) ihren Endpunkt hatten, denn es befanden sich immerhin neun Heizhäuser (Lokschuppen) mit meist größerem sächsischen Lokomotiv- und Personalbestand außerhalb der Grenzen Sachsens.
Als frühestes Ereignis dieser Art ist die Verleihung einer sächsischen Maschine mit Novotny-Gestell an Bayern zu erwähnen. Durch die Kriegseinsätze 1870/71 wurden viele Lokomotiven, vor allem der Gattungen II, V und VII, nach Frankreich geführt; in Elsaß-Lothringen blieben einige Lokomotiven dieser Gattungen auch noch einige Zeit nach dem Krieg leihweise im Einsatz.
Schon sehr frühzeitig war auf den beiden Strecken von Berlin nach Dresden (über Jüterbog bzw. über Elsterwerda) ein durchgehender Wagenlauf in Schnellzügen eingeführt worden, nur die Zuglokomotiven wechselten in Röderau bzw. in Elsterwerda. Ab dem Jahr 1905 wurde dann auch der Lokomotivdurchlauf eingeführt. Zuerst waren nur Lokomotiven der Gattung VIII V_1, später der Gattungen X H1, XII HV und XVIII H eingesetzt. Als Gegenleistung fuhren Lokomotiven der preußischen Gattungen $S\,5^2$, S 6 und

später $S\,10^1$ von Berlin bis Dresden durch. Bekannt sind auch Fahrten von Lokomotiven der Gattung XVIII H im Dreieckverkehr Dresden–Berlin–Chemnitz–Dresden.
Ein weiterer Einsatz außerhalb Sachsens betraf Lokomotiven der Gattung XX HV, den „Sachsenstolz". Die 19016 bis 19019 kamen im Jahr 1922 zum Bw Stuttgart-Rosenstein für den Einsatz auf der Strecke Stuttgart–Ulm, die 19020 bis 19023 ein Jahr später zum Bw Frankfurt(Main), wo sie zusammen mit neuen Lokomotiven der Gattung P 10 auf der Strecke Frankfurt(Main)–Bebra eingesetzt wurden. Da sich die Lokomotiven der Gattung P 10 auf diesen Strecken besser bewährten, kamen alle Maschinen schon im Jahr 1925 wieder nach Sachsen zurück zu den Bahnbetriebswerken Dresden-Alt und Reichenbach(Vogtl).
Für die Strecke Dresden–Hof mit ihrem starken Wechsel von Steigungs- und Gefälleabschnitten waren die Lokomotiven der Gattung XX HV doch besser geeignet als für Strecken mit langen Flachlandabschnitten.
Weiterhin sind für diese Lokomotiven die Langläufe von Leipzig über Hof bis Regensburg bzw. über Bayreuth bis Nürnberg (über die „schiefe Ebene") bekannte geworden. Im Gegendienst konnte man die bayerische S 3/6 des Bahnbetriebswerks Hof dann bis Leipzig fahren sehen.
Auch nach dem zweiten Weltkrieg sind von den wenigen noch vorhandenen sächsischen Lokomotiven Versetzungen in Gebiete außerhalb Sachsens vorgenommen worden, zum Beispiel kamen Lokomotiven der Gattung IV T zu den Bahnbetriebswerken Berlin-Schöneweide und Seddin. Die Lokomotive 98005 (ehem. Gattung I TV) war von 1947 bis 1956 in mehreren Bahnbetriebswerken im Reichsbahndirektionsbezirk Erfurt (Erfurt, Artern, Saalfeld, Gera) eingesetzt. Ferner verbrachte die 38 251 – eine Lokomotive der Gattung XII H2 – ihre letzten Tage in den Bahnbetriebswerken Brandenburg und Ketzin; die Lokomotive 75 530 (Gattung XIV HT) war in Haldensleben eingesetzt.
Schließlich verrichteten Schmalspurlokomotiven der Gattung IV K auch längere Zeit Dienst auf den Rügenschen Kleinbahnen Altefähr–Putbus–Göhren (Rügen) sowie auch in der Priegnitz und in Nauen.
Zu den Lokomotiv-Einsätzen im Ausland gehören schließlich die Kriegsverluste während der beiden Weltkriege und die Abgabe sächsischer Lokomotiven als Reparationsleistungen (Tabelle 4). Im Jahre 1918 betraf dies

Tabelle 4
Kriegsverluste und Reparationsabgaben sächsischer Lokomotiven

Gattung	Baureihe	Jahr	Stück	Verbleib
VIII V_2	–	1918	1	Kriegsverlust, Verbleib bei PKP
XII HV	–	1918	3	Ablieferung an Frankreich und Belgien
XII H1	–	1918	3	Ablieferung an Frankreich
XII H2	–	1918	6	Kriegsverlust, Verbleib bei CFR oder FS
XII H2	–	1918	29	Ablieferung an Frankreich und Belgien
XII H2	38^{2-3}	1945	57	Kriegsverlust, Verbleib bei ČSD und PKP
V	–	1918	2	Ablieferung an Belgien
V V	–	1918	14	Kriegsverlust, Verbleib bei PKP
V V	–	1918	2	Kriegsverlust in Frankreich oder Belgien
V V	–	1918	8	Ablieferung an Belgien
I V	–	1918	7	Ablieferung an Frankreich
IX V	–	1918	4	Kriegsverlust, Verbleib bei PKP
IX HV	–	1918	5	Kriegsverlust, Verbleib bei PKP oder FS
XI V	–	1918	5	Kriegsverlust, Verbleib bei FS
XI V	–	1918	3	Kriegsverlust, Verbleib bei SNCB
XI V	–	1918	23	Ablieferung an Frankreich und Belgien
XI HV	–	1918	1	Kriegsverlust, Verbleib bei SNCB
XI HV	–	1918	12	Ablieferung an Frankreich und Italien
XI H	–	1918	3	Ablieferung an Frankreich
XIII H	–	1918	6	Ablieferung an Frankreich
XIII H	58^4	1945	4	Kriegsverlust, Verbleib bei ČSD und PKP
V T	–	1918	3	Ablieferung an Belgien
V T	89^{2-3}	1945	17	Kriegsverlust, Verbleib bei ČSD oder SŽD
I TV	–	1918	3	Kriegsverlust, Verbleib bei FS
IV T	71^3	1945	2	Kriegsverlust, Verbleib bei ČSD
XI HT	–	1918	3	Kriegsverlust, Verbleib unbekannt
XI HT	–	1918	13	Ablieferung an Frankreich
XI HT	94^{20-21}	1945	16	Kriegsverlust, Verbleib bei ČSD oder SŽD
XI HT	94^{20-21}	1945	1	Verbleib bei MAV, ab 1951 ÖBB
XIV HT	–	1918	11	Kriegsverlust, Verbleib bei PKP
XIV HT	–	1918	12	Ablieferung an Frankreich und Belgien
XIV HT	75^5	1945	1	Kriegsverlust, Verbleib bei ČSD
I K	–	1918	5	Kriegsverlust, Verbleib bei PKP
IV K	–	1918	5	Kriegsverlust, Verbleib bei PKP
IV K	99^5	1945	22	Kriegsverlust, Verbleib bei ČSD oder SŽD
VI K	99^{6-7}	1945	15	Kriegsverlust, Verbleib bei ČSD oder SŽD
I M	99^1	1945	1	Kriegsverlust

192 Lokomotiven, von denen einige nach 1941 während des zweiten Weltkriegs zurückkehrten, sowie im Jahr 1945 nochmals 136 Lokomotiven. Am stärksten dezimiert wurden dabei die Gattungen XII H2, XI V und XI HV, XIV HT und XI HT. Im zweiten Weltkrieg waren auch die Schmalspurlokomotiven der Gattungen IV K und VI K von Auslandseinsätzen, Kriegsverlusten und Reparationsleistungen stark betroffen.
Die 99 162 (ehem. Gattung I M) war von 1939 bis 1941 in Mosbach(Baden) eingesetzt. Auch von den Schmalspurlokomotiven der Gattung VI K waren einige im Ausland (Österreich) eingesetzt.

1.9.5. Einsätze auf Steigungsstrecken

Außer einigen Spezialkonstruktionen bogenläufiger Lokomotiven für Gebirgsstrecken hat es in Sachsen nie eine speziell für den Schiebedienst vorgesehene Maschine, wie etwa die bayerische Gt 2x4/4 (spätere BR 960), gegeben, obwohl viele sächsische Strecken längere Rampen aufwiesen. An der Spitze steht dabei die Hauptstrecke Görlitz–Dresden–Hof mit den drei Rampen Dresden-Nord–Klotzsche, Tharandt–Klingenberg-Colmnitz und Flöha–Oederan. Auch die Vogtländische Bahn Herlasgrün–Eger hatte zwei längere Rampen bei Oelsnitz(V) und bei Bad Elster.
Als Schiebelokomotiven wurden stets Maschinen eingesetzt, die auch im normalen Dienst auf diesen oder anschließenden Strecken liefen, oft waren es ältere Maschinen, die nicht mehr voll im Betriebseinsatz standen. Auf der Steigungsstrecke Flöha–Oederan konnte man z. B. noch Mitte der 20er Jahre zuerst Lokomotiven der Gattungen IIIb und V V, dann Lokomotiven der Gattungen IV T und später Lokomotiven der Gattungen XIV HT und XI HT als Schiebelokomotiven sehen, die dann durch Lokomotiven der Baureihe 86 und durch G 12-Maschinen abgelöst wurden. Auf der Tharandter Steige sah es zuerst ähnlich aus, nur daß bereits zu Beginn der 20er Jahre diese Leistungen durch Lokomotiven der Gattungen T 14 und T 20 übernommen wurden. Auf der Steigungsstrecke nach Klotzsche konnte man zu Beginn der 30er Jahre neben den Lokomotiven der Gattungen T 14[1] und T 16[1] noch ab und zu eine Windberglokomotive (Gattung I TV) als Schiebelokomotive sehen, die sonst vor leichten Zügen zwischen Dresden und Königsbrück eingesetzt war. Im allgemeinen aber wurden gerade auf der steigungsreichen Strecke Dresden–Chemnitz die meist schweren Züge regelmäßig mit Doppelbespannung gefahren, wobei vor dem Einsatz der Gattung XX HV der „Rollwagen" (Gattung XII H2) die Hauptrolle spielte. Später waren hier alle möglichen Varianten der Doppelbespannung zu finden unter Einsatz von Lokomotiven der Gattungen XII H2, XX HV sowie der Gattungen P 8 und P 10. Das größte Ereignis aber war immer das Doppelgespann von zwei Lokomotiven der Gattung XX HV.

1.9.6. Letzte Einsatzgebiete

Aufgrund des Literaturstudiums und persönlicher Beobachtungen der Autoren und vieler Eisenbahnfreunde lassen sich folgende Einsatzgebiete sächsischer Lokomotivgattungen vor ihrem Verschwinden rekonstruieren:
Die Lokomotiven der Gattung H I T GÖSSNITZ, SCHÖNBÖRNCHEN, WÜRSCHNITZ und LUGAU kamen im Jahr 1878 zur Strecke Priestewitz–Großenhain. Die SCHÖNBÖRNCHEN hielt sich dort bis zur Jahrhundertwende. Ab 1886 liefen die Lokomotiven GREIZ und BRUNN ebenfalls auf dieser Strecke.
Die Lokomotiven der Gattung II endeten fast alle im Rangierdienst. Daß auch schon im Jahr 1896 ältere Lokomotiven als Heizlokomotiven eingesetzt wurden, beweisen die Nr. 668 ALTENBURG und die Nr. 611 PLAUEN, die zu dieser Zeit als Heizlokomotiven in Dresden-Neustadt bzw. in Chemnitz eingesetzt waren. Viele leisteten, teilweise nach Umbau in Tenderlokomotiven, Dienst als Baulokomotiven auf Neubaustrecken, auf denen sie dann mehrfach noch im Streckendienst eingesetzt wurden.
Lokomotiven der Gattung IIb blieben, obwohl einige auf andere Nebenbahnen umgesetzt worden waren, bis zuletzt im Raum Flöha-Annaberg. Die Tenderlokomotiven dieser Bauart blieben immer auf ihrer Stammstrecke (Schneeberg–Niederschlema). Eine Lokomotive dieser Gattung, die MULDENTHAL der Bockwaer Kohlenbahn, fuhr noch Anfang der 40er Jahre dort und gehörte zu den ältesten noch im Dienst stehenden Lokomotiven Deutschlands. Nach Rückbau in ihre alte Form steht sie heute im Verkehrsmuseum Dresden.
Letzter Einsatzbereich der Tenderlokomotiven der Gattung IIIb T waren die Strecken Stollberg(Sachs)–Zwönitz–Scheibenberg und Chemnitz–Hainichen; sie wurden abgelöst von Lokomotiven der Gattungen V T bzw. IV T auf diesen Strecken etwa im Jahr 1922. Fast zur gleichen Zeit verschwanden auch die letzten Lokomotiven der Gattungen IIIb bzw. IIIb V, die zuletzt noch auf der Strecke Dresden–Chemnitz–Zwickau(Sachs) fuhren, ihrem Einsatzgebiet treu. Die auf der Muldenthalbahn zur gleichen Zeit noch eingesetzten Lokomotiven der Gattung IIIb wurden etwa 1923 von preußischen

Lokomotiven der Gattung G 8 abgelöst. Auch von der Gattung VIa, den sächsischen „Spinnrädern“, blieben einige noch recht lange im Dienst; die GUSTAV HARKORT z. B. fuhr noch bis zum Jahr 1902 im Personenzugdienst Leipzig Bayerischer Bahnhof–Altenburg. Die BÖHLEN, die bis zum Jahr 1900 ebenfalls noch Personenzüge gefahren hatte, wurde seit 1901 für das Museum aufbewahrt. Man hatte das Führerhaus wieder entfernt und die Holzpuffer wieder angebaut. Leider wurde sie etwa 1925 doch noch verschrottet.

Von der Gattung VI fuhren die Nr. 21 BOTZEN und die Nr. 32 HANNOVER bis zum Jahr 1904 noch Vorspann auf der Strecke Dresden–Riesa–Leipzig bzw. bis zum Jahr 1905 Vorspann vor dem Nord-Süd-Expreß Leipzig–Hof. Von Lokomotiven der Gattung VIb V, die zuerst auf der Strecke Leipzig–Hof eingesetzt waren, aber bald zwischen Dresden und Leipzig bzw. Görlitz im Dienst standen, waren noch bis zum Jahr 1923 einige im Raum Dresden zu finden (Bw Dresden-Pieschen).

Es wurde schon berichtet, daß die erste sächsische 2'B-Schnellzuglokomotive, die Gattung VIII_1 von Keßler, von ihrer langjährigen Stammstrecke Dresden–Chemnitz auf die doch relativ schwierige Strecke Chemnitz–Annaberg–Weipert versetzt wurde. Von 1896 an verrichteten sie dort ihren Dienst, bis im Jahr 1923 auch die letzte verschwand und von preußischen Lokomotiven der Gattung G 5 ersetzt wurde.

Die Lokomotiven der Gattungen VIII_2 und VIII V_1, die zuerst auf die Strecken Leipzig–Hof und Dresden–Leipzig/Elsterwerda gekommen waren, wurden nach dem Erscheinen der Gattungen XVIII H und XX HV nur noch in untergeordneten Diensten im Raum Dresden eingesetzt. Ebenso erging es den Rennern der Gattungen X V und X H1, die ihre letzten Jahre (etwa 1930) auf der Strecke Dresden–Döbeln–Leipzig verbrachten, meist nur als Vorspannlokomotive vom Bahnbetriebswerk Döbeln aus, und eine Lokomotive der Gattung XII H mit der DRG-Nr. 17 604 endete etwa 1950 als Heizlokomotive im Bahnbetriebswerk Dresden-Altstadt ebenso wie die 17 804 (Gattung XII H1). Die wenigen Maschinen dieser Gattung waren bald nach 1925 ausgemustert worden.

Länger im Einsatz blieben die Lokomotiven der Gattung XII HV, die man auf allen sächsischen Schnellzugstrekken, in den letzten Jahren allerdings auch nur vor Personenzügen, sehen konnte. Die von ihr geführten Schnellzüge hatten im Flachland die Lokomotiven der Gattung XVIII H, auf den steigungsreicheren Strecken Lokomotiven der Gattung XX HV übernommen. Auf den Strecken Dresden–Berlin bzw. Dresden–Görlitz war ihr mit den Lokomotiven der preußischen Gattung $S\,10^1$ ein weiterer Konkurrent erwachsen.

Die Dienste der Gattung XVIII H, die stets nur auf den von Dresden ausgehenden Schnellzugstrecken eingesetzt war, wurden in den letzten Jahren immer mehr von der preußischen Gattung P 10 übernommen. Ebenso erging es der Gattung XX HV auf der Strecke Dresden–Reichenbach(Vogtl), auf der sie neben den Schnellzügen auch viele schwere Personenzüge übernommen hatte. Von der Strecke Leipzig–Hof verschwand sie, nachdem vom Bahnbetriebswerk Hof die Einheitslokomotiven der Baureihe 02 eingesetzt wurden neben den P 10 des Bahnbetriebswerks Leipzig-Nord.

Bei der Gattung VIII V_2 wurden die letzten Einsätze etwa 1930 auf den Strecken Bautzen–Königswartha und Freiberg(Sachs)–Moldau beobachtet; auf letzterer Strecke wurde sie von der preußischen Gattung G 8 abgelöst. Einige Zeit hielten sich die Lokomotiven noch vor Hilfszügen in Dresden-Friedrichstadt.

Die Lokomotiven der Gattung XII H2 waren wohl die Maschinen, die am vielseitigsten eingesetzt werden konnten und auf fast allen sächsischen Strekken Dienst getan haben, außer auf einigen kurzen Stichbahnen. Auf verschiedenen Nebenbahnen, wo nach 1923 preußische Maschinen (Gattungen G 5, G 8, G 10) die alten Sachsenlokomotiven verdrängt hatten, leitete sie sogar nach deren Verschwinden ein Comeback der sächsischen Lokomotiven ein. So war sie bis nach dem zweiten Weltkrieg auf den von Chemnitz und Zwickau ausgehenden Erzgebirgsstrecken zu finden, bis sie schließlich von den Lokomotiven der Baureihe 86 und von den Diesellokomotiven endgültig abgelöst wurde. Auf der Muldenthalbahn trat sie die Nachfolge der viele Jahre dort eingesetzten Gattung G 8 an, bis auch dort die Baureihe 86 hinkam. Zuletzt war sie im Jahr 1967 nur noch in den Bahnbetriebswerken Karl-Marx-Stadt, Nossen, Werdau und Bautzen zu finden, wenige Jahre später nur noch vor dem Hilfszug in Karl-Marx-Stadt und als Reservelokomotive.

Während die Güterzuglokomotiven der Gattung V zur Zeit der Übernahme durch die Deutsche Reichsbahn-Gesellschaft schon fast verschwunden waren, blieben von der Gattung V V noch 130 Lokomotiven erhalten, die aber alle in den Rangierdienst oder auf wenige Nebenbahnstrecken abwanderten. Eine der letzten Einsatzstrekken war Penig–Narsdorf–Rochlitz, wo die Lokomotiven von denen der preußischen Gattung G 8 (etwa im Jahr 1930) abgelöst wurden.

Die Verdrängung der Dreikuppler in den Nebenbahndienst begann, als auf den Hauptbahnstrecken die Vier- und Fünfkuppler der Gattungen IX (V und HV) und XI (H, V und HV) eingesetzt werden konnten. Da diese aber nicht für die Strecken südlich der Hauptstrecke Dresden–Reichenbach(Vogtl) geeignet waren, kam es dort später zum Einsatz der preußischen Gattungen G 5, G 8 und G 10. Die letzten Einsätze der schweren Sachsenlokomotiven vollzogen sich auf den Strekken Dresden–Zwickau(Sachs), Riesa–Chemnitz und Chemnitz–Leipzig. Die letzten Lokomotiven der Baureihe 56^{6-7} waren wohl im Bahnbetriebswerk Nossen stationiert. Im Jahr 1932 beendeten die Lokomotiven der Baureihe 57^{0-2} ihren Streckeneinsatz mit dem Führen der Bauzüge zum Abbau des „wandernden" Berges bei Falkenau(Sa) sowie vor Sandzügen auf der Strecke Rochlitz–Chemnitz, meist in Doppelbespannung. Auf den Hauptstrecken waren sie durch die Gattung G12 und ihre sächsischen Schwestern der Gattung XIII H ersetzt worden.

Die Tenderlokomotiven der Gattung IV T wurden nach Erscheinen der Gattung XIV HT von ihren bisherigen Einsatzgebieten im Vorortverkehr der Großstädte auf die Nebenbahnen versetzt, wo sie im leichten Personen- und Gemischtzugverkehr die Gattungen VII T, IIIb T und V T ablösten. Das waren vor allem die Strecken Chemnitz–Hainichen–Roßwein, die Nebenbahnen bei Freiberg (Sachs) und die Muldenthalbahn. Nach Ausmusterung der Gattung IV T erschien auf letzterer die Gattung G 8, in Freiberg (Sachs) die Gattung $T9^3$ und nach Hainichen die Gattung XIV HT. Eine der letzten Einsatzstrecken der Gattung IV T war Schlettau–Crottendorf, die von der Gattung VII T eröffnet worden war, anschließend die Gattung V T sah und nun die Gattung IV T, ihr folgte schließlich die Gattung $T9^3$. Lange hat die Gattung IV T auch vor dem Chemnitzer Hilfszug gestanden, und ebenso lange beförderte sie leichte Züge auf der Strecke Limbach–Wüstenbrand.

Von der Gattung XIV HT, deren größte Anzahl im Vorort- und Nahverkehr der Städte Chemnitz und Zwickau (Sachs) lief, waren vor allem nach Ablösung dieser Lokomotive im Dresdner Raum durch die Gattung $T14^1$ der Berliner Stadtbahn ebenfalls viele auf Nebenstrecken der Lausitz und im Vogtland gekommen. Letzte Einsätze waren zu verzeichnen auf den Strecken Karl-Marx-Stadt–Aue (Sachs)–Adorf (Vogtl) sowie in den Bahnbetriebswerken Falkenstein, Bautzen und Löbau (Sachs). Ihre Ablösung im Karl-Marx-Städter Raum durch Berliner T12 gelang nicht. Schließlich wurden sie durch die Baureihe 86 und bald darauf durch die Diesellokomotive der Baureihe 110 ersetzt.

Die Kleinlokomotiven der Gattungen VII T und VII TS, mit denen die letzte Verdichtung des sächsischen Streckennetzes in Form der Sekundärbahnen begonnen hatte, konnten nach der Jahrhundertwende den auch dort stark angewachsenen Verkehr nicht mehr allein bewältigen. Die Kupplung zu Doppellokomotiven brachte auch keine Entlastung, so daß sie doch bald in den Rangierdienst abwanderten. Interessant waren sie deswegen dort auch, da sie fast alle noch ihre Namensschilder trugen. Auf den Nebenbahnstrecken wurden sie meist durch Lokomotiven der Gattung VT ersetzt. Als letzte Einsätze dieser kleinen Maschinen sind Überführungsfahrten zu den Postbahnhöfen in Dresden und Leipzig sowie Schuppenlokdienste in verschiedenen Bahnbetriebswerken zu nennen. Als Werklokomotiven in Reichsbahnausbesserungswerken hielten sich auch noch einige, z. B. die 98 7085 bis zum Jahr 1963.

Schneller als die Lokomotiven der Gattung VII T verschwanden die für ähnliche Zwecke beschafften Lokomotiven der Gattung VII. Bereits nach dem ersten Weltkrieg sah man sie nur noch im Rangierdienst, wobei sie auch dort durch ihre Namensschilder noch auffielen. Nach 1925 war keine mehr zu finden.

Ein ähnliches Ende nahmen dann auch die Lokomotiven der Gattung V T, nachdem sie lange Zeit außer ihrem Einsatz auf den Kohlenbahnen in Lugau/Oelsnitz (Erzgeb) und im Rangierdienst auch häufig auf Nebenbahnstrecken eingesetzt waren. Ebenso verrichteten auf den Industriebahnen fast nur Lokomotiven der Gattung V T Dienst. Als besonderes Ereignis im Leben der Gattung V T kann man die Eröffnung der Strecke Olbernhau–Deutschneudorf im Jahr 1925 nennen, wo zwei Lokomotiven dieser Gattung den aus sächsischen vierachsigen Abteilwagen bestehenden Eröffnungszug führten. Jedoch wurden sie dort wie auf anderen Strecken dann bald von Lokomotiven der preußischen Gattung $T9^3$ ersetzt. Die stärkeren Maschinen der Gattung V T (89 281 bis 89 295) fanden ihren Einsatz auf der Bergstrecke nach Eibenstock oberer Bahnhof, auf verschiedenen Industriebahnen (besonders im Zwickauer Raum) sowie auf der Leipziger und Dresdner Hafenbahn. In Eibenstock wurden sie durch Lokomotiven der preußischen Gattung $T16^1$, sonst durch Lokomotiven der Gattung XI HT abgelöst. Viele von ihnen waren noch längere Zeit nach dem zweiten Weltkrieg im Einsatz, z. B. in Zwickau (Sachs).

Wohl ebenso verbreitet wie der „Rollwagen" war auch die Gattung XI HT. Im schweren Rangierdienst, als Schiebelokomotive und auf Nebenbahnstrecken im Personen- und Güterzugdienst war sie beinahe das „Mädchen für alles". Auch sie trug mit dazu bei, daß nach dem zweiten Weltkrieg preußische Lokomotiven wieder durch sächsische ersetzt wurden, z. B. die Gattung $T16^1$ auf der Bergstrecke in Eibenstock. Für diesen Dienst und ähnliche weitere Dienste auf Steilstrecken (Rangierbahnhof und Brückenbergbahn in Zwickau) hatte sie eine Gegendruckbremse erhalten. Bis zum Abbau der Eibenstocker Strecke war sie dort im Einsatz. Darüber hinaus war die Gattung XI HT bei allen Bahnbetriebswerken Sachsens eingesetzt. Sie wurden erst durch die Diesellokomotiven der Baureihe 110 abgelöst. Die letzten Maschinen waren im Bahnbetriebswerk Aue (Sachs) beheimatet.

Nachdem seit dem Jahr 1907 auf der Windbergbahn Dresden–Possendorf auch Personenzüge liefen, die zunächst von Lokomotiven der Gattung VII T meist in Doppelbespannung befördert wurden, erschien im Jahr 1910 die bekanntgewordene Windberglokomotive der Gattung I T V. Diese Lokomotive hat ausschließlich auf dieser Strecke bis zum Abbau des größten Teils der Bahn Dienst getan, wenn man von einigen wenigen Einsätzen vor leichten Personenzügen auf der Strecke Dresden–Königsbrück bzw. nach dem zweiten Weltkrieg auf der Mittweidaer Industriebahn, wo sie die Gattung V T ablöste, absieht. Ihren Dienst auf der Windbergstrecke versieht heute die Diesellokomotive der Baureihe 106.

Für den Rampendienst im Erzgebirge vorgesehen war die seinerzeit gewaltig erscheinende Gattung XV HTV. Sie war jedoch ein Fehlschlag, und man sah sie zuletzt nur noch im Rangierdienst und im Jahr 1923 noch einige Male vor Arbeiterzügen auf der Strecke Chemnitz–Kieritzsch.

Ein kurzes Dasein in Sachsen führten die beiden aus Österreich bezogenen 1'D-Lokomotiven der Gattung IX V, die vor Güterzügen zwischen Chemnitz und Zwickau (Sachs) eingesetzt waren. Mit ihrer geringen Reibungsmasse konnten sie nicht allzuviel leisten, wie auch die Lokomotiven der Gattung I V.

In den Jahren zwischen 1920 und 1925 setzte eine große Ausmusterungswelle dem Leben vieler sächsischer Lokomotiven ein Ende. Allein zwischen dem vorläufigen (1923) und dem endgültigen Umzeichnungsplan (1925) der Deutschen Reichsbahn-Gesellschaft verschwanden 361 Normalspurlokomotiven, davon allein 151 Stück 1'B-Lokomotiven der Gattung VI, VIb V, III, IIIb (98 Stück) und IIIb V, sowie 94 Lokomotiven der Gattungen V und V V. Dieses große „Loksterben" setzte sich dann bis etwa zum Jahr 1930 fort.

Als letzte Einsätze der 750-mm-Schmalspurlokomotiven, die im allgemeinen ihr Einsatzgebiet nicht über große Entfernungen wechselten, sind zu nennen:

Letzte Lokomotive der Gattung I K auf der Strecke Kohlmühle–Hohnstein (Sächsische Schweiz) und in der Gießerei Schmiedeberg bis 1946;

Tabelle 5
Sächsische Museumslokomotiven in der DDR und im Ausland

1. Lok MULDENTHAL der Bockwaer Kohlenbahn, Baujahr 1861; in den Ursprungszustand versetzt, nicht betriebsfähig. Standort: Verkehrsmuseum Dresden.
2. Nr. 1431 HEGEL, Gattung VII T, Baujahr 1886; in den Ursprungszustand versetzt, nicht betriebsfähig. Standort: Verkehrsmuseum Dresden.
3. 99 516 (ehemalige Gattung IV K, Nr. 108), Baujahr 1892; nicht betriebsfähig. Denkmallokomotive in Rothenkirchen (Vogtl).
4. 99 534 (ehemalige Gattung IV K, Nr. 127), Baujahr 1896; 1967 rekonstruiert, nicht betriebsfähig. Denkmallokomotive in Geyer (Erzgeb).
5. 99 535 (ehemalige Gattung IV K, Nr. 128), Baujahr 1896; nicht betriebsfähig. Standort: Verkehrsmuseum Dresden.
6. 99 539 (ehemalige Gattung IV K, Nr. 132), Baujahr 1899; 1963 rekonstruiert; im Einsatz auf der Traditionsbahn Radebeul-Ost–Radeburg.
7. 1 000-mm-Schmalspurlokomotive Nr. 252, Gattung I M, Baujahr 1902; in den Ursprungszustand versetzt, nicht betriebsfähig.
8. 99 555 (ehemalige Gattung IV K, Nr. 145), Baujahr 1908; nicht betriebsfähig. Denkmallokomotive in Söllmnitz.
9. 38 205 (ehemalige Gattung XII H2, Nr. 654), Baujahr 1910; betriebsfähig. Einsatz für Sonderfahrten.
10. 98 001 (ehemalige Gattung ITV, Nr. 1394), Baujahr 1910, nicht betriebsfähig.
11. 75 515 (ehemalige Gattung XIV HT, Nr. 1348), Baujahr 1911; nicht betriebsfähig. Standort: Karl-Marx-Stadt Hbf (Juni 1983 bei Auffahrunfall beschädigt).
12. 99 579 (ehemalige Gattung IV K, Nr. 169), Baujahr 1912. Standort: Schmalspurmuseum Oberrittersgrün.
13. 19 017 (ehemalige Gattung XX HV, Nr. 207), Baujahr 1922; nicht betriebsfähig.
14. 99 713 (ehemalige Gattung VI K – Nachbau für die DRG), Baujahr 1926. Einsatz auf der Traditionsbahn Radebeul-Ost–Radeburg.
15. 99 715 (ehemalige Gattung VI K – Nachbau für die DRG), Baujahr 1926; nicht betriebsfähig. Standort: Radebeul-Ost.

Außerhalb der DDR befinden sich:

16. 99 604 (ehemalige Gattung IV K, Nr. 194), Baujahr 1914. Eigentum der Deutschen Gesellschaft für Eisenbahngeschichte. Standort: Viernheim, BRD.
17. Dieselelektrischer Triebwagen ABm 2/5 Nr. 9 (ehemals DET 1), Baujahr 1915. Standort: Verkehrsmuseum Luzern, Schweiz.

letzte Lokomotive der Gattung III K in Thum 1926;
letzte Lokomotive der Gattung V K auf der Strecke Heidenau–Altenberg bis zu deren Umbau in Normalspur (meist zuletzt nur als Vorspannlokomotive auf der Steigungsstrecke Lauenstein–Altenberg (in Thum und in Eppendorf war sie dann noch bis zum Jahr 1942 zu finden),
letzte Lokomotive der Gattung VI K auf der Strecke Hainsberg–Kurort Kipsdorf und im Bahnbetriebswerk Wilsdruff.
Die rekonstruierten Lokomotiven der Gattung IV K standen im Jahr 1983 noch im Güterzugdienst auf der Strecke Oschatz–Kemmlitz sowie auf der Erzgebirgsstrecke Wolkenstein–Jöhstadt.
Tabelle 5 gibt einen Überblick über die in der DDR und im Ausland vorhandenen Museumslokomotiven, die aus dem Bestand der sächsischen Eisenbahnen stammen und aufbewahrt werden.

Gesamtstückzahlen der Normalspurlokomotiven

Kuppelachsen	Stück	%	davon bei DRG	%
1	67	2,6	–	–
2	1141	44,3	403	29,7
3	866	33,6	539	39,7
4	126	4,9	92	6,8
5	372	14,5	322	23,7
6	2	0,1	2	0,1
Summe	2574	100,0	1358	100,0

Überblick über die für sächsische Eisenbahnen gelieferten Lokomotiven

Normalspurlokomotiven

Achsfolge	Einsatz	Gattung	Baujahr	Stückzahl	von DRG übernommen: Stück	von DRG übernommen: Baureihe	Archiv Pkt.
1A1	alle Züge	–	1837–1838	24	–		2.1.1.
	P, S	VIa	1848–1868	43	–		2.1.4.
				67			
B	alle Züge	–	1835–1838	9	–		2.1.1.
	G, P	VII	1868–1876	32	3	98^{71}	2.1.10.
	G, P	VII T	1873–1894	57	32	98^{70}	2.3.5.
	G, P	VII TS	1880–1890	15	–		2.3.7.
	P	VII TO V	1885–1887	4	–		2.3.8.
				117	35		
B1	alle Züge	–	1838	1	–		2.1.2.
	P	–	1872	10	–		2.1.13.
	P, G	IIIb T	1874–1892	42	9		2.3.6.
				53	9		
1'B	alle Züge	–	1844–1850	40	–		2.1.1.
	alle Züge	I	1847–1852	27	–		2.1.3.
	alle Züge	IIa	1851–1859	33	–		2.1.5.
	P	IIIa	1853	5	–		2.1.6.
	G, P	II	1854–1875	132	2	98^{73}	2.1.7.
	G, P	IIb T	1856–1874	10	–		2.3.1.
	G, P	I T	1857–1865	6	–		2.3.2.
	G, P	IIb	1858–1872	21	–		2.1.8.
	S	VI	1860–1876	67	–		2.1.9.
	P	III	1871–1874	73	1	34^{76}	2.1.12.
	P	IIIb	1873–1901	218	90[1])	34^{77-78}	2.1.12.
	S	VIb V	1886–1890	14	1	34^{80}	2.1.14.
	P	IIIb V	1889–1892	18	2	34^{79}	2.1.15.
				664	96		
2'B	G	VIIIb T	1857–1866	5	–		2.3.3.
	S	VIII_1	1870	8	–		2.1.11.
	S	VIII_2	1891–1894	20	12	13^{70}	2.1.16.
	S	VIII V_1	1896–1900	32	23	$13^{71, 15}$	2.1.17.
	P	VIII V_2	1896–1902	118	111	36^{9-10}	2.1.18.
				183	146		

Achsfolge	Einsatz	Gattung	Baujahr	Stückzahl	von DRG übernommen: Stück	von DRG übernommen: Baureihe	Archiv Pkt.
1'B1'	P	IV T	1897–1909	91	85		2.3.10.
2'B1'	S	X V	1900–1903	15	15	14^{2}	2.1.19.
	S	X H1	1909–1913	18	17	14^{3}	2.1.23.
				33	32		
C	G	Va	1855–1863	4	–		2.2.1.
	G	V	1859–1887	213	11	53^{82}	2.2.2.
	G	V T	1872–1920	154	122[2])	$89^{82,2}$	2.3.4.
	G	V V	1885–1920	165	130	53^{6-7}	2.2.3.
				536	263[2])		
2'C	S	XII H	1906	6	6	17^{6}	2.1.20.
	S	XII HV	1908–1914	42	39	17^{7}	2.1.21.
	S	XII H1	1909	7	4	17^{8}	2.1.22.
	P	XII H2	1910–1927	159	134[3])	38^{2-3}	2.1.24.
				214	183[3])		
1'C1'	P	XIV HT	1911–1921	106	83	75^{5}	2.3.12.
2'C1'	S	XVIII H	1917–1918	10	10	18^{0}	2.1.25.
B'B'	G, P	I TV	1890–1913	21	15[4])	98^{0}	2.3.9.
	G	I V	1898–1903	30	13	55^{60}	2.2.4.
				51	28[4])		
1'D	G	IX V	1902–1919	22	16	56^{5}	2.2.5.
	G	IX HV	1907–1908	30	25	56^{6}	2.2.5.
				52	41		
1'D1'	S	XX HV	1918–1923	23	23	19^{0}	2.1.26.
E	G	XI V	1905–1915	108	77	57^{0}	2.2.6.
	G	XI HV	1905–1918	31	18	57^{2}	2.2.6.
	G	XI H	1905	8	5	57^{1}	2.2.6.
	G	XI HT	1908–1923	163	146[5])	94^{20-21}	2.3.11.
				310	246[5])		
1'E	G	XIII H	1917–1924	62	76[6])	$58^{1,4}$	2.2.7.
C C	G	XV HTV	1916	2	2	79^{0}	2.3.13.
		Summe		2574	1358		

[1]) einschließlich 14 umgebauter Lokomotiven der Gattung III

[2]) 1 weitere Lokomotive kam erst 1940 zur DR

[3]) einschließlich 10 Stück Nachbau für die DRG, weitere 5 Lokomotiven kamen erst nach 1945 zur DR

[4]) 1 weitere Lokomotive kam erst 1940 zur DR

[5]) 2 weitere Lokomotiven kamen erst nach 1945 zur DR

[6]) einschließlich 20 Stück Nachbau für die DRG

Schmalspurlokomotiven

Achsfolge	Gattung	Baujahr	Stückzahl	von DRG übernommen Stück	Baureihe	Archiv Pkt.
B	VII TK	1873	1	–		2.4.1.
C	I K	1881–1892	44	27	99^{75}	2.4.2.
C1′	III K	1889–1891	6	6	99^{75}	2.4.4.
B′B′	II K alt	1885	2	–		2.4.3.
	IV K	1892–1921	96	91	99^{5-6}	2.4.5.
	I M	1902	3	3	99^{1}	2.4.8.
			101	94		
D	V K	1901–1907	9	9	99^{6}	2.4.6.
E	VI K	1918–1926	15	62[1])	99^{6-7}	2.4.7.
	Summe		176	198[1])		

[1]) einschließlich 47 Stück Nachbau für die DRG

Sonstige Triebfahrzeuge

Art des Fahrzeugs	Gattung	Baujahr	Stück	von DRG übernommen Stück	Baureihe	Archiv Pkt.
Dampftriebwagen	Hz O	1883	3	–		2.5.1.
Dampftriebwagen	S	1903	1	–		2.5.2.
Akkutriebwagen	E	1904	1	–		2.5.4.
Motortriebwagen	Dai	1904	1	–		2.5.7.
Elektr. Schmalspurlok	I ME	1914	2	2	E 191[1])	2.5.5.
Dieseltriebwagen	DET	1915	2	–		2.5.8.
Elektr. Schmalspurtriebwagen	–	1917	2	2	ET 197	2.5.6.
Dampfspeicherlok	I F	1917	1	–		2.5.3.

[1]) Umzeichnung erst 1950

2. Die Beschreibung der Gattungen

Spätere Gattungen St I, St II, St III, C I

Bauarten: Bn2
1Bn2
1A1n2
Erstes Baujahr: 1835
Ausmusterung: bis 1880

Technische Daten:
Seiten 190 bis 193

Konstruktive Merkmale

Kessel: Zylindrischer, genieteter Langkessel mit 88...150 Heizrohren aus Kupfer oder Messing (später auch Eisen) von 2,0...3,9 m Länge. Senkrechte, zylindrische Stehkessel mit mehr oder weniger gewölbter Decke bei den Lokomotiven von Rothwell und Bury, bei den Lokomotiven von Stephenson (ab 1842) viereckige Stehkessel mit hoher Vierseitkuppel. Halbrunde Stehkesseldecken bei den 1A1-Lokomotiven der Stephensonschen „Patentee"-Klasse sowie bei den Maschinen von Hawthorn, letztere mit gegenüber dem Langkessel vergrößertem Durchmesser. Feuerbüchsen aus Kupfer, Rostflächen 0,75...1,0 m^2. Kesseldruck 4...5 bar. Kesselverkleidung aus Holzlatten mit Messingbändern. Rauchkammer sehr kurz (etwa 800 mm) und im Durchmesser größer als der Langkessel. Zylindrischer Schornstein mit Kranz. Dome nur bei den Lokomotiven mit halbrunder Stehkesseldecke vorhanden. Sicherheitsventile federbelastet und meist auf dem Stehkessel angeordnet. Speiseeinrichtung: 2 Kolbenpumpen, durch Exzenter von einer Achse angetrieben (arbeiten also nur während der Fahrt).

Rahmen: Eichenholzrahmen, beiderseitig mit Blech beschlagen bzw. geschmiedeter Barrenrahmen (Lokomotiven von Bury und Hawthorn) oder Blechrahmen (Stephenson ab 1844). Außenrahmen bei den 1A1-Lokomotiven. Bei allen Maschinen außerdem noch 2 bis 4 innere Hilfsrahmen zur Aufnahme der Kreuzkopfgleitbahnen (seitlich neben den Kolbenstangen angeordnet), der Steuerungsteile und als zusätzliche Lagerung für die stark beanspruchte, schwierig herstellbare und deshalb schadanfällige Kropfachse. Bei tiefliegender Zylinderanordnung waren die Hilfsrahmen zum Ausbau der Achsen abnehmbar. Hilfsrahmen an der Stehkesselvorderwand und am Zylinderblock befestigt; Zylinderblock mit der Rauchkammer verschraubt. Bei den drei Hawthorn-Lokomotiven der Leipzig-Dresdner Eisenbahn Innen- und Außenrahmen. Der Außenrahmen hielt die weit auskragend am Langkessel angebrachten Kreuzkopfgleitbahnen zusätzlich und nahm noch die schrägliegenden Zylinder auf.

Triebwerk: Die zwei Naßdampfzylinder bei den ältesten Maschinen durchweg innenliegend angeordnet und an der Rauchkammer befestigt, um Wärmeverluste zu vermeiden. Bei den Lokomotiven von Rothwell und Bury schrägliegende Zylinder unterhalb der Achsebene, auf die 2. Achse arbeitend. Ebenfalls innenliegend, aber waagerecht angeordnete Triebwerke der 1A1-Lokomotiven; bei den 1B-Lokomotiven von Stephenson ab 1844 bereits außenliegende, am Rahmen angeordnete, waagerechte Zylinder mit Antrieb der 1. Kuppelachse. Bei den Hawthorn-Lokomotiven DRESDEN, LEIPZIG und RIESA der Leipzig-Dresdner Eisenbahn stark geneigte Außenzylinder mit obenliegenden Kreuzkopfführungen, arbeiteten auf die 2. Kuppelachse.

Steuerung: Verbreitet die Stephenson-Gabelsteuerung mit einfachen Muschelschiebern. Getrennte Exzenter für Vor- und Rückwärtsfahrt, Anfahren mit Handsteuerung. Füllung nicht veränderlich, ohne Expansion. Bei den Lokomotiven DRESDEN und LEIPZIG

Lieferfirma	Lieferjahr													Stück
	1835	36	37	38	39	40	42	43	44	45	46	47	50	
Rothwell	1	1	1	2	1	4								10
Gillingham & Winans			1											1
Kirtley			1	4										5
Bury				4										4
Stephenson				1			6	4	2	6	12		2	33
Renard							1							1
Hawthorn									1		2			3
Cockerill												5		5
	1	1	3	11	1	4	7	4	3	6	14	5	2	62

(Hawthorn) Doppelschiebersteuerung mit Antrieb des Expansionsschiebers vom Rückwärtsexzenter (arbeitete nur bei Vorwärtsfahrt). Lauf beider Schieber mit Phasenverschiebung und unterschiedlichem Hub auf dem gleichen Schieberspiegel, was sich nicht bewährte; bei der dritten Lok RIESA deshalb einfachere Steuerung. Der Händel, mit dem die Steuerungen anfangs alle ausgerüstet waren, diente der Umsteuerung von Vorwärts- auf Rückwärtsfahrt (zur Vorwärtsfahrt meist ganz nach hinten umgelegt und waagerecht auf dem Führerstandboden liegend, zur Rückwärtsfahrt senkrecht nach oben stehend). Zwischenstellungen gab es zunächst nicht. Alle Maschinen mit innenliegenden Steuerungen.

Laufwerk: Treibraddurchmesser der meisten Lokomotiven 1524 mm. Außerdem Durchmesser von 1372 mm (Rothwell), 1420 mm und 1676 mm (Stephenson, letztere für die 1A1-Lokomotiven von 1838) verwendet. Speichenräder der Rothwell-Lokomotiven bestanden aus Gußeisen; Räder der Bury-Lokomotiven mit gespreizten Rundspeichen aus Schmiedeeisen in Radkranz und Nabe eingegossen (bewährten sich nicht, deshalb später durch gußeiserne ersetzt). Teils auch aus Schmiedeteilen zusammengesetzte Räder verwendet. Abfederung durch obenliegende Blattfedern ohne Ausgleichhebel (Abstützung in 4 bzw. 6 Punkten). Ausnahme: Treib- und Kuppelachsen der Hawthorn-Lokomotiven mit untenliegenden Federn.

Bremse: Alle Maschinen ursprünglich ohne Bremse, da von der Handbremse des Tenders gebremst. Da der Tender aber nicht fest zur Maschine gehörte und beispielsweise beim Befahren von Drehscheiben von dieser getrennt werden mußte, war das genaue Anhalten sicher nicht einfach. Einige Lokomotiven erhielten beim spä-

Liste der einzelnen Lokomotiven

2.1.1.1.
2 Bn2-Lokomotiven, geliefert von Rothwell, Manchester
für die Leipzig-Dresdner Eisenbahn

Fabrik-nummer	Bau-jahr	Bahn-nummer	Name	Bemerkungen	Ausmusterung
9	1835	–	COMET	1)	1845/49
19	1838	–	FAUST		1845/49

1) 1842 Umbau in B1

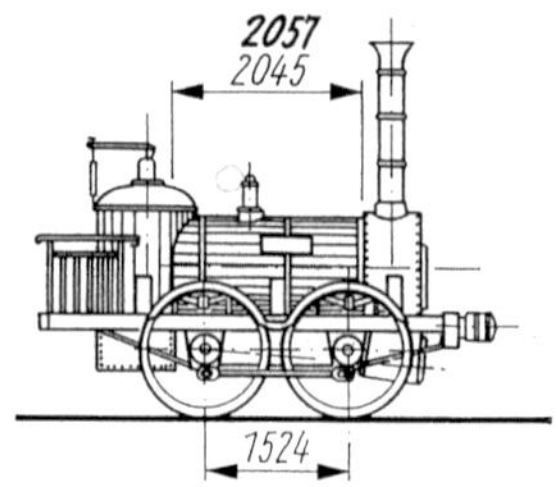

Lokomotiven COMET und FAUST, Ursprungszustand. Oberes Maß gilt für Lokomotive FAUST.

Lokomotiven COMET und FAUST nach dem Umbau in Achsfolge B1.

2.1.1.2.
2 Bn2-Lokomotiven, geliefert von Rothwell
für die Leipzig-Dresdner Eisenbahn

Fabrik-nummer	Bau-jahr	Bahn-nummer	Name	Bemerkungen	Ausmusterung
10	1836	–	BLITZ	1)	1846/49
18	1837	–	WINDSBRAUT	1) 2)	1846

1) 1842 Umbau in B1
2) Lokomotive explodierte am 21. 5. 1846 vor einem abfahrbereiten Zug in Leipzig

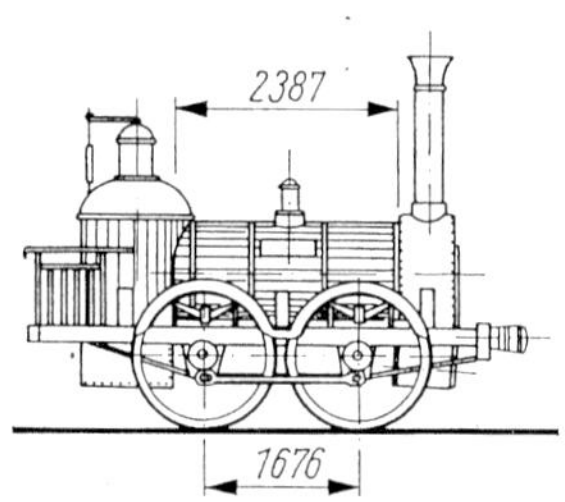

Lokomotiven BLITZ und WINDSBRAUT, Ursprungszustand.

Lokomotiven BLITZ und WINDSBRAUT nach Umbau in Achsfolge B1.

teren Umbau in Tenderloks eine Spindelbremse, die über Hartholzklötze auf die letzte Kuppelachse wirkte. Die Lokomotiven Nr. 204, Nr. 209 und Nr. 213 erhielten spätestens 1868 eine Dampfschlittenbremse.
Sondereinrichtungen: Führerhäuser, Sandstreuer u. ä. Einrichtungen erst bei späteren Umbauten angebaut. Als Signalmittel ausschließlich Dampfpfeife. Der Dampfdruck wurde – ziemlich ungenau – über kleine Federwaagen mit Hebelübersetzung am Sicherheitsventil gemessen.

2.1.1.3
1 *Bn2-Lokomotive, geliefert von Gillingham & Winans, Baltimore*
für die Leipzig-Dresdner Eisenbahn

Fabrik-nummer	Bau-jahr	Bahn-nummer	Name	Bemerkungen	Ausmusterung
	1835	–	COLUMBUS	[1])	1840/42

[1]) Die Maschine wurde auf Empfehlung des sächsischen Konsuls in den USA, Brauns, gekauft, nachdem sich ähnliche Maschinen bei der Balitmore-Ohio-Bahn bewährt hatten. Bereits nach kurzer Zeit wurde sie jedoch in den Geschäftsberichten der LDE als unzuverlässig, ja unbrauchbar bezeichnet. Nachdem Entschädigungsansprüche an die Lieferfirma erfolglos blieben, nutzte man die wirtschaftliche Abhängigkeit der Sächsischen Maschinenbau-Cie in Chemnitz und zwang diese, beim Verkauf ihrer Lokomotive PEGASUS die unbrauchbare Maschine in Zahlung zu nehmen. Diese Firma baute 1840 eine ähnliche Lokomotive TEUTONIA für die Magdeburg-Leipziger Bahn.

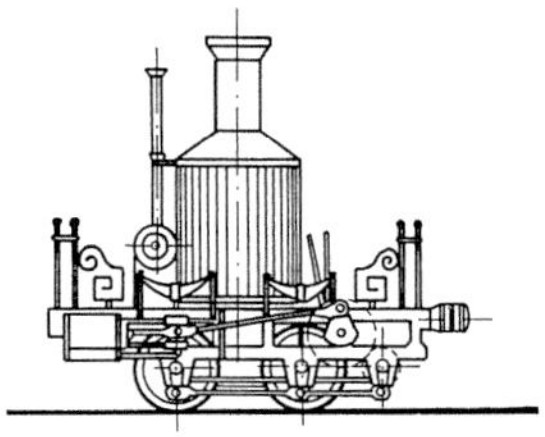

Lokomotive COLUMBUS (Rekonstruktion nach Beschreibung im „Polytechnischen Zentralblatt" 1938 und Abbildungen ähnlicher Lokomotiven).

2.1.1.4
5 *1A1n2-Lokomotiven, geliefert von Kirtley, Warrington*
für die Leipzig-Dresdner Eisenbahn

Fabrik-nummer	Bau-jahr	Bahn-nummer	Name	Bemerkungen	Ausmusterung
	1837	–	RENNER		1858
	1838	–	STURM		1857
	1838	–	ELEPHANT		1858
	1838	–	WILLIAM KIRTLEY		1851
	1839	–	GREIF		1856

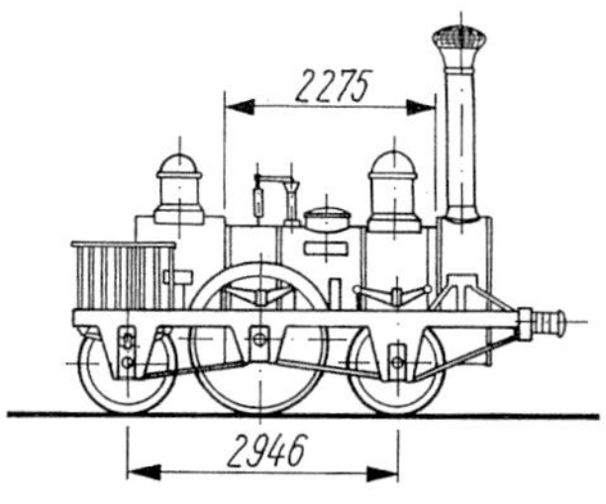

Lokomotiven RENNER, STURM, ELEPHANT, WILLIAM KIRTLEY und GREIF.

2.1.1.5.
4 Bn2-Lokomotiven, geliefert von Bury, Liverpool
für die Leipzig-Dresdner Eisenbahn

Fabrik-nummer	Bau-jahr	Bahn-nummer	Name	Bemerkungen	Ausmusterung
	1838	–	EDWARD BURY		1847/54
	1838	–	DRACHE		1847/54
	1838	–	ADLER		1847/54
	1838	–	PFEIL		1847/54

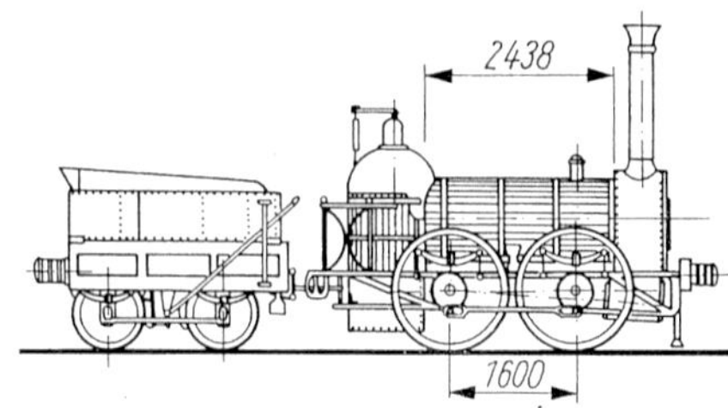

Lokomotiven EDWARD BURY, DRACHE, ADLER und PFEIL.

2.1.1.6
6 1A1n2-Lokomotiven, geliefert von Rothwell
für die Leipzig-Dresdner Eisenbahn

Fabrik-nummer	Bau-jahr	Bahn-nummer	Name	Bemerkungen	Ausmusterung
20	1838	–	PETER ROTHWELL		1856/57
38	1838	–	SALAMANDER		1856/57
53	1839	–	MAGDEBURG		1859/63
54	1839	–	SIMSON	[1])	1864
55	1839	–	ALTENBURG		1859/61
56	1840	–	NORDLICHT		1863

[1]) 1856 Kirchweger-Kondensation

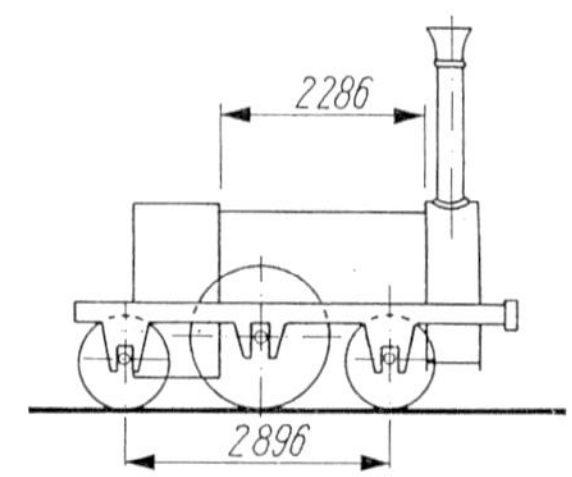

Lokomotiven PETER ROTHWELL bis NORDLICHT (Rekonstruktion nach technischen Daten).

2.1.1.7
1 1A1n2-Lokomotive, geliefert von Stephenson, Newcastle
für die Leipzig-Dresdner Eisenbahn

Fabrik-nummer	Bau-jahr	Bahn-nummer	Name	Bemerkungen	Ausmusterung
205	1838	–	ROBERT STEPHENSON		1857/60

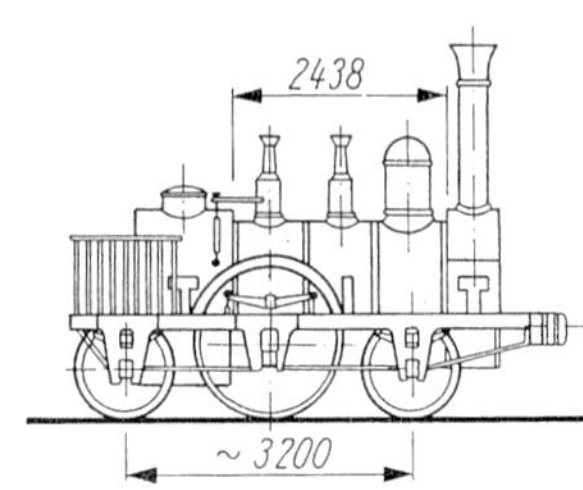

Lokomotive ROBERT STEPHENSON.

2.1.1.8
1 1A1n2-Lokomotive, geliefert von Renard, Brüssel
für die Leipzig-Dresdner Eisenbahn

Fabrik-nummer	Bau-jahr	Bahn-nummer	Name	Bemerkungen	Ausmusterung
11	1842	–	BRÜSSEL	[1])	1859/61

[1]) 1856 Kirchweger-Kondensation. Das Aussehen der Lokomotive war vermutlich dem der ROBERT STEPHENSON ähnlich.

2.1.1.9

10 *1Bn2-Lokomotiven, geliefert von Stephenson, Newcastle*
für die Sächsisch-Bayerische Bahn (ab 1847 Staatsbahn)

Fabrik-nummer	Bau-jahr	Sächsisch-Bayerische Bahn		ab 1854 bei Sächsisch-Böhmischer Bahn		Bemer-kungen	Aus-musterung
		Bahn-nummer ab 1847	Name	Bahn-nummer	Name		
364	1842	1	SAXONIA	–	WIEN	[1]	1860/64
365	1842	2	BAVARIA	–	PRAG	[1]	1858
366	1842	3	IRIS	–	MOLDAU	[1]	1858/63
367	1842	4	LÖWE	———	———		1852/54
368	1842	5	HIRSCH				1852/56
369	1842	6	ADLER				1855/56
382	1843	7	FALKE			[2]	
383	1843	8	SCHWAN			[3]	
384	1843	9	BÄR			[2]	
385	1843	10	TIGER				1856

[1]) 1853/54 Umbau in 1A1 und Verkauf an Sächsisch-Böhmische Bahn
[2]) 1860/61 Umbau in 1A1 und Verkauf an Magdeburg-Halberstädter Bahn
[3]) 1860 Verkauf an Cöthen-Bernburger Bahn

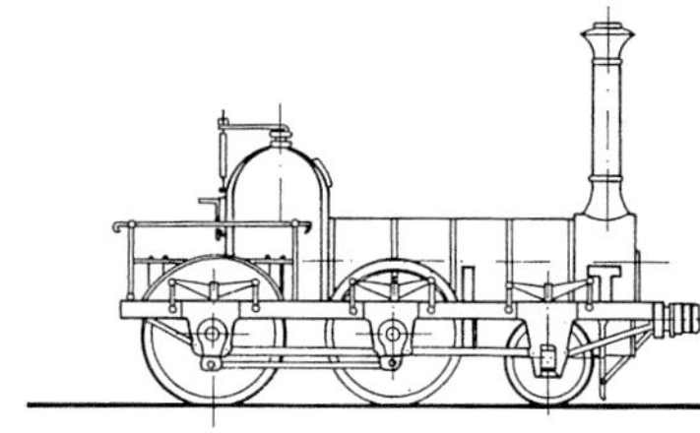

Lokomotiven SAXONIA bis TIGER, Ursprungszustand.

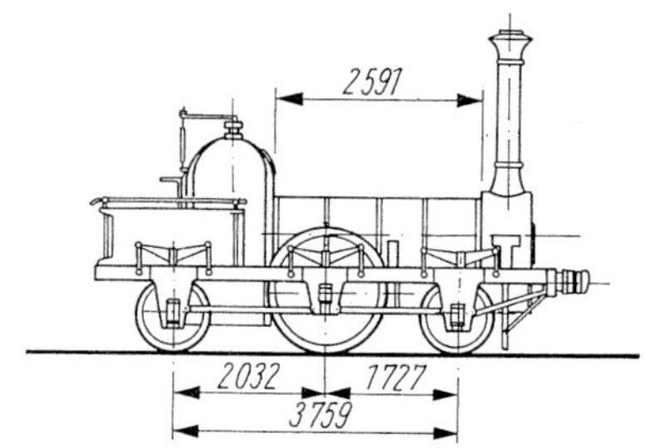

Lokomotiven WIEN, PRAG und MOLDAU nach Umbau in Achsfolge 1A1.

2.1.1.10

2 *1Bn2-Lokomotiven, geliefert von Stephenson, Newcastle*
für die Sächsisch-Bayerische Bahn (ab 1847 Staatsbahn)

Fabrik-nummer	Bau-jahr	Sächsisch-Bayerische Bahn		ab 1862 bei Großenhain-Priestewitzer Bahn		ab 1869 bei Leipzig-Dresdner Bahn		ab 1876 Sächsische Staatsbahn		Bemer-kungen	Aus-musterung
		Bahn-nummer ab 1847	Name	Bahn-nummer	Name	Bahn-nummer	Name	Bahn-nummer	Name		
445	1844	11	ELEPHANT	–	GROSSENHAIN I	–	1	635	GLOCKE	[1]	1877
446	1844	12	LEOPARD	–	GROSSENHAIN II	–	2	636	HALDE	[1]	1876

[1]) 1856 in Tenderlokomotive umgebaut (spätere Gattung St IIT)

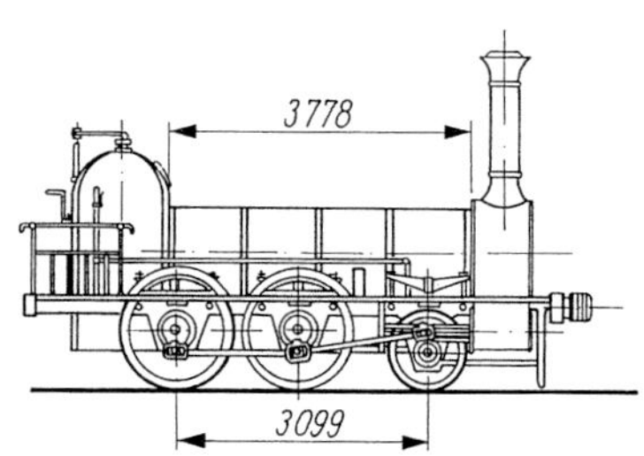

Lokomotiven ELEPHANT und LEOPARD.

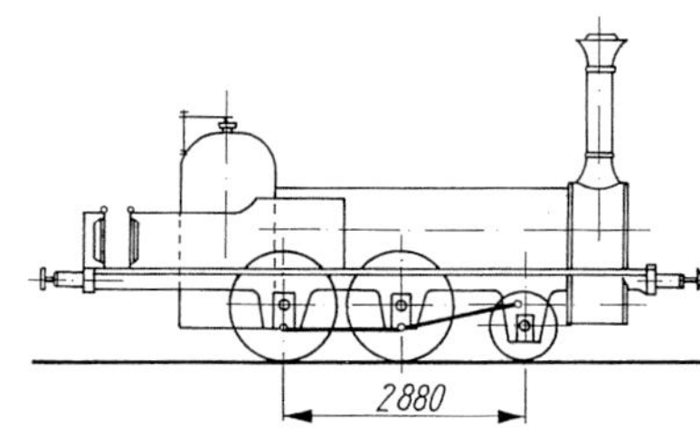

Lokomotiven ELEPHANT und LEOPARD nach Umbau in Tenderlokomotiven.

2.1.1.11

3 *1Bn2-Lokomotiven, geliefert von Hawthorn, Newcastle*
für die Leipzig-Dresdner Eisenbahn

Fabriknummer	Baujahr	Bahnnummer	Name	Bemerkungen	Ausmusterung
375	1844	–	DRESDEN [1])		1861
446	1846	–	LEIPZIG [1])		1867
447	1846	–	RIESA [1])		1867

[1]) 1856 Kirchweger-Kondensation

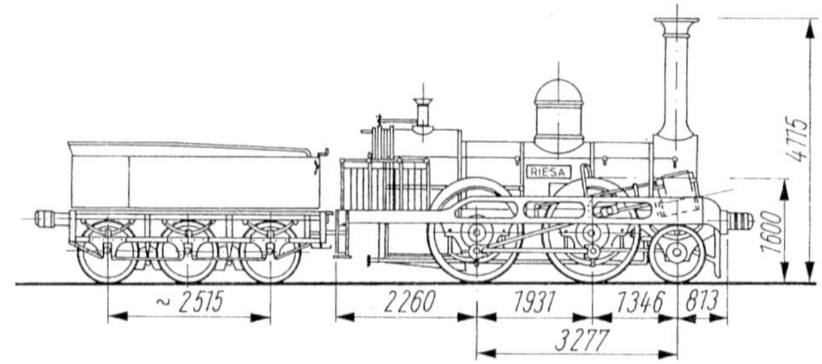

Lokomotiven DRESDEN, LEIPZIG und RIESA mit Tender 3 T 3,4.

2.1.1.12

12 *1Bn2-Lokomotiven, geliefert von Stephenson, Newcastle*
für die Sächsisch-Schlesische Bahn (ab 1851 Staatsbahn),
ab 1858 Östliche Staatsbahn,
ab 1869 Sächsische Staatsbahn, Gattung St I

Fabriknummer	Baujahr	Bahnnummer	Name	Bahnnummer ab 1858	Name ab 1858	Bemerkungen	Ausmusterung
459	1845	–	GERMANIA	201	=	[1])	1871 verk.
460	1845	–	DRESDEN	202	GROSS-[3]) SCHÖNAU	[1])	1872/73 verk.
461	1845	–	LUSATIA	203	=		1872/73 verk.
462	1845	–	SAXONIA	204	HAINE-[3]) WALDE	[1]) [2])	1872/73 verk.
478	1845	–	BAUTZEN	205	=		1869 verk.
479	1845	–	GÖRLITZ	206	=		1871 verk.
495	1846	–	STEPHEN-SON	207	=		1871 verk.
496	1846	–	SILESIA	208	=		1872/77
497	1846	–	RADEBERG	209	=	[1]) [2])	1870 verk.
498	1846	–	BISCHOFS-WERDA	210	=		1872/75 verk.
538	1846	–	LÖBAU	211	=		1872/78
539	1846	–	REICHEN-BACH	212	SCHNEE-KOPPE[4])	[1])	1872/77

[1]) 1868 Umbau in Tenderlokomotive mit Satteltank
[2]) vor 1870 Dampfschlittenbremse
[3]) ab 1868
[4]) ab 1869

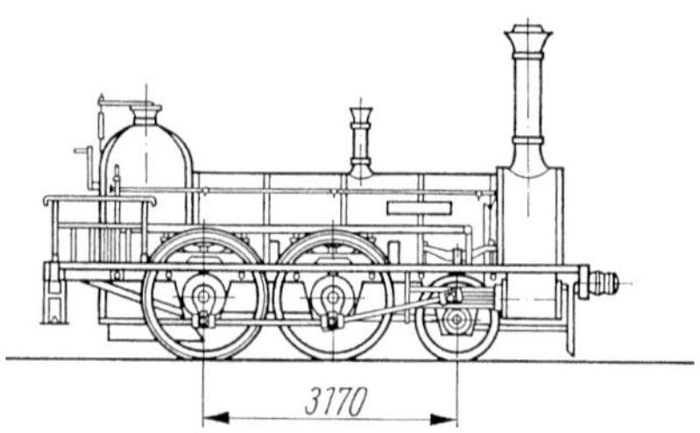

Lokomotiven GERMANIA bis REICHENBACH, Ursprungszustand.

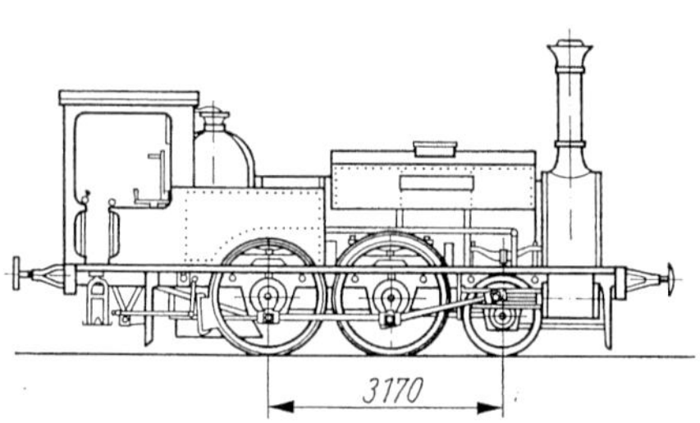

Lokomotiven GERMANIA bis REICHENBACH nach Umbau in Tenderlokomotiven.

Gattung St I der Östlichen Staatsbahn, Lokomotiven Nr. 201 bis Nr. 212 (außer der Lokomotive Nr. 203 LUSATIA) in Bildmitte. Aufnahme 1866 in Rákos (Ungarn) während der „Lokomotivflucht" aus Sachsen im Preußisch-Österreichischen Krieg.
Urheber unbekannt, Repro Meyer

Lokomotive Nr. 203 LUSATIA (in Bildmitte). Aufnahme 1866 in Rákos (Ungarn) während der „Lokomotivflucht" aus Sachsen im Preußisch-Österreichischen Krieg.
Urheber unbekannt, Repro Meyer

2.1.1.13
6 *1Bn2-Lokomotiven, geliefert von Stephenson, Newcastle*
für die Chemnitz-Riesaer Bahn,
ab 1851 Niedererzgebirgische Staatsbahn,
ab 1858 Westliche Staatsbahn,
ab 1869 Sächsische Staatsbahn, Gattung St III (ab 1871 St II)

Fabriknummer	Baujahr	Bahnnummer	Name	Bahnnummer ab 1858	Name ab 1858	Bemerkungen	Ausmusterung
540	1846	–	STEIGER	64	=	[1]	1874/78
541	1846	–	ELBE	65	=	[1]	1874/80
542	1846	–	MULDE	66	WÜSTENBRAND		1871[2]
543	1846	–	RIESA	67	=	[1]	1873[3]
544	1846	–	FREISCHÜTZ	68	=		1870[2]
545	1846	–	CHEMNITZ	69	=	[1]	1874/76

[1] 1862/65 Umbau in Tenderlokomotive mit Satteltank
[2] Verkauf an Berlin-Magdeburger Bahn
[3] Verkauf an Saale-Eisenbahn

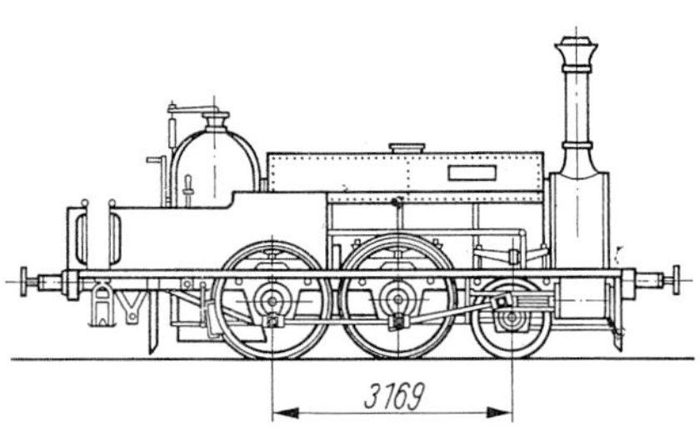

Lokomotiven STEIGER bis CHEMNITZ nach Umbau in Tenderlokomotiven.

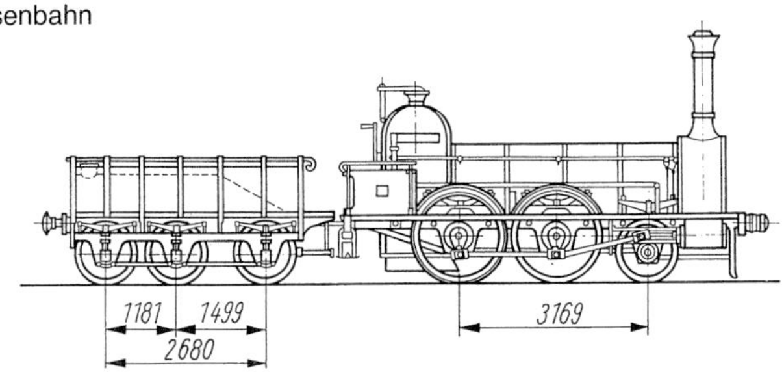

Lokomotiven STEIGER bis CHEMNITZ, Ursprungszustand. Tender 3 T 4,25 mit zylindrischem Wassertank, erbaut von der Braunschweiger Hütte in Zorge 1846/47. Lokomotive ELBE hatte 3. Sicherheitsventil auf dem Langkessel.

2.1.1.14

5 1Bn2-Lokomotiven, geliefert von Cockerill, Seraing (Belgien)
für die Löbau-Zittauer Bahn,
ab 1871 Sächsische Staatsbahn, Gattung C I

Fabrik-nummer	Baujahr	Bahn-nummer	Name	Bahn-nummer	Name	Bahn-nummer	Name	Bahn-nummer	Bemer-kungen	Aus-musterung
				ab 1848		ab 1869		ab 1871		
185	1847	–	LUSATIA	–	OYBIN	1	ZITTAU	336	[1])	1889
186	1847	–	BOHEMIA	–	=	7	REICHENBERG	7	[2])	1885
187	1847	–	ZITTAU	–	=	–	–	–		1868
188	1847	–	LÖBAU	–	REICHENBERG	–	–	–		vor 1869
189	1847	–	OYBIN	–	DRESDEN[3])	213	STETTIN	213		1881

[1]) 1869 neuer Kessel von Egestorff (Hannover), Fabriknummer 1264
[2]) ab 1869 bei der Zittau-Reichenberger Bahn, neuer Kessel von Egestorff, Fabriknummer 1265
[3]) ab 1847 bei der Sächsisch-Böhmischen Staatsbahn als DRESDEN, ab 1858 Östliche Staatsbahn, Bahnummer 213, mit Dampfschlittenbremse, 1868 umgebaut in Tenderlokomotive STETTIN, mit Spindelbremse, 1869 Sächsische Staatsbahn

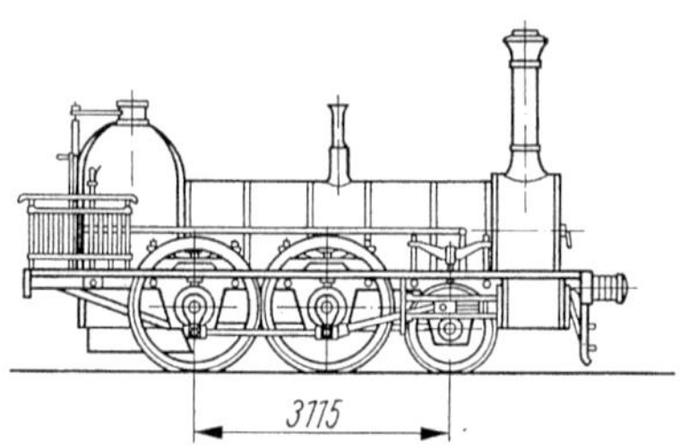

Lokomotiven LUSATIA bis OYBIN, Ursprungszustand.

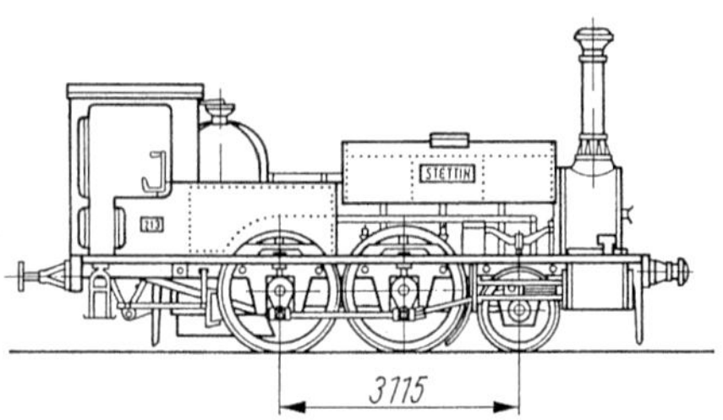

Lokomotiven LUSATIA bis OYBIN nach Umbau in Tenderlokomotiven.

Lokomotive Nr. 213 STETTIN nach Umbau in eine Tenderlokomotive
Archiv Rbd Dresden, Repro Meyer

2.1.1.15
2 1Bn2-Lokomotiven, geliefert von Stephenson, Newcastle
für die Sächsisch-Schlesische Bahn (ab 1851 Staatsbahn),
ab 1858 Östliche Staatsbahn,
ab 1869 Sächsische Staatsbahn, Gattung St II (ab 1871 St I)

Fabriknummer	Baujahr	Bahnnummer	Name	Bahnnummer ab 1858	Bemerkungen	Ausmusterung
768	1850	–	BORUSSIA	221		1872
769	1850	–	AUSTRIA	222		1870

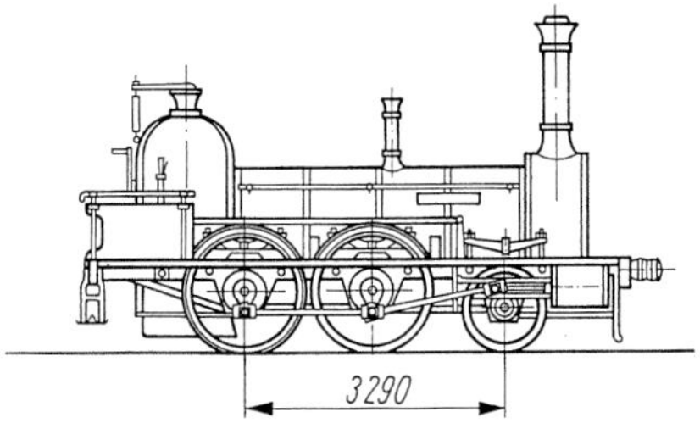

Lokomotiven BORUSSIA und AUSTRIA.

Ohne Gattungsbezeichnung

Bauarten: B1n2
1A1n2
Erstes Baujahr: 1838
Ausmusterung: bis 1862

Technische Daten:
Seiten 193 und 194

Konstruktive Merkmale

Die ersten in Deutschland gebauten Lokomotiven waren in wesentlichen Teilen englischen Vorbildern nachgestaltet, da eigene Erfahrungen noch nicht vorhanden waren. Technische Einzelheiten sind nur von der Lokomotive SAXONIA bekannt. Auf diese beziehen sich die folgenden Angaben.
Kessel: Langkessel mit genieteten Längsnähten, Stehkessel zylindrisch mit gewölbter Decke, darauf Aufsatz mit ebener Platte zur Aufnahme der Dampfpfeife und des Sicherheitsventils. Hoher, schlanker Dom, darin Flachregler, über ein außenliegendes Gestänge betätigt. Vom Dom führten äußere Einströmrohre in die kurze Rauchkammer und dort in die Schieberkästen. Langes Blasrohr ragte bis in den hohen zylindrischen Blechschornstein; darauf flachkugeliger Funkenfangkorb. Die noch mangelhafte Abstimmung der Kesselabmessungen führte zu einem hohen Brennstoffverbrauch.
Rahmen: Blechbeschlagener Holzrahmen mit aufgenieteten Achshaltern.
Triebwerk: Schrägliegende Innenzylinder unterhalb der Achsebene, an der Rauchkammer befestigt. Triebwerksteile abnehmbar zum Ausbau der Achsen nach unten. Großer senkrechter Abstand der Zylinder von der Kesselmitte, dadurch starke mechanische Beanpruchungen der Rauchkammer und des Langkessels mit häufigen Schäden. Unzureichende Befestigung der seitlich angeordneten Kreuzkopfführungen am Rahmen.
Steuerung: Zwei Exzenter auf einer verschiebbaren Buchse, die auf der Treibachse von gegeneinander versetzten Anschlägen für Vor- und Rückwärtsfahrt mitgenommen wurde. Zur Umsteuerung mußten die Schieber von der Steuerung getrennt und einzeln von Hand verschoben werden, bis die Maschine in Gang gekommen war. Schieber zwischen den Zylindern gut wärmeisoliert, aber schwer zugänglich angeordnet.
Laufwerk: Drei bzw. zwei Achsen mit obenliegenden, einzeln angeordneten Federn. Hintere Laufachse zeitweise ausgebaut, wobei der Wunsch nach hoher Reibungsmasse dem nach guten Laufeigenschaften und größerer Sicherheit bei Entgleisungen entgegenstand. Räder mit Doppelspeichen aus Flacheisen, später durch gußeiserne ersetzt.
Bremse: Spindelbetätigte Bandbremse, wirkte auf die Oberseite der Treibräder; wurde nach kurzer Zeit wieder ausgebaut.

Liste der einzelnen Lokomotiven

2.1.2.1

1 *B1n2-Lokomotive, geliefert von der Maschinenfabrik Übigau*
für die Leipzig-Dresdner Eisenbahn

Fabrik-nummer	Bau-jahr	Bahn-nummer	Name	Be-merkungen	Aus-musterung
–	1838	–	SAXONIA	[1] [3]	1844/56[2]

[1]) Eine zweite Lokomotive PHÖNIX der gleichen Firma wurde von der LDE nicht angekauft und führte nur Versuchsfahrten durch.

[2]) Über die Ausmusterung der SAXONIA existieren widersprüchliche Angaben. Nach Geschäftsberichten der LDE wurde die Lok 1844 wegen zu hohen Brennstoffverbrauchs abgestellt und ab 1849 nicht mehr erwähnt. Der Name SAXONIA wurde von der LDE aber erst 1856 neu vergeben. Dies läßt den Schluß zu, daß die Lok noch bis zu diesem Zeitpunkt existierte.

[3]) Laufachse von 1840 bis 1842 ausgebaut.

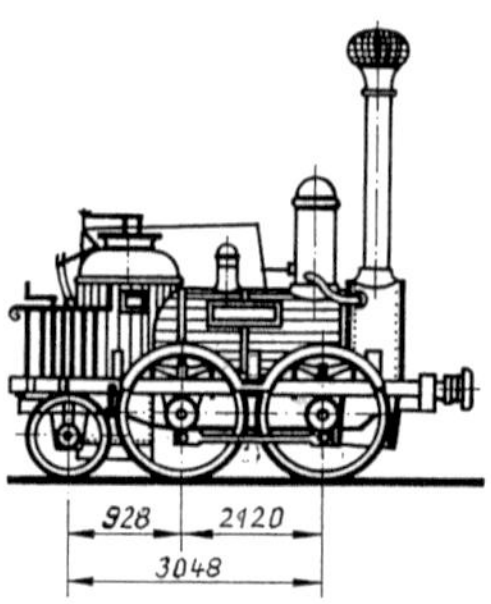

Lokomotive SAXONIA, Ursprungszustand.

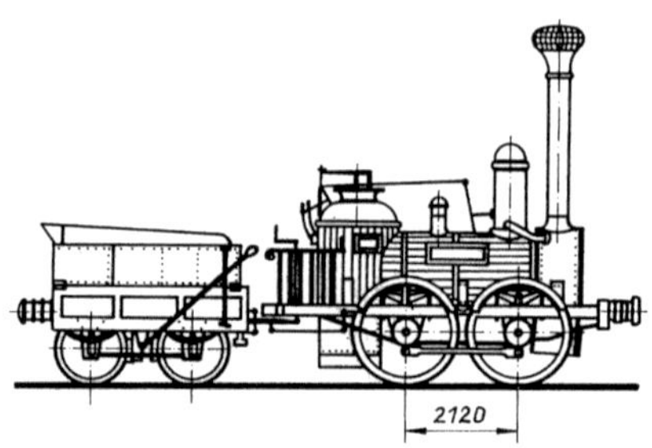

Lokomotive SAXONIA nach Ausbau der Laufachse (Zustand 1840 bis 1842).

2.1.2.2

1 *1A1n2-Lokomotive, geliefert von der Sächsischen Maschinenbau-Compagnie Chemnitz*
angekauft von der Leipzig-Dresdner Eisenbahn 1842

Fabrik-nummer	Bau-jahr	Bahn-nummer	Name	Be-merkungen	Aus-musterung
1	1839	–	PEGASUS	[1]	1861/62

[1]) gebaut nach dem Vorbild der Lokomotive STURM (Kirtley 1838), angekauft nach längerem Probebetrieb 1842 unter Inkaufnahme der unbrauchbaren Lokomotive COLUMBUS, siehe 2.1.1.3.

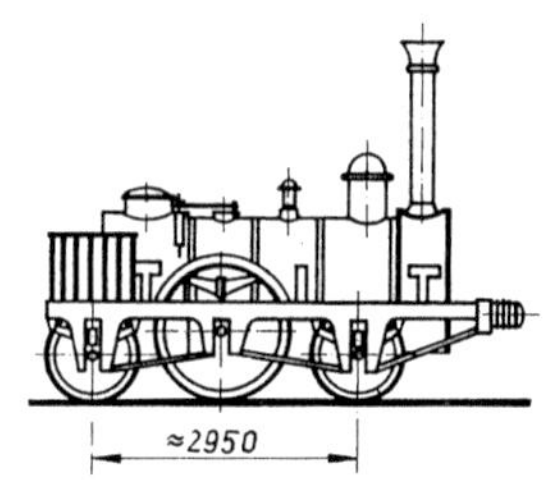

Lokomotive PEGASUS.

I

Bauart: 1Bn 2

Erstes Baujahr: 1847
Ausmusterung: bis 1886

Technische Daten:
Seiten 194 bis 196

Konstruktive Merkmale

Kessel: Langkessel aus einzelnen Kesselschüssen mit Rundnähten genietet. Länge etwa 4 m. Stehkessel zylindrisch mit Rundkuppel und Dom (Borsig), halbrund mit gewölbter Decke und Dampfdom (Hartmann) oder viereckig mit Vierseitkuppel (Keßler, Borsig, Hartmann). Hohe Vierseitkuppeln bildeten selbst genügend großen Dampfraum, deshalb kein Dom erforderlich. Auf dem Langkessel teilweise kleiner Reglerdom. Rostfläche 0,7 bis 1,0 m^2, Heizfläche 60...84 m^2. Schornstein zylindrisch mit gußeiserner Krone. Zwei Sicherheitsventile mit Federwaage auf dem Dampfdom bzw. dem Stehkessel, ein drittes, federbelastetes Sicherheitsventil bei einem Teil der Lokomotiven auf dem Langkessel. Bei späterem Umbau in Tenderlok 3. Ventil wieder entfernt. Speiseeinrichtung: Zwei Pumpen (Anordnung innerhalb des Rahmens vor der Feuerbüchse).
Rahmen: Innenrahmen aus Blech (etwa 25 mm dick) mit starkem Obergurt und angenieteten Achshaltern (durch schwächeren Untergurt verbunden).
Triebwerk: Waagerechte Außenzylinder vor der Laufachse. Kreuzkopfführung in zwei oben und unten angeordneten Gleitbahnen. Antrieb der ersten Kuppelachse. Treib- und Kuppelstangen mit rundem Querschnitt.
Steuerung: Borsig-Doppelschiebersteuerung mit 2 Händeln bei den Borsig-Lokomotiven von 1847. Übrige Lokomotiven mit Stephenson-Kulissensteuerung, Muschelschiebern und Umstellung durch Händel. Alle Steuerungen innenliegend und von zwei Exzentern angetrieben.
Laufwerk: Starre Laufachse mit obenliegenden Längsfedern. Treibraddurchmesser (mit einer Ausnahme) 1 525 mm. Gesamtachsstand 3 175 bis 3 465 mm. Federn der Kuppelachsen bei Hartmann-Lokomotiven oben und einzeln angeordnet, bei Borsig-Lokomotiven eine hoch- oder tiefliegende Gemeinschaftsfeder für beide Kuppelachsen, über kräftigen Längsbalancier verbunden. Bei hochliegender Federanordnung Verbindung beider Federn über dem Kessel. Bei Lokomotiven von Keßler erstmalig Ausgleichhebel zwischen obenliegenden Federn der Kuppelachsen. Alle Federn so angeordnet, daß auf die Achslager nur Druckkräfte übertragen wurden.
Bremse: Alle Lokomotiven ohne Bremse geliefert. Beim Umbau in Tenderlok Spindelbremse mit Hartholzbremsklötzen an der Hinterachse angeordnet.
Einige Lokomotiven erhielten später Dampfschlittenbremse.
Sondereinrichtungen: Lokomotiven WURZEN und OSCHATZ erhielten um 1850 erstmals Kirchweger-Kondensationseinrichtung zur Vorwärmung des Tenderwassers; bestand aus verstellbarem Blasrohr und tiefliegender Abdampfleitung (etwa 100 mm Durchmesser) vom Schieberkasten zum Tender.

Lieferfirma	Lieferjahr						Stück
	1847	48	49	50	51	52	
Borsig	4	4					8
Hartmann		6	2	4	2	3	17
Keßler		2					2
	4	12	2	4	2	3	27

Liste der einzelnen Lokomotiven

2.1.3.1
2 Lokomotiven, geliefert von Borsig
für die Leipzig-Dresdner Eisenbahn

Fabrik-nummer	Baujahr	Bahn-nummer	Name	Bemer-kungen	Aus-musterung
151	1847	–	WURZEN		1870/74
152	1847	–	OSCHATZ		1870/73

Lokomotive WURZEN oder OSCHATZ. Aufnahme 1861 in Leipzig.
Urheber unbekannt, Repro Meyer

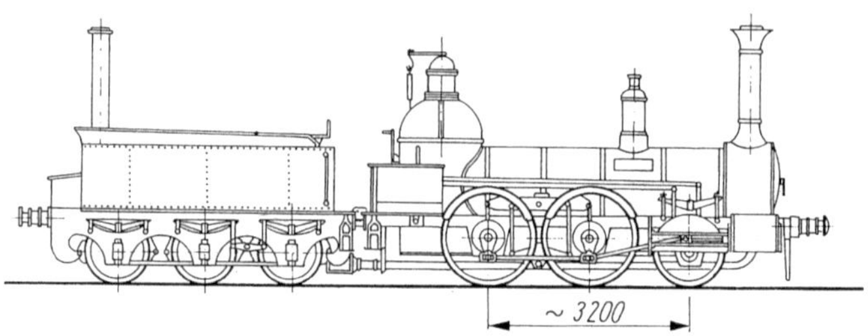

Lokomotiven WURZEN und OSCHATZ mit nachträglich eingebauter Kirchweger-Kondensationseinrichtung.

2.1.3.2
2 Lokomotiven, geliefert von Borsig
für die Sächsisch-Bayerische Staatsbahn,
ab 1858 Westliche Staatsbahn, Gattung B I

Fabrik-nummer	Baujahr	Bahn-nummer	Name	Bemer-kungen	Aus-musterung
149	1847	13	CAMEL	[1])	1868 verk.
150	1847	14	DROMEDAR	[1])	1868 verk.

[1]) Ursprünglich für die Berlin-Stettiner Bahn bestimmt; 1855 in Tenderlokomotive umgebaut

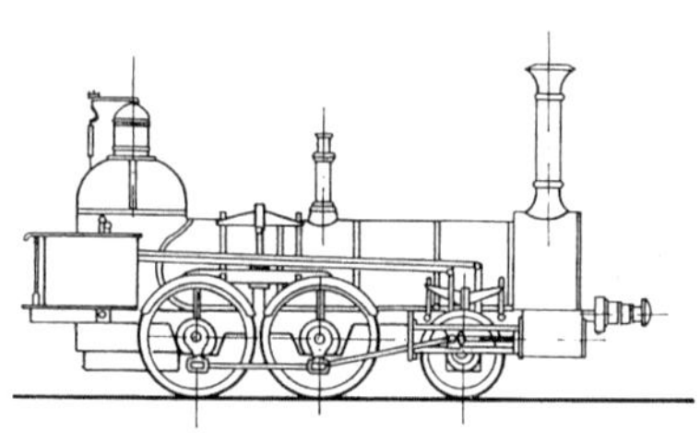

Lokomotiven CAMEL und DROMEDAR (Rekonstruktion nach der mit ähnlichen Abmessungen im Jahr 1847 an die Stargard-Posener Bahn gelieferten Lokomotive HERKULES).

2.1.3.3

1 *Lokomotive, geliefert von Hartmann*
für die Sächsisch-Bayerische Staatsbahn,
ab 1858 Westliche Staatsbahn, Gattung H I

Fabrik-nummer	Bau-jahr	Bahn-nummer	Name	Be-merkungen	Aus-musterung
1	1848	15	GLÜCK AUF	1)	1863 2)

1) 1855 Umbau in Tenderlokomotive
2) verkauft als Baulokomotive an die Mecklenburgische Friedrich-Franz-Eisenbahn

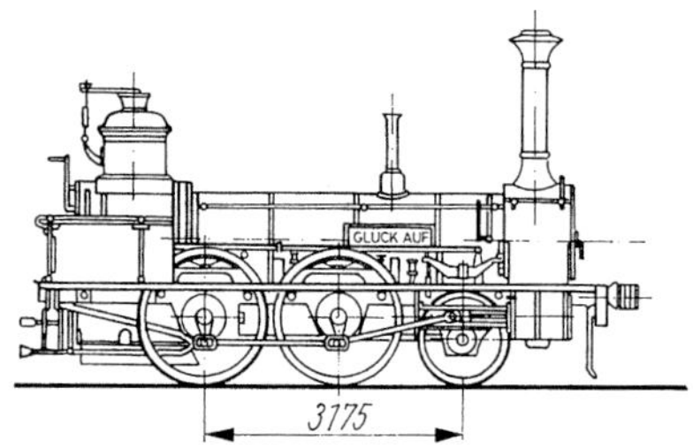

Lokomotive GLÜCK AUF, Ursprungszustand.

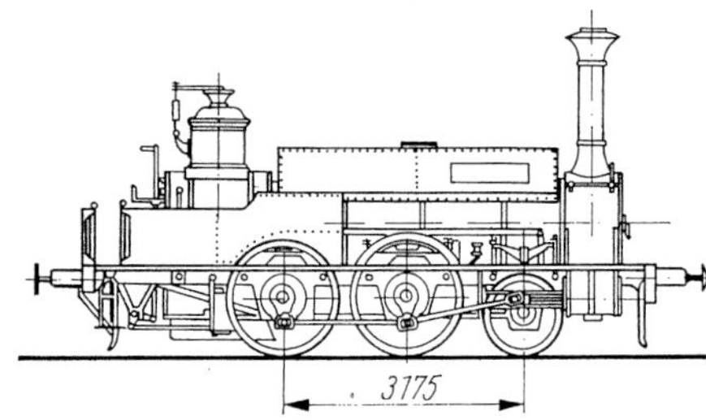

Lokomotive GLÜCK AUF nach Umbau in eine Tenderlokomotive (Rekonstruktion).

2.1.3.4

2 *Lokomotiven, geliefert von Keßler*
für die Sächsisch-Bayerische Staatsbahn,
ab 1858 Westliche Staatsbahn,
ab 1869 Sächsische Staatsbahn, Gattung K I

Fabrik-nummer	Bau-jahr	Bahn-nummer	Name	Bemer-kungen	Aus-musterung
107	1848	16	GREIF	1)	1873/86
108	1848	17	SCHAKALL	1)	1873 verk.

1) 1863 Umbau in Tenderlokomotive mit Satteltank, Gattung K IT

2.1.3.5

4 *Lokomotiven, geliefert von Borsig*
für die Sächsisch-Bayerische Staatsbahn,
ab 1858 Westliche Staatsbahn,
ab 1869 Sächsische Staatsbahn, Gattung B II (ab 1871 Gattung B I)

Fabrik-nummer	Bau-jahr	Bahn-nummer	Name	Bemer-kungen	Aus-musterung
208	1848	18	STRAUSS		1877/78
209	1848	19	GIRAFFE		1877/78
210	1848	20	NASHORN		1877/78
211	1848	21	PANTHER		1877/83

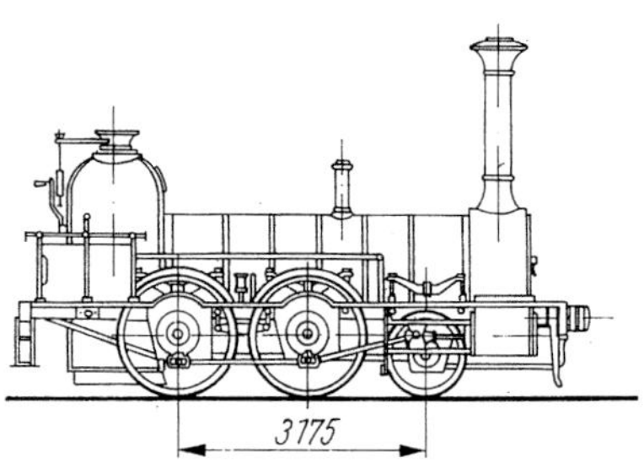

Lokomotiven GREIF und SCHAKALL, Ursprungszustand (Rekonstruktion nach ähnlichen, an die Main-Weser-Bahn gelieferten Lokomotiven).

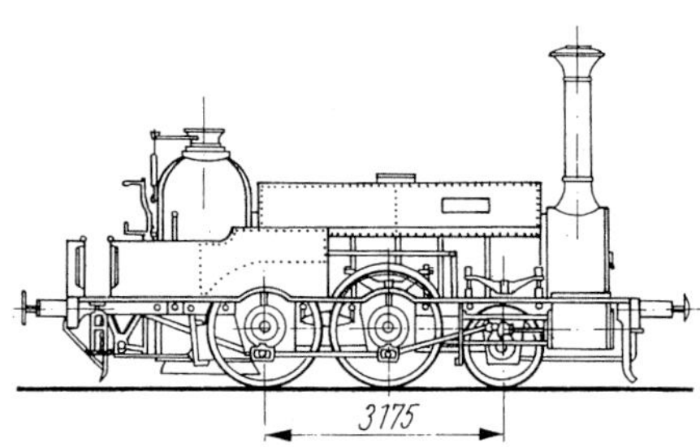

Lokomotiven GREIF und SCHAKALL nach Umbau in Tenderlokomotiven.

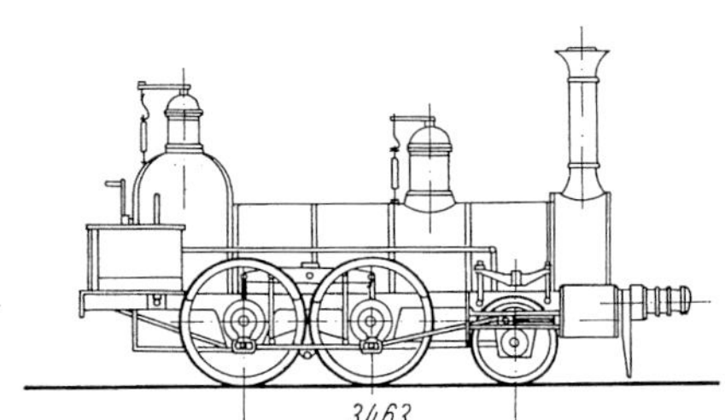

Lokomotiven STRAUSS bis PANTHER.

2.1.3.6
8 Lokomotiven, geliefert von Hartmann
für die Sächsisch-Böhmische Staatsbahn,
ab 1858 Östliche Staatsbahn,
ab 1869 Sächsische Staatsbahn,
Gattung H I

Fabrik-nummer	Bau-jahr	Bahn-nummer ab 1858	Name	Bemer-kungen	Ausmusterung
2	1848	214	SAXONIA		1869
3	1848	215	GERMANIA		1869
4	1848	216	PIRNA		1869
6	1848	217	ELBE		1869
10	1850	218	KÖNIGSTEIN		1873/75
15	1850	219	HARTMANN/FAUST	[1])	1873
26	1851	223	BOHEMIA		1873/80
27	1851	224	AUSTRIA/JUNO	[1])	1873/82

[1]) Namensänderung 1869

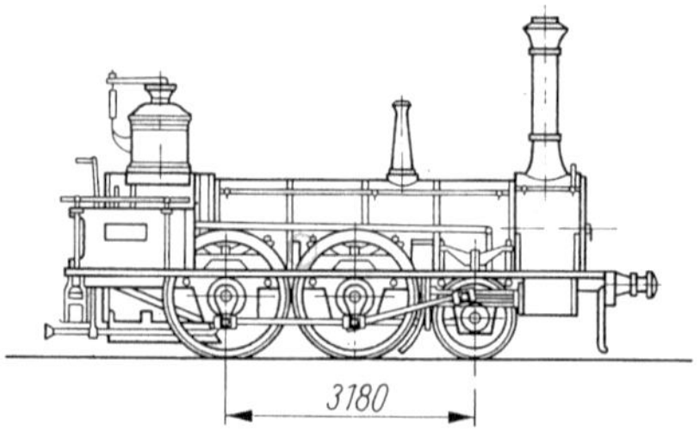

Lokomotiven SAXONIA bis HARTMANN.

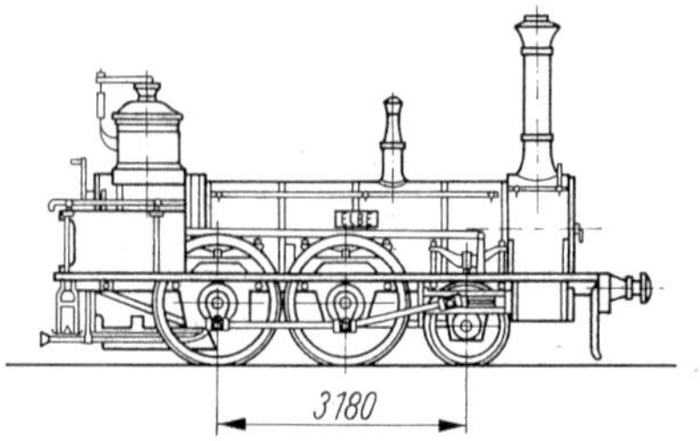

Lokomotiven BOHEMIA und AUSTRIA.

Lokomotive Nr. 217 ELBE auf der Elbtalstrecke bei Pirna.
Archiv Rbd Dresden, Repro Meyer

2.1.3.7

7 *Lokomotiven, geliefert von Hartmann*
davon 4 Stück für die Sächsisch-Bayerische Staatsbahn,
ab 1858 Westliche Staatsbahn,
ab 1869 Sächsische Staatsbahn, Gattung H I[1])

Fabriknummer	Baujahr	Bahnnummer	Name	Bemerkungen	Ausmusterung
5	1848	22	ROSS	[2])	1887
8	1849	23	HARTMANN		1874/80 verk.
9	1849	24	CROCODIL		1873/83
14	1850	25	RHINOCEROS		vor 1868

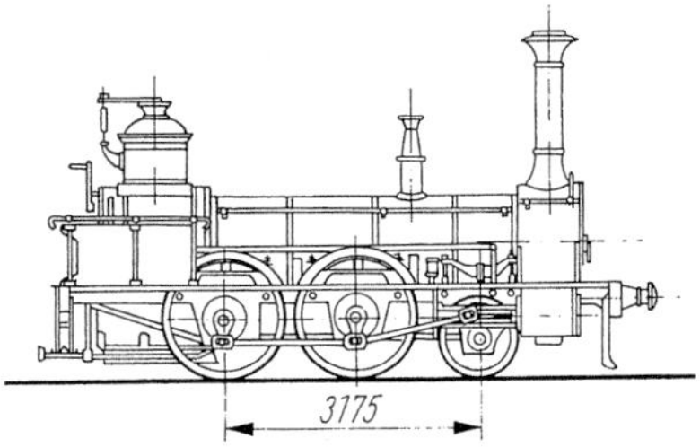

Lokomotiven ROSS bis RHINOCEROS, ZSCHOPAU bis DÖBELN, Ursprungszustand.

3 Stück für die Niedererzgebirgische Staatsbahn,
ab 1858 Westliche Staatsbahn,
ab 1869 Sächsische Staatsbahn, Gattung H I[1])

Fabriknummer	Baujahr	Bahnnummer	Name	Bahnnummer ab 1858	Bemerkungen	Ausmusterung
28	1852	–	ZSCHOPAU	70		1886
29	1852	–	ERZGEBIRGE	71		1883 verk.
30	1852	–	DÖBELN	72		1877/82

[1]) Alle Lokomotiven außer DÖBELN 1857/62 in Tenderlokomotiven Gattung H IT umgebaut
[2]) 1861 in Tenderlokomotive umgebaut (Werklok Leipzig) und 1864 an die Bockwaer Kohlenbahn verkauft

2.1.3.8

1 *Lokomotive, geliefert von Hartmann*
für die Sächsisch-Böhmische Staatsbahn,
ab 1858 Östliche Staatsbahn,
ab 1869 Sächsische Staatsbahn,
Gattung H I[1])

Fabriknummer	Baujahr	Bahnnummer	Name	Bahnnummer ab 1858	Bemerkungen	Ausmusterung
25[2])	1850	–	PHÖNIX[3])	220		1877/78

[1]) 1869 Umbau in Tenderlokomotive H IT
[2]) vermutlich ehemalige Rabenstein Fabrik-Nr. 1
[3]) ab 1869 PSYCHE

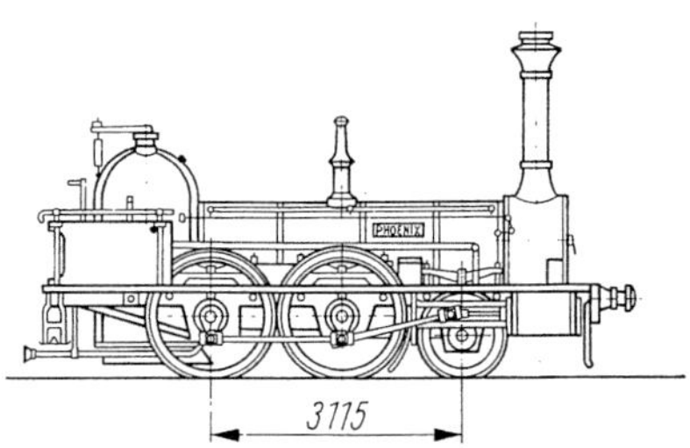

Lokomotive PHOENIX, Ursprungszustand.

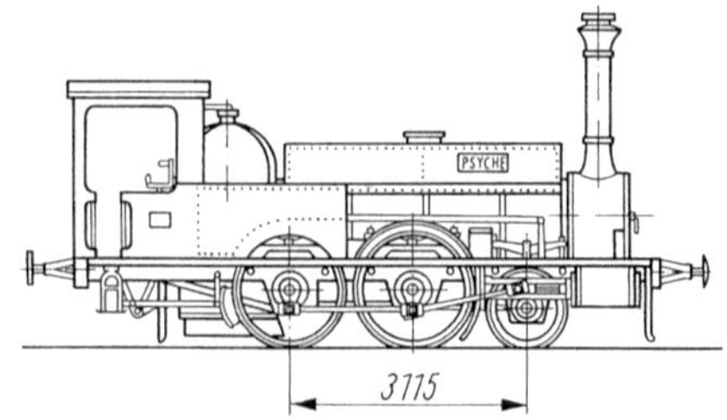

Lokomotive PSYCHE nach Umbau in eine Tenderlokomotive.

Lokomotive Nr. 220 PHOENIX.
Sammlung Contius, Repro Meyer

VIa

Bauart: 1A1n2

Erstes Baujahr: 1848
Ausmusterung: bis 1901

Technische Daten:
Seiten 196 und 197

Konstruktive Merkmale

Kessel: Langkessel mit Rohrlängen von etwa 3,5 m. Stehkessel unterschiedlicher Bauart. Zylindrischer Stehkessel mit Rundkuppel und kleinem Dom bei den ältesten Borsig-Lokomotiven. Vierseitkuppel ab 1849 (Hartmann) bzw. 1854 (Borsig). Insgesamt 6 Loks von Hartmann mit halbrunder Stehkesseldecke Bauart Crampton (davon 3 mit zweitem Dampfdom). Gesamtheizfläche 54...56 m^2 bei den ersten Maschinen, ab 1856 etwa 85 m^2. Zwei Sicherheitsventile, meist hintereinander angeordnet. Kesseldruck 5...7 bar. Rauchkammer kurz, teilweise mit außenliegenden Ausströmrohren. Schornstein zylindrisch.
Rahmen: Innenliegender Blechrahmen mit Achshaltergabeln.
Triebwerk: Zylinder waagerecht, außen am Rahmen befestigt.
Steuerung: Innenliegend, Schieberspiegel senkrecht zwischen den Zylindern. Stephensonsche Kulissensteuerung (Hartmann) bzw. Borsig-Doppelschiebersteuerung mit zwei Händeln. Drei Lokomotiven mit Gonzenbach-Steuerung.
Laufwerk: Alle Achsen starr, Achsabstand etwa 4,2 m. Treibraddurchmesser erst 1525 mm, ab 1856 dann 1830 mm. Damit sind die Lokomotiven der Gattung VIa die ersten Schnellzuglokomotiven in Sachsen. Achsfedern obenliegend, mit Ausgleichhebel zwischen 1. und 2. Achse (Ausnahme: Nr. 249, Nr. 250 und Nr. 257 mit Einzelfedern). Hinterachse mit Querfeder.

Lieferfirma	Lieferjahr										Stück
	1848	49	54	56	57	58	61	62	65	68	
Borsig	2[1])	3[1])	4[1])		3	9			6		27
Hartmann		3[1])		2	1		2	1		7	16
	2	6	4	2	4	9	2	1	6	7	43

[1]) Diese Lokomotiven wurden nicht mehr in die spätere Gattung VIa eingeordnet, entsprechen dieser aber in ihrer Bauart.

Bremse: Ursprünglich ohne Bremse. Später Ausrüstung mit Druckluftbremseinrichtung Bauart Schleifer. Die Lokomotiven selbst blieben ohne eigene Bremse. Einige Lokomotiven erhielten nur eine Luftleitung (deutet auf regelmäßigen Dienst mit Vorspannlokomotive hin).

Sondereinrichtungen: Alle Lokomotiven (außer den drei der Östlichen Staatsbahn) mit Kirchweger-Abdampfkondensation. Ab 1882 Einbau von Einrichtungen zur Dampfheizung der Züge. Einige Lokomotiven ab 1871 bzw. 1882 mit Dampfläutewerk. Ab 1865 Lieferung der Lokomotiven mit Führerhaus. Sandkästen vor der Treibachse, später auf dem Kessel.

Liste der einzelnen Lokomotiven

2.1.4.1
5 *Lokomotiven, geliefert von Borsig*
für die Leipzig-Dresdner Eisenbahn

Fabrik-nummer	Bau-jahr	Bahn-nummer	Name	Bemerkungen	Ausmusterung
221	1848	–	ELBE		1868
222	1848	–	BERLIN		1869
248	1849	–	MULDE		1868
249	1849	–	MEISSEN		1869
250	1849	–	HAYN		1869

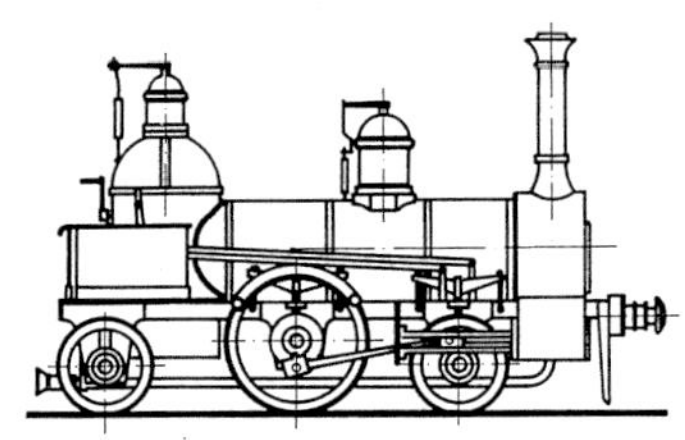

Lokomotiven ELBE bis HAYN.

2.1.4.2
3 *Lokomotiven, geliefert von Hartmann*
für die Leipzig-Dresdner Eisenbahn

Fabrik-nummer	Bau-jahr	Bahn-nummer	Name	Bemer-kungen	Aus-musterung
11	1849	–	RICHARD HARTMANN		1868
12	1849	–	CHEMNITZ		1868
13	1849	–	ZWICKAU		1865

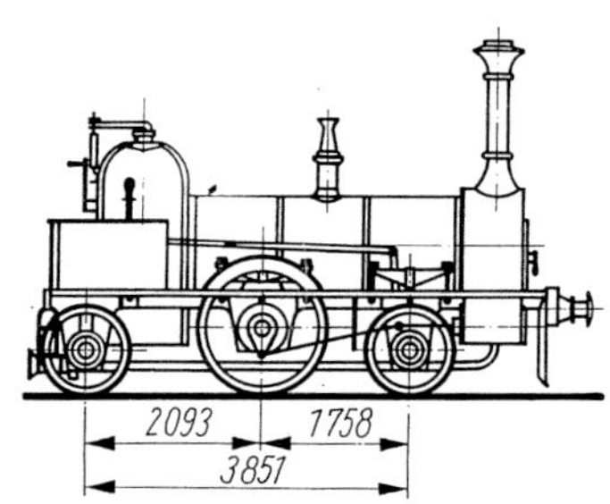

Lokomotiven RICHARD HARTMANN, CHEMNITZ und ZWICKAU.

2.1.4.3
4 *Lokomotiven, geliefert von Borsig*
für die Leipzig-Dresdner Eisenbahn
ab 1876 Sächsische Staatsbahn

Fabriknummer	Baujahr	Bahnnummer	Name	Bahnnummer ab 1876	Name ab 1876	Bemerkungen	Ausmusterung
560	1854	–	HAMBURG	627	SCHÖNBERG	[1])	1876
561	1854	7	CÖLN	632	STOLLEN	[2])	1887
562	1854	8	WIEN	633	ERZ	[2])	1886
563	1854	9	BREMEN	634	LEDER	[2])	1889

[1]) Umbau 1876 in B1n2, Gattung B II
[2]) Umbau 1873/76 in B1n2-Tenderlokomotive, Gattung B IIaT

Lokomotiven HAMBURG bis BREMEN, Ursprungszustand.

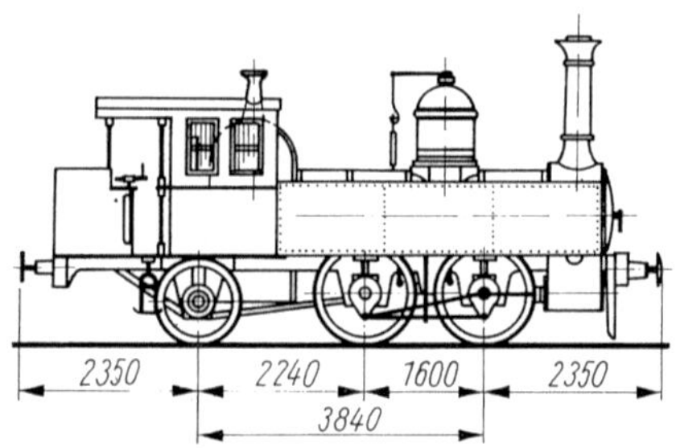

Lokomotiven Nr. 7 bis Nr. 9 der Leipzig-Dresdner Eisenbahn nach Umbau in Tenderlokomotiven.

Lokomotive Nr. 627 SCHÖNBERG nach Umbau in Achsfolge B1.

2.1.4.4
3 *Lokomotiven, geliefert von Hartmann*
für die Leipzig-Dresdner Eisenbahn,
ab 1876 Sächsische Staatsbahn,
Gattung H VIa

Fabriknummer	Baujahr	Bahnnummer	Name	Bahnnummer ab 1876	Name ab 1876	Bemerkungen	Ausmusterung
73	1856	–	SAXONIA	569	SAALE	[1])	1890
75	1856	–	PRAG	570	LIMMRITZ		1885
76	1857	–	BRESLAU	571	SCHLEMA	[1])	1890

[1]) 1871 Ausrüstung mit Dampfläutewerk, 1889 Dampfheizung und Luftleitung

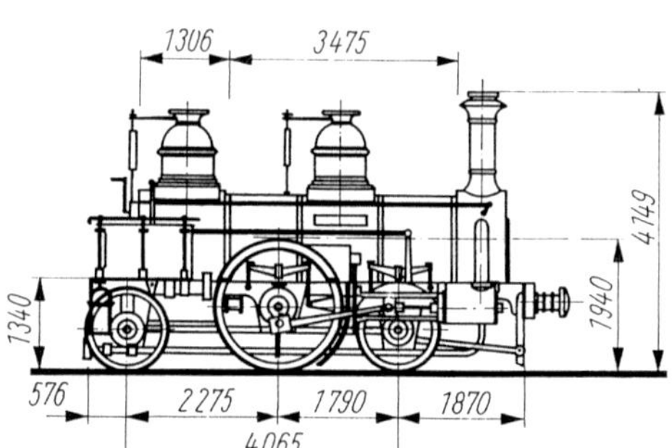

Lokomotiven SAXONIA, PRAG und BRESLAU.

2.1.4.5
12 *Lokomotiven, geliefert von Borsig* für die Leipzig-Dresdner Eisenbahn, ab 1876 Sächsische Staatsbahn, Gattung B VIa (ab 1896 Gattung VIa)

Fabriknummer	Baujahr	Bahnnummer	Name	Bahnnummer ab 1876	Name	Bahnnummer ab 1892	Bemerkungen	Ausmusterung
892	1857	–	AMSTERDAM	544	=		3) 5)	1891
890	1857	–	STETTIN	545	SIEGMAR	–	3)	1885
891	1857	–	TRIEST	546	=	–	4)	1887
952	1858	–	BORSIG	547	=	–	1)	1885
951	1858	–	WESER	548	=	–	3)	1888
950	1858	–	RHEIN	549	RONNEBURG	–	3)	1885
985	1858	–	DONAU	550	SCHMÖLLN	–	2) 6)	1890
986	1858	–	MÜNCHEN	551	STEIN	1	1) 6)	1899
987	1858	–	GÖRLITZ	552	=	–	1)	1883
988	1858	–	ZÜRICH	553	BOEHLEN	2	1) 6)	1900/01 7)
989	1858	–	POSEN	554	=	3	1) 6)	1895
990	1858	–	LINDAU	555	=	–	1)	1891

1) 1882 Dampfheizung
2) 1883 Dampfheizung
3) 1885 Dampfheizung
4) 1882 Dampfläutewerk
5) 1889 Luftleitung
6) 1889 Druckluftbremseinrichtung Bauart Schleifer
7) Später in Ursprungszustand versetzt und für ein sächsisches Eisenbahnmuseum vorgesehen, um 1925 verschrottet.

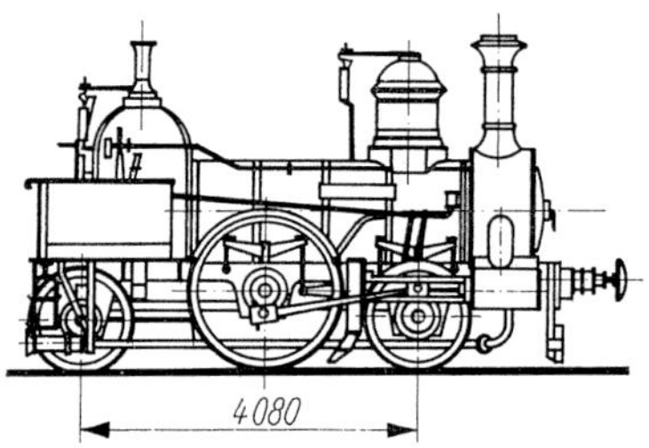

Lokomotiven AMSTERDAM bis LINDAU.

Lokomotive Nr. 2 BOEHLEN um 1920.
Foto Uhlig, Repro Finzel

Lokomotive Nr. 2 BOEHLEN, Führerstand.
Foto Uhlig, Repro Finzel

2.1.4.6
3 *Lokomotiven, geliefert von Hartmann*
für die Östliche Staatsbahn, Gattung H VI,
ab 1869 Sächsische Staatsbahn,
Gattung H VIa (ab 1871)

Fabriknummer	Baujahr	Bahnnummer	Name	Bahnnummer ab 1892	Bemerkungen	Ausmusterung
159	1861	249	PROMETHEUS	8	[1])	1894
160	1861	250	PHAETON	9	[1])	1893
187	1862	257	AURORA	10	[1])	1893

[1]) 1883 Dampfheizung

Lokomotive AURORA. Gut sichtbar ist die senkrecht angeordnete Giffard-Speisepumpe rechts vorn auf dem Führerstand.
Sammlung und Repro Bildstelle Rbd Dresden

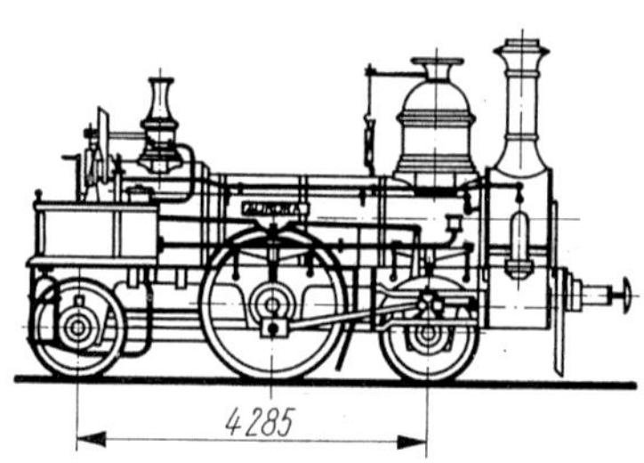

Lokomotiven PROMETHEUS, PHAETON und AURORA, Ursprungszustand.

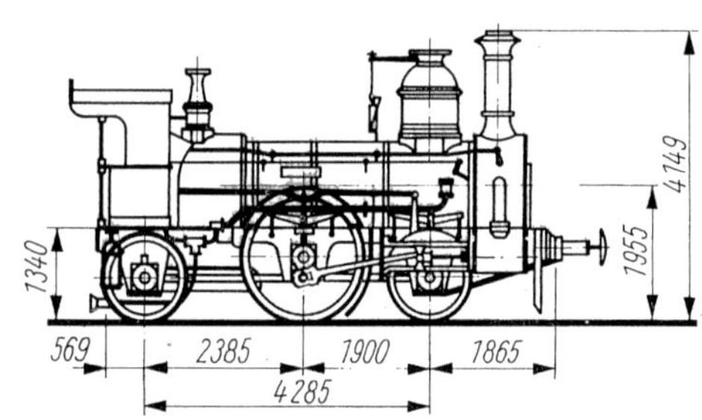

Lokomotiven PROMETHEUS, PHAETON und AURORA, späteres Aussehen.

2.1.4.7
6 Lokomotiven, geliefert von Borsig
für die Leipzig-Dresdner Eisenbahn,
ab 1887 Sächsische Staatsbahn, Gattung B VIa (ab 1896 Gattung VIa)

Fabriknummer	Baujahr	Bahnnummer	Name	Bahnnummer	Name	Bahnnummer	Bemerkungen	Ausmusterung
				ab 1876		ab 1892		
1705	1856	–	ELSTER	556	BREITINGEN	4	1) 2)	1893
1706	1856	–	PLEISSE	557	MOSEL	5	1) 2)	1899
1810	1856	–	MAINZ	558	FÄHRBRÜCKE	–	1) 2)	1890
1811	1856	–	GUSTAV HARKORT	559	=	6	1) 2)	1902
1812	1856	–	ELBERFELD	560	=	–	1) 2)	1889
1813	1856	–	WEIMAR	561	=	7	1) 2)	nach 1896

1) 1884 Dampfheizung
2) 1888 Druckluftbremseinrichtung Bauart Schleifer

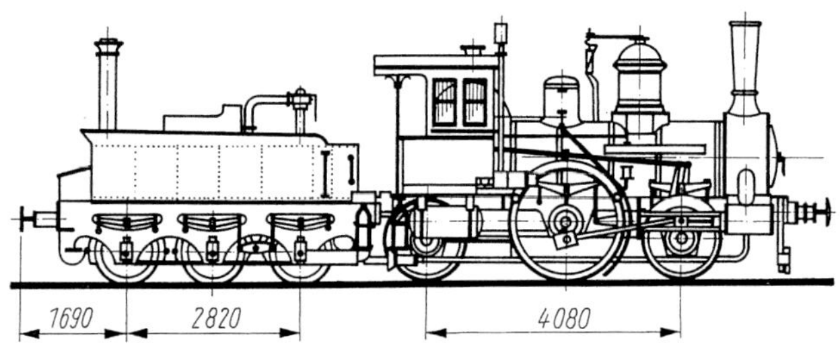

Gattung VIa, Lokomotiven Nr. 556 bis Nr. 561, späteres Aussehen.

Lokomotive Nr. 6 GUSTAV HARKORT.
Sammlung Contius, Repro Meyer

2.1.4.8

7 Lokomotiven, geliefert von Hartmann für die Leipzig-Dresdner Eisenbahn, ab 1876 Sächsische Staatsbahn, Gattung H VIa (ab 1896 Gattung VIa)

Fabrik-nummer	Bau-jahr	Bahn-nummer	Name	Bahn-nummer ab 1876	Name	Bahn-nummer ab 1892	Bemer-kungen	Ausmu-sterung
349	1868	–	LEIPZIG	562	SCHELLEN-BERG	11	[1]) [2])	1899
353	1868	–	RIESA	563	=	12	[1]) [2])	1894
350	1868	–	PIRNA	564	KIERITZSCH	13	[1]) [2])	1899
351	1868	–	LÖBAU	565	GERA	14	[1]) [2])	1895
352	1868	–	BAUTZEN	566	=	15	[1]) [2])	1892
354	1868	–	DAHLEN	567	=	–	[1])	1886
355	1868	–	ALTHEN	568	=	16	[1]) [2])	1893

[1]) 1882 Dampfheizung
[2]) 1888 Druckluftbremseinrichtung Bauart Schleifer

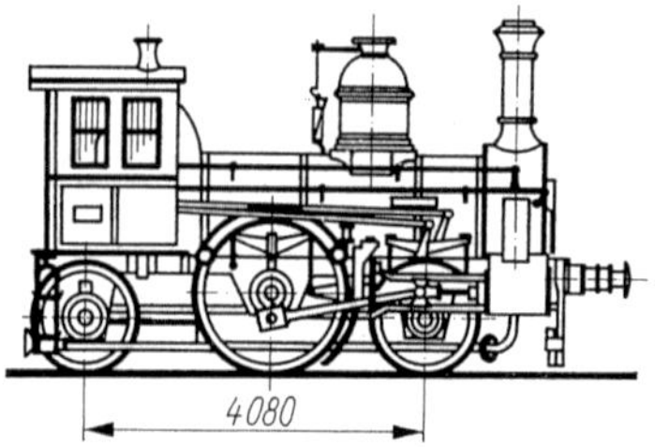

Lokomotiven LEIPZIG bis ALTHEN.

Lokomotive ALTHEN.
Werkfoto, Repro Meyer

IIa

Bauart: 1Bn2

Erstes Baujahr: 1851
Ausmusterung: bis 1896

Technische Daten:
Seiten 198 und 199

Konstruktive Merkmale

Kessel: Überhängender Stehkessel mit Vierseitkuppel, Hartmann-Lokomotiven ohne Dom, Borsig-Lokomotiven zunächst mit kleinem Dom auf dem Stehkessel, später nur noch Dampfdom auf dem Langkessel. Halbrunde Stehkesseldecke mit vergrößertem Durchmesser bei den Lokomotiven von Wöhlert. Rohrlängen 4,0...4,3 m (bei Nr. 230 FRIEDRICH AUGUST nur 3,8 m; Lokomotive war auch in allen anderen Abmessungen kleiner und schwächer). Heizflächen 75...102 m^2 (bei Nr. 230 nur 56 m^2). Rauchkammer mit vergrößertem Durchmesser, Schornstein zylindrisch. Zwei Sicherheitsventile mit Federwaagen, teilweise drittes Ventil auf dem Kesselscheitel (wurde später weggelassen). Kesseldruck 5,6...7 bar.
Rahmen: Innenliegender Gabelrahmen.
Triebwerk: Waagerechte Außenzylinder, Antrieb der 1. Kuppelachse.
Steuerung: Innere Stephenson-Kulissensteuerung mit Händel bei Hartmann-Lokomotiven und Borsig-Lokomotiven der Sächsisch-Bayerischen Staatsbahn. Übrige Borsig-Lokomotiven mit Borsig-Doppelschiebersteuerung und zwei Händeln.
Laufwerk: Alle Achsen starr, Achsabstand ca. 3,3 m. Treibraddurchmesser 1 380 bzw. 1 525 mm. Einzelfedern nur noch bei Nr. 230, alle übrigen Lokomotiven mit Vierpunktabstützung. Obenliegende Federn mit Ausgleichhebel zwischen den Kuppelachsen bei den Lokomotiven der Sächsisch-Bayerischen Staatsbahn. Borsig-Lokomotiven der Leipzig-Dresdner Eisenbahn mit großem Längsbalancier auf beiden Seiten zum Übertragen der Kräfte von den Kuppelachslagern auf je eine tiefliegende Gemeinschaftsfeder.
Bremse: Die meisten Lokomotiven ohne Bremse geliefert. Nr. 44 bis Nr. 46 mit Dampfschlittenbremse, Nr. 230 mit Schraubenbremse. Bei Umbau in Tenderlokomotiven erhielten Hartmann-Lokomotiven eine auf die Hinterachse wirkende Schraubenbremse. Ab 1880 Nr. 26 und Nr. 28 zusätzlich mit Heberleinbremse ausgerüstet. Nr. 38 bis Nr. 40 der Sächsisch-Bayerischen Staatsbahn ab 1856 mit Dampfschlittenbremse.
Sondereinrichtungen: Alle Lokomotiven der Leipzig-Dresdner Eisenbahn mit Kirchweger-Kondensation (Nr. 626 erst ab 1877). Sandkästen vor der 1. Kuppelachse ab 1859. Zwei Lokomotiven ab 1880 mit Dampfläutewerk.

Lieferfirma	Lieferjahr					Stück
	1851	52	55	56	59	
Hartmann	9					9
Wöhlert		3				3
Borsig		7	3	6	4	20
Beyer			1			1
	9	10	4	6	4	33

Liste der einzelnen Lokomotiven

2.1.5.1

9 Lokomotiven, geliefert von Hartmann für die Sächsisch-Bayerische Staatsbahn, ab 1858 Westliche Staatsbahn, ab 1869 Sächsische Staatsbahn, Gattung H II

Fabrik-nummer	Bau-jahr	Bahn-nummer	Name	Bahn-nummer ab 1858	Bemer-kungen	Aus-musterung
16	1851	–	LUCHS	26	[1] [2]	1883/84
17	1851	–	WOLF	27	[2]	1883/91
19	1851	–	HYÄNE	28	[1] [2]	1885
18	1851	–	EBER	29	[2]	1889/90
20	1851	–	ALLIGATOR	30	[2]	1883
21	1851	–	GÖLTZSCHTHAL	31	[2]	1882
22	1851	–	NILPFERD	32	[2]	1881
23	1851	–	CASUAR	33	[2]	1883/84
24	1851	–	ELSTERTHAL	34	[2]	1883/85

[1]) ab 1880 Heberleinbremse und Dampfläutewerk
[2]) 1862/69 Umbau in Tenderlokomotive Gattung H IIT (ab 1886 Gattung H IIaT)

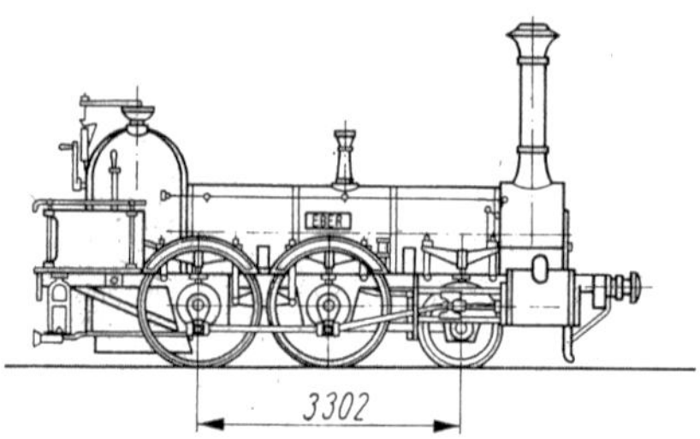

Lokomotiven LUCHS bis ELSTERTHAL, Ursprungszustand.

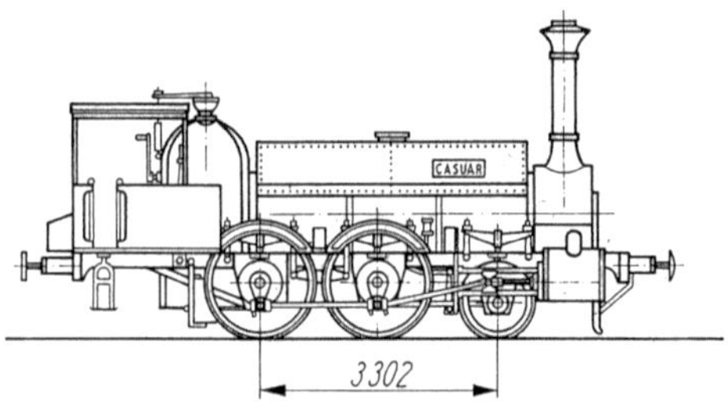

Lokomotiven LUCHS bis ELSTERTHAL nach Umbau in Tenderlokomotiven.

Lokomotive Nr. 29 EBER.
Sammlung und Repro Bildstelle Rbd Dresden

2.1.5.2

4 *Lokomotiven, geliefert von Borsig* für die Leipzig-Dresdner Eisenbahn, ab 1876 Sächsische Staatsbahn, Gattung B IIa

Fabrik-nummer	Bau-jahr	Bahn-nummer	Name	Bahn-nummer ab 1876	Bemer-kungen	Aus-musterung
359	1852	–	COMET	613		1880
360	1852	–	BLITZ	615		1885
362	1852	–	WINDSBRAUT	616		1876
361	1852	–	FAUST	614		1883/85

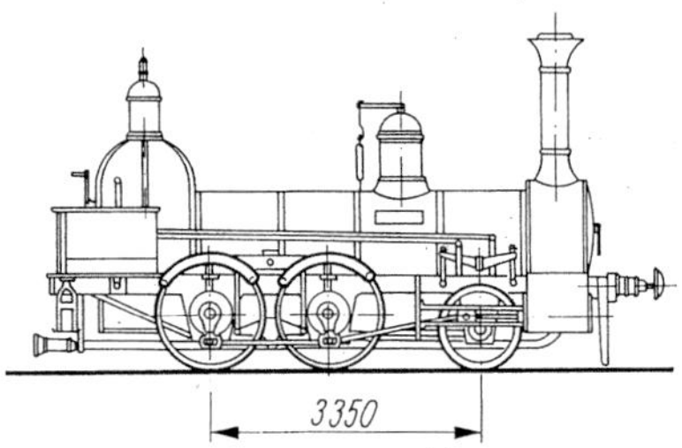

Lokomotiven COMET bis FAUST.

Zug der Leipzig-Dresdner Eisenbahn mit Lokomotive der späteren Gattung II a im Bahnhof Meißen. *Sammlung und Repro Bildstelle Rbd Dresden*

2.1.5.3

3 *Lokomotiven, geliefert von Wöhlert* für die Sächsisch-Bayerische Staatsbahn, ab 1858 Westliche Staatsbahn, ab 1869 Sächsische Staatsbahn, Gattung W I (ab 1871 Gattung W III, ab 1886 Gattung W II)

Fabrik-nummer	Bau-jahr	Bahn-nummer	Name bis 1891	Bahn-nummer ab 1858	Bahn-nummer ab 1892	Bemer-kungen	Aus-musterung
9	1852	–	PHÖNIX	35	–	[1])	1884
10	1852	–	BÜFFEL	36	776	[1])	1893
11	1852	–	SALA-MANDER	37	777	[1])	1896

[1]) ab 1856 mit Dampfschlittenbremse, ab 1874 Dampfklotzbremse

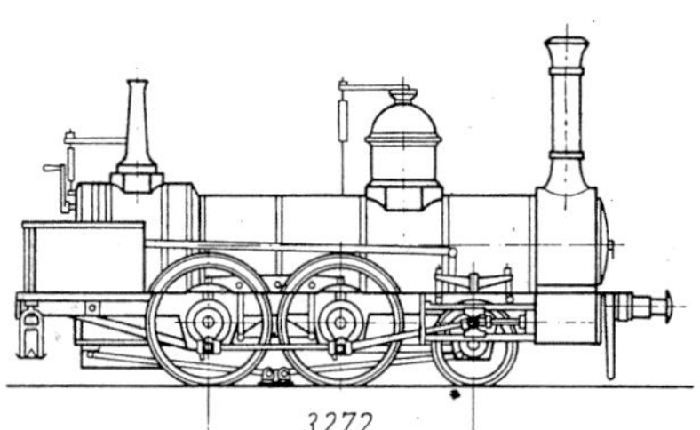

Lokomotiven PHOENIX, BÜFFEL und SAL AMANDER.

2.1.5.4
3 *Lokomotiven, geliefert von Borsig*
für die Sächsisch-Bayerische Staatsbahn,
ab 1858 Westliche Staatsbahn,
ab 1869 Sächsische Staatsbahn,
Gattung B III (ab 1871 Gattung B II,
ab 1886 Gattung B IIa)

Fabrik-nummer	Bau-jahr	Bahn-nummer	Name	Bahn-nummer ab 1858	Bemer-kungen	Aus-musterung
389	1852	–	DELPHIN	38	[1])	1885
388	1852	–	VAMPIR	39	[1])	1886
390	1852	–	GAZELLE	40	[1])	1883/85

[1]) ab 1865 Dampfschlittenbremse

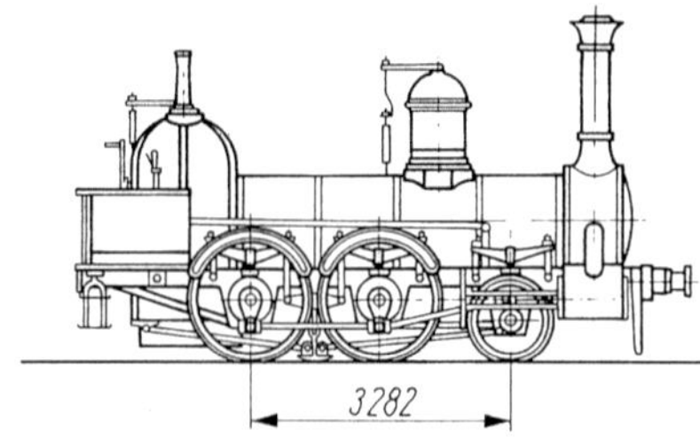

Lokomotiven DELPHIN, VAMPIR und GAZELLE.

2.1.5.5
3 *Lokomotiven, geliefert von Borsig*
für die Sächsisch-Bayerische Staatsbahn,
ab 1858 Westliche Staatsbahn,
ab 1869 Sächsische Staatsbahn, Gattung B IV (ab 1871 Gattung B III,
ab 1885 Gattung B II)

Fabrik-nummer	Bau-jahr	Bahn-nummer	Name	Bemerkungen	Ausmusterung
629	1855	44	LEIPZIG	[1])	1891
630	1855	45	ZWICKAU		1891
631	1855	46	HOF		1885

[1]) ab 1874 mit Dampfbandbremse

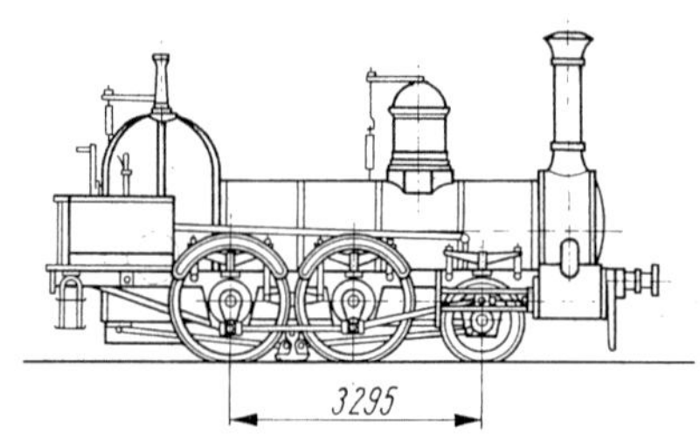

Lokomotiven LEIPZIG, ZWICKAU und HOF.

2.1.5.6
1 *Lokomotive, geliefert von Beyer*
für die Albertbahn,
ab 1868 Östliche Staatsbahn, Gattung H III

Fabrik-nummer	Bau-jahr	Bahn-nummer	Name	Bahn-nummer ab 1868	Bemer-kungen	Aus-musterung
1[1])	1848[2])	–	FRIEDRICH AUGUST	230		1869

[1]) Vermutlich ist diese Lokomotive von Rabenstein, Chemnitz, 1848 gebaut, danach verkauft (als Hartmann Fabriknummer 7) und umgebaut worden. In Betrieb war sie ab 1857. Im Aussehen und in ihren technischen Daten ähnelt sie der Lokomotive PHÖNIX (siehe 2.1.3.8).
[2]) Lieferjahr 1855

Lokomotive MAIN der Leipzig-Dresdner Eisenbahn mit Bauzug bei Meißen-Triebischtal.
Sammlung Contius, Repro Meyer

2.1.5.7
10 *Lokomotiven, geliefert von Borsig* für die Leipzig-Dresdner Eisenbahn, ab 1876 Sächsische Staatsbahn, Gattung B IIa

Fabriknummer	Baujahr	Bahnnummer	Name	Bahnnummer ab 1876	Name ab 1876	Bemerkungen	Ausmusterung
741	1856	–	HARBURG	617	=		1877
742	1856	–	FRANKFURT	618	KÖTZSCHENBRODA		1887
821	1857	–	BRAUNSCHWEIG	619	ELSTERWERDA		1882
822	1857	–	HANNOVER	620	GRÖDITZ		1878
959	1858	–	BASEL	621	=		1885
958	1858	–	DRESDEN	622	RÖDERAU		1885
1 040	1859	–	ODER	623	=		1887/88
1 038	1859	–	MAIN	624	OEDERAN		1886
1 039	1859	–	NECKAR	625	=		1885
1 041	1859	–	SAALE	626	HAINICHEN		1880

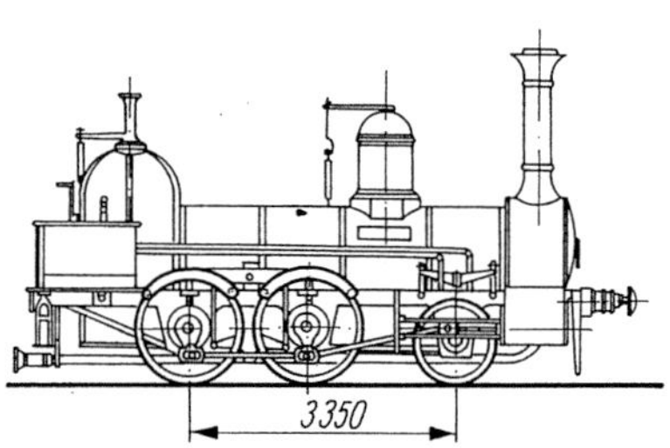

Lokomotiven HARBURG bis DRESDEN.

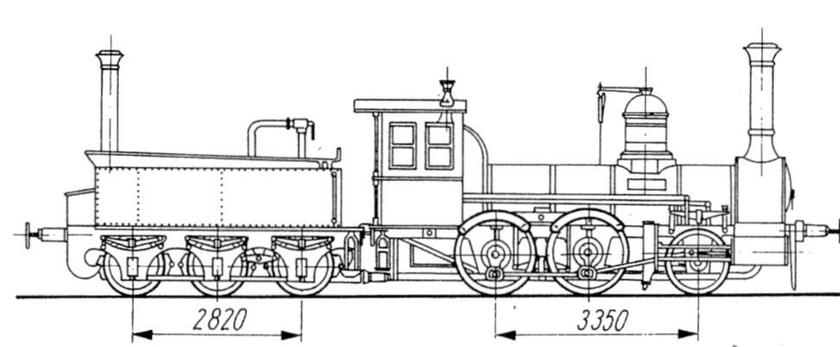

Lokomotiven ODER bis SAALE, späteres Aussehen, Tender 3 T 6,5.

IIIa

Bauart: 1Bn2

Erstes Baujahr: 1853
Ausmusterung: bis 1902

Technische Daten:
Seiten 199 und 200

Konstruktive Merkmale

Kessel: Langkessel mit 3,0...3,2 m Rohrlänge, Stehkessel mit Vierseitkuppel (Borsig) bzw. mit überhöhter Decke und großem Dampfdom. Gesamtheizfläche 75...82 m^2. Auf dem Langkessel zweites Sicherheitsventil. Schornstein zylindrisch. Rauchkammer mit vergrößertem Durchmesser mit Ausnahme der beiden Lokomotiven von Hartmann.
Rahmen: Genieteter Innen-Gabelrahmen.
Triebwerk: Waagerechte Außenzylinder, Antrieb der 1. Kuppelachse, 2. Kuppelachse liegt hinter dem Stehkessel.
Steuerung: Stephenson-Kulissensteuerung mit Händel bzw. Gooch-Steuerung (Wöhlert).
Laufwerk: Laufachse starr mit relativ großem Achsabstand (etwa 4,0 m) wegen der zwischen den Kuppelachsen durchhängenden Feuerbüchse. Alle Lokomotiven mit obenliegenden Tragfedern für die Laufachsen. Federung der Kuppelachsen bei allen Herstellern verschieden (bei Borsig-Lokomotive Querfeder für die Hinterachse, mit obenliegenden Längsfedern der ersten Kuppelachse durch vier Ausgleichhebel verbunden, also Dreipunktabstützung; bei Wöhlert-Lokomotiven Vierpunktabstützung mit gemeinsamen Federn für beide Kuppelachsen, Abstützung über einen langen Hebel auf die Achsbuchsen; 1873 auf untenliegende Federn mit Ausgleichhebeln umgebaut; bei Hartmann-Lokomotiven ebenfalls gemeinsame Feder für beide Kuppelachsen, jedoch Ausgleichhebel über den Achslagern und kein Querausgleich; also Vierpunktabstützung).
Bremse: Ursprünglich ohne Bremse, später (vor 1869) Ausrüstung mit Dampfschlittenbremse zwischen Lauf- und 1. Kuppelachse (außer Lokomotive WALDHEIM). Nach 1870 wieder ohne Bremse.

Lieferfirma	Lieferjahr 1853	Stück
Borsig	1	1
Wöhlert	2	2
Hartmann	2	2
	5	5

Liste der einzelnen Lokomotiven

2.1.6.1
1 *Lokomotive, geliefert von Borsig*
für die Niedererzgebirgische Staatsbahn,
ab 1858 Westliche Staatsbahn,
ab 1869 Sächsische Staatsbahn,
Gattung B V (ab 1871 Gattung B IIIa)

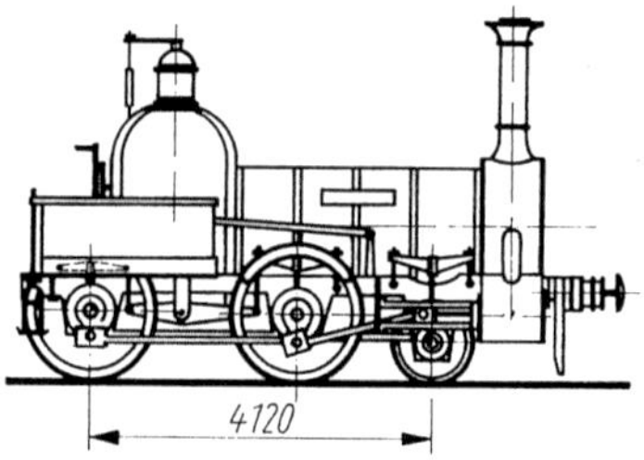

Lokomotive WALDHEIM.

Fabriknummer	Baujahr	Bahnnummer	Name	Bahnnummer ab 1858	Bemerkungen	Ausmusterung
453	1853	–	WALDHEIM	73	[1])	1891

[1]) ab 1884 Dampfheizung

2.1.6.2

2 Lokomotiven, geliefert von Wöhlert
für die Sächsisch-Schlesische Staatsbahn,
ab 1858 Östliche Staatsbahn,
ab 1869 Sächsische Staatsbahn, Gattung W
(ab 1871 Gattung W IIIa,
ab 1896 Gattung IIIa)

Fabrik-nummer	Bau-jahr	Bahn-nummer	Name bis 1891	Bahn-nummer ab 1858	ab 1892	ab 1900	Bemer-kungen	Ausmu-sterung
28	1853	–	BRESLAU	225	598	–	[1]) [2])	1894
29	1853	–	WÖHLERT	226	599	2599	[1]) [2])	1902

1) 1873 Umbau der Federung
2) 1884/91 Dampfheizung

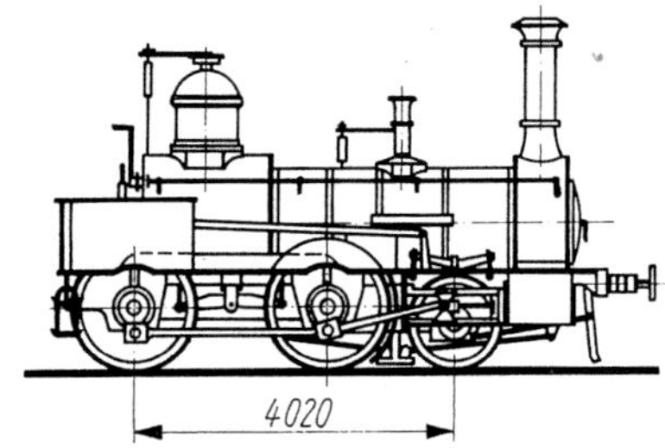

Lokomotiven BRESLAU und WÖHLERT, Ursprungszustand.

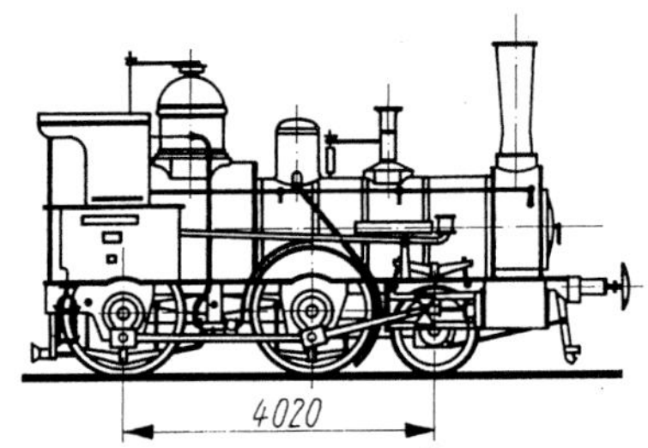

Lokomotiven BRESLAU und WÖHLERT, späteres Aussehen.

Gattung IIIa, Lokomotive Nr. 2599.
Sammlung Contius, Repro Meyer

2.1.6.3

2 Lokomotiven, geliefert von Hartmann
für die Sächsisch-Schlesische Staatsbahn,
ab 1858 Östliche Staatsbahn,
ab 1869 Sächsische Staatsbahn,
Gattung H III (ab 1871 Gattung H IIIa)

Fabrik-nummer	Bau-jahr	Bahn-nummer	Name	Bahn-nummer ab 1858	ab 1892	Bemer-kungen	Ausmu-sterung
35	1853	–	HARTMANN/ GÖTHE[2])	227	–		1880
36	1853	–	LEIPZIG/ EISENACH[2])	228	600	[1])	1895

1) 1886/91 Dampfheizung
2) Umbenennung 1869

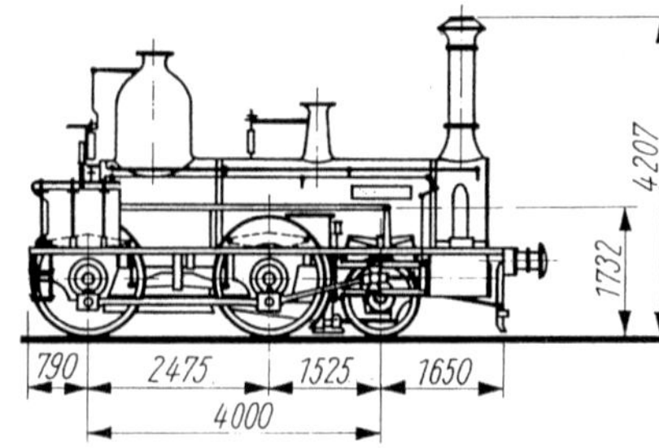

Lokomotiven HARTMANN und LEIPZIG.

Lokomotive Nr. 228 LEIPZIG. Aufnahme 1866 in Rákos (Ungarn) während der „Lokomotivflucht" aus Sachsen im Preußisch-Österreichischen Krieg. *Urheber unbekannt, Repro Meyer*

II

Bauart: 1Bn2

Erstes Baujahr: 1852
Ausmusterung: bis 1925

Technische Daten:
Seiten 200 bis 203

DRG-Baureihe 98^{73}

Konstruktive Merkmale

Kessel: Rohrlängen 4,08...4,30 m. Stehkessel zwischen den Rahmenwangen eingezogen. Vierseitkuppel bei Nr. 584...603 (Esslingen). Alle übrigen Lokomotiven mit glatt durchgehendem Kesselscheitel. Bei Hartmann-Lokomotiven bis 1863 vordere Rohrwand etwa in der Mitte des ersten Kesselschusses eingenietet, so daß sich die Rauchkammer nicht vom Langkessel abhob. Ab 1864 wieder übliche Befestigung der Rauchkammer mit Winkelring. Lokomotiven der ersten Lieferung 1854/55 hatten anstelle eines Dampfdomes nur einen Ventilaufsatz. Später Dampfdom mit Sicherheitsventil (Federwaage) auf dem vorderen Kesselschuß oder in Langkesselmitte. Auf dem Hinterkessel bei allen Lokomotiven Ventilaufsatz. Kesselspeisung unterschiedlich durch zwei Pumpen, zwei Injektoren oder eine Pumpe, einen Injektor. Gesamtheizfläche 80...110 m². Schornstein zylindrisch, ab 1865 erstmalig kegelig (Bauart Prüsmann), später mit Funkenfängern in Ballonform bzw. nach Bauart Ressig. Alle Lokomotiven (außer Altenburg-Zeitzer Eisenbahn) mit verstellbarem Blasrohr.

Rahmen: Genieteter Innenrahmen, durch Verstärkung der Untergurte allmählich vom Gabelrahmen zum Vollblechrahmen mit Ausschnitten übergehend.

Triebwerk: Waagerechte Außenzylinder mit Antrieb der 1. Kuppelachse.

Lieferfirma	Lieferjahr 1854	55	56	57	58	59	61	63	64	65	66	67	68	72	74	75	Stück
Hartmann	6	6	11	11	4	4	2	7	3	22	2	8	4				90
Borsig														4		1	5
Esslingen											10	4	6		5	4	29
Schichau															8		8
	6	6	11	11	4	4	2	7	3	22	12	12	10	4	13	5	132

Kuppelstangen mit rechteckigem Querschnitt außerhalb der Treibstangen liegend.
Steuerung: Innenliegende Stephenson-Steuerung mit Händel bei folgenden Lokomotiven: Nummern 1 bis 6, 10, 41 bis 43, 47 bis 52, 74 bis 85, 118 bis 136, 258 bis 260, 584 bis 603, 609 bis 612, Löbau-Zittauer Bahn Nr. 2 bis 3, Zittau-Reichenberger Bahn Nr. 8 bis 12. Einige dieser Maschinen wahrscheinlich mit Gonzenbach-Doppelschiebersteuerung geliefert. Umsteuerung mittels Schraube bei den Lokomotiven Nr. 241 bis 248, 261 bis 280, 604 bis 608 und Löbau-Zittauer Bahn Nr. 4 bis 6. Kombinierte Umsteuerung durch Händel mit zusätzlicher Schraube bei den Lokomotiven Nr. 229 und Nr. 240. Ab 1872 erstmals Allan-Steuerung mit Schraube bei Altenburg-Zeitzer Bahn Nr. 1 bis Nr. 5 und Leipzig-Dresdner Eisenbahn (später Nr. 663 bis Nr. 670).
Laufwerk: Starre Laufachse, obenliegende, gemeinsame Feder für beide Kuppelachsen bei den Lokomotiven der Altenburg-Zeitzer Bahn (Borsig 1872). Bei Lokomotiven der Sächsisch-Thüringischen Bahn (Schichau 1874) Ausgleichhebel über den Kuppelachslagern, durch gemeinsame Feder verbunden (1878 in Normalausführung umgebaut). Alle übrigen Lokomotiven mit obenliegenden Federn, Ausgleichhebel zwischen den Kuppelachsen.
Bremse: Ohne Bremse geliefert wurden die Lokomotiven mit den Nummern 74, 75, 79 bis 85, 229, 240 bis 248, 258 bis 263, 663 bis 670 und alle Lokomotiven der Löbau-Zittauer Bahn, Zittau-Reichenberger Bahn und Altenburg-Zeitzer Bahn. Dampfschlittenbremse bei den Nummern 1 bis 6, 10, 41 bis 43, 47 bis 52, 118 bis 136, 264, 266 bis 270, 584 bis 603; Dampfklotzbremse (von oben auf die Kuppelachsen wirkend) bei den Nummern 271 bis 280; Gegendampfbremse (Bauart Lechatelier) bei den Nummern 265, 604 bis 612.
Sondereinrichtungen: Kirchweger-Kondensation bei den Lokomotiven Nr. 584 bis 603 der Leipzig-Dresdner Eisenbahn. Sandstreueinrichtungen ab 1854, zuerst über oder vor der 1. Kuppelachse, später Sandkasten auf dem Kessel. Dampfheizungseinrichtungen und Dampfläutewerk nur teilweise ab 1881 angebaut.

Liste der einzelnen Lokomotiven

2.1.7.1
12 Lokomotiven, geliefert von Hartmann
davon 10 Lokomotiven für die Sächsisch-Bayerische Staatsbahn,
ab 1858 Westliche Staatsbahn,
ab 1869 Sächsische Staatsbahn,
Gattung H III (ab 1885 Gattung H II,
ab 1896 Gattung II)

Fabriknummer	Baujahr	Bahnnummer	Name bis 1891	Bahnnummer ab 1858	ab 1892	ab 1900	Bemerkungen	Ausmusterung
37	1854	–	SAXONIA	1	601	2601		nach 1896
38	1854	–	BAVARIA	2	602	–		1894
39	1854	–	IRIS	3	603	–		1892
44	1854	–	LÖWE	4	–			1886
47	1854	–	JAGUAR	41	604	–		1892
48	1855	–	BIBER	42	606	–		1894
49	1855	–	WALLROSS	43	–	–	1)	1885/86
59	1855	–	DRACHE	47	607	–		1894
60	1855	–	ALTENBURG	48	608	–	2) 3)	1895
61	1855	–	WERDAU	49	609	2609	3)	1900

1) 1874 Ausrüstung mit Dampfbandbremse
2) 1884/91 Dampfheizung
3) Technische Daten siehe 2.1.7.1.2 (alle übrigen Lokomotiven 2.1.7.1.1)

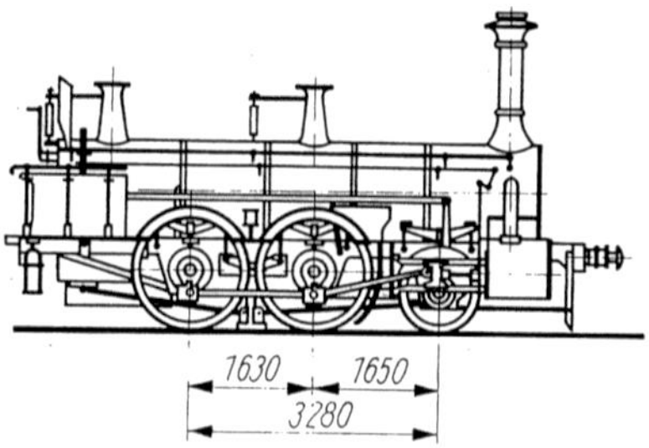

Lokomotiven SAXONIA bis OSTRAU, Ursprungszustand.

2 Lokomotiven für die Niedererzgebirgische Staatsbahn,
ab 1858 Westliche Staatsbahn,
ab 1869 Sächsische Staatsbahn,
Gattung H III (ab 1885 Gattung H II)

Fabriknummer	Baujahr	Bahnnummer	Name	Bahnnummer		Bemerkungen	Ausmusterung
			bis 1891	ab 1858	ab 1892		
40	1854	–	MITTWEIDA	74	605		1894
50	1855	–	OSTRAU	75	610		1892

2.1.7.2
3 *Lokomotiven, geliefert von Hartmann* für die Niedererzgebirgische Staatsbahn,
ab 1858 Westliche Staatsbahn,
ab 1869 Sächsische Staatsbahn,
Gattung H III (ab 1885 Gattung H II,
ab 1896 Gattung II)

Fabriknummer	Baujahr	Bahnnummer	Name	Bahnnummer			Bemerkungen	Ausmusterung
			bis 1891	ab 1858	ab 1892	ab 1900		
66	1856	–	STAUCHITZ	76	–	–	[1])	1891
70	1856	–	OBERLICHTENAU	77	612	–		1900
72	1856	–	ERNSTTHAL	78	613	2613	[2])	1908

[1]) Technische Daten siehe 2.1.7.1.2
[2]) ab 1894 Dampfheizung

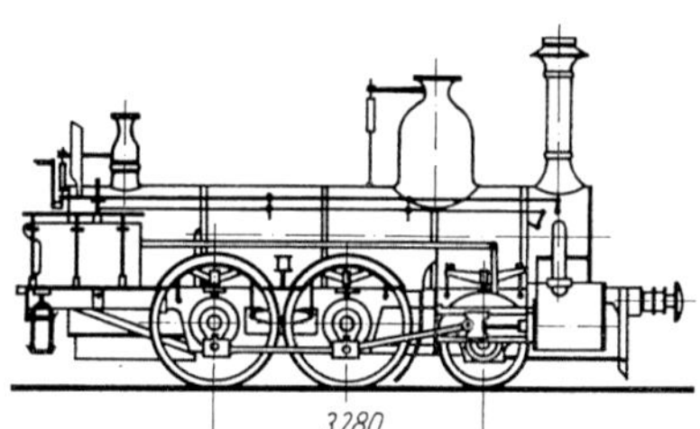

Lokomotiven STAUCHITZ, OBERLICHTENAU und ERNSTTHAL, Ursprungszustand.

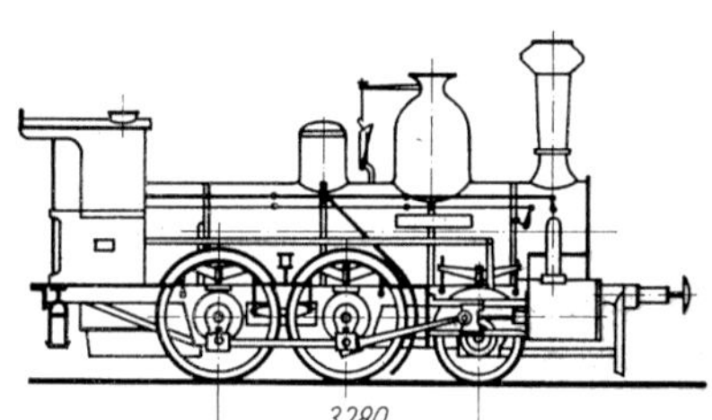

Lokomotiven STAUCHITZ, OBERLICHTENAU und ERNSTTHAL, späteres Aussehen.

Lokomotive Nr. 78 ERNSTTHAL.
Sammlung Contius, Repro Meyer

2.1.7.3
19 *Lokomotiven, geliefert von Hartmann*
davon 6 Lokomotiven für die Sächsisch-Bayerische Staatsbahn, ab 1858 Westliche Staatsbahn, ab 1869 Sächsische Staatsbahn, Gattung H III (ab 1885 Gattung H II, ab 1896 Gattung II)

Fabrik-nummer	Bau-jahr	Bahn-nummer	Name	Bahn-nummer			Bemer-kungen	Aus-musterung
			bis 1891	ab 1858	ab 1892	ab 1900		
62	1856	–	PLAUEN	50	611	–	1) 2) 5)	1895
63	1856	–	PLEISSE	51	–	–	5)	1886
64	1856	–	MULDE	52	–	–	1) 3) 5)	1891
80	1857	–	HIRSCH	5	617	2617	4) 6)	1904
84	1857	–	ADLER	6	–	–	4) 6)	1884
81	1857	–	TIGER	10	618	–	6)	1896

1) 1870/73 Doppelschiebersteuerung mit 2 Händeln
2) ab 1894 Dampfheizung
3) ab 1884 Dampfheizung
4) Dampfschlittenbremse 1865 ausgebaut
5) Technische Daten siehe 2.1.7.1.2
6) Technische Daten siehe 2.1.7.2

2 Lokomotiven für die Sächsisch-Böhmische Staatsbahn ab 1858 Östliche Staatsbahn, ab 1869 Sächsische Staatsbahn, Gattung H III (ab 1885 Gattung H II)

Fabrik-nummer	Bau-jahr	Bahn-nummer	Name	Bahn-nummer		Bemer-kungen	Aus-musterung
			bis 1891	ab 1858	ab 1892		
65	1856	–	BASTEI	229	614	1)	1893
67	1856	–	LILIENSTEIN	240	615	2)	1893

1) Technische Daten siehe 2.1.7.3.2
2) Technische Daten siehe 2.1.7.3.1

6 Lokomotiven für die Sächsisch-Schlesische Staatsbahn, ab 1858 Östliche Staatsbahn, ab 1869 Sächsische Staatsbahn, Gattung H III (ab 1885 Gattung H II, ab 1896 Gattung II)[1])

Fabriknummer	Baujahr	Bahnnummer	Name	Bahnnummer			Bemerkungen	Ausmusterung
			bis 1891	ab 1858	ab 1892	ab 1900		
68	1856	–	SPREE	241	616	2616	[4])	1909
69	1856	–	NEISSE	242	–	–	[4])	1886
71	1857	–	HOHNSTEIN/ ATALANTE	243	–	–	[4]) [5])	1891
85	1857	–	GROTTAU/ PILLNITZ	244	622	–	[2]) [3]) [4])	1900
92	1857	–	GRAVEN-STEIN	245	623	–	[3]) [4])	1897
93	1857	–	FRIEDLAND	246	624	2624	[3]) [4])	1902

[1]) Technische Daten siehe 2.1.7.3.1
[2]) Lokomotive wurde zunächst unter dem Namen GROTTAU von der Zittau-Reichenberger Bahn in Betrieb genommen und 1858 an die Östliche Staatsbahn verkauft
[3]) ab 1884 Dampfheizung
[4]) Stephenson-Steuerung 1875 von Schraube auf Händel umgebaut
[5]) Name ATALANTE ab 1869

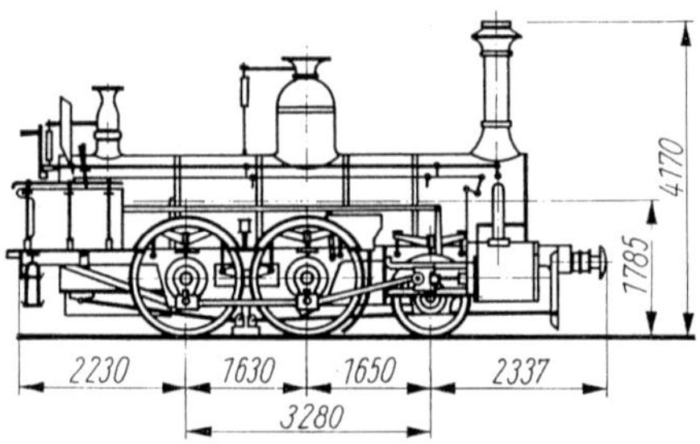

Gattung H III, Baujahre 1856/57, Ursprungszustand.

Gattung II, Lokomotive Nr. 2616.
Foto Contius, Repro Meyer

Lokomotive Nr. 245 GRAVENSTEIN. Aufnahme 1866 in Rákos (Ungarn) während der „Lokomotivflucht" aus Sachsen im Preußisch-Österreichischen Krieg. *Sammlung Hager, Repro Meyer*

1 Lokomotive für die Zittau-Reichenberger Bahn

Fabrik-nummer	Bau-jahr	Bahn-nummer	Name	Bemer-kungen	Aus-musterung
90	1857	8	RICHARD HARTMANN	1) 2)	nach 1898

1) ab 1884 Dampfheizung
2) Technische Daten siehe 2.1.7.4

1 Lokomotive für die Löbau-Zittauer Bahn
ab 1871 Sächsische Staatsbahn, Gattung H III
(ab 1885 Gattung H II)

Fabrik-nummer	Bau-jahr	Bahn-nummer	Name	Bahn-nummer ab 1871	Bemer-kungen	Ausmu-sterung
91	1857	2	HAMMER-STEIN	337	1) 2)	1886

1) Technische Daten siehe 2.1.7.4
2) Lokomotive gehörte 1857/59 der Zittau-Reichenberger Bahn

3 Lokomotiven für die Niedererzgebirgische Staatsbahn,
ab 1858 Westliche Staatsbahn,
ab 1869 Sächsische Staatsbahn,
Gattung H III (ab 1885 Gattung H II,
ab 1896 Gattung II)

Fabrik-nummer	Bau-jahr	Bahn-nummer	Name bis 1891	Bahn-nummer			Bemer-kungen	Ausmu-sterung
				ab 1858	ab 1892	ab 1900		
82	1857	–	ZWICKAU/ ERLAU	79	619	–	1) 2)	1894
83	1857	–	LICHTENSTEIN	80	620	–	1)	1894
94	1857	–	ST. EGIDIEN	81	621	2621	1) 3)	1911

1) Technische Daten siehe 2.1.7.2.
2) Name ERLAU ab 1858
3) ab 1894 Dampfheizung

2.1.7.4
8 *Lokomotiven, geliefert von Hartmann*
davon 4 Lokomotiven für die Westliche Staatsbahn,
ab 1869 Sächsische Staatsbahn,
Gattung H III, (ab 1885 Gattung H II,
ab 1896 Gattung II)

Fabrik-nummer	Bau-jahr	Bahn-nummer	Name bis 1891	Bahn-nummer		Bemer-kungen	Aus-musterung
				ab 1892	ab 1900		
97	1858	82	GLAUCHAU	625	2625	1) 2)	1906
98	1858	83	SCHÖNBURG	626	2626	1)	1907
99	1858	84	MEERANE	627	–	1)	1900
100	1858	85	HOHENSTEIN	628	2628	1) 2)	1913

1) Technische Daten siehe 2.1.7.2
2) ab 1894 Dampfheizung

4 Lokomotiven für die Zittau-Reichenberger Bahn,
Gattung H III (ab 1885 Gattung H II, ab 1896 Gattung II)

Fabrik-nummer	Bau-jahr	Bahn-nummer	Name	Bemer-kungen	Aus-musterung
134	1859	9	SATURN	[1]	1896
135	1859	10	JUPITER	[1]	1882
136	1859	11	MARS	[1]	1894
143	1859	12	NEPTUN	[1]	1897

[1] ab 1884 Dampfheizung

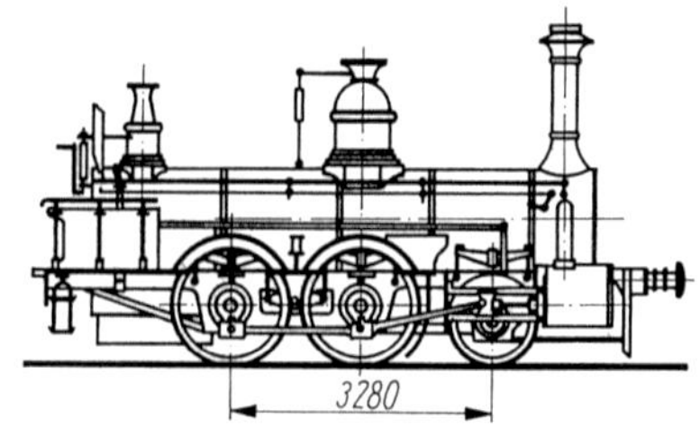

Gattung H III, Baujahre 1858/59, Ursprungszustand.

2.1.7.5
9 *Lokomotiven, geliefert von Hartmann*
davon 8 Lokomotiven für die Östliche Staatsbahn,
ab 1869 Sächsische Staatsbahn, Gattung H III (ab 1885 Gattung H II,
ab 1896 Gattung II)

Fabrik-nummer	Bau-jahr	Bahn-nummer	Name bis 1891	Bahn-nummer		Bemer-kungen	Aus-musterung
				ab 1892	ab 1900		
157	1861	247	MERCUR	629	2629	[1] [2]	1903
158	1861	248	URANUS	630	2630	[1] [2]	1911
188	1862	258	BODENBACH	–	–		1889
189	1863	259	VENUS	631	–	[1]	1897
190	1863	260	TELLUS	632	–	[1]	1893
195	1863	261	PALLAS	633	–	[3] [4] [5]	1896
196	1863	262	CERES	634	–	[3] [6] [7]	1898
197	1863	263	VESTA	635	2635	[3] [6] [7]	1902

[1] ab 1884 Dampfheizung
[2] 1876 Steuerung von Schraube auf Händel umgebaut
[3] ab 1875 Dampfläutewerk
[4] 1875 Steuerung von Schraube auf Händel umgebaut
[5] ab 1885 Haspel zur Heberleinbremse
[6] ab 1877 Händel mit Schraube, ab 1891 nur Händel
[7] ab 1892 Haspel zur Heberleinbremse

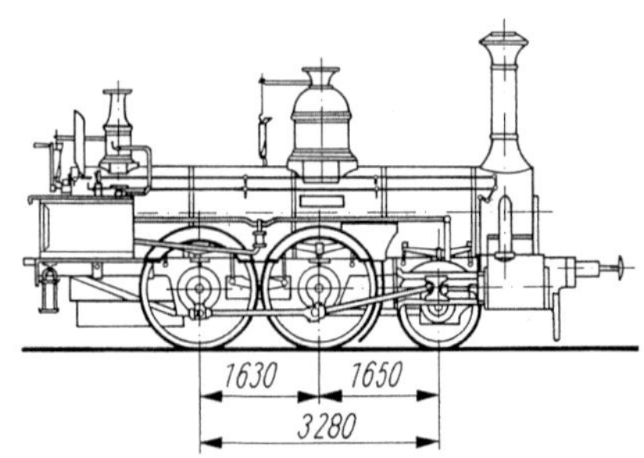

Gattung H III, Baujahre 1861/63, Ursprungszustand.

1 Lokomotive für die Löbau-Zittauer Bahn,
ab 1871 Sächsische Staatsbahn, Gattung H III (ab 1885 Gattung H II,
ab 1896 Gattung II)

Fabrik-nummer	Bau-jahr	Bahn-nummer	Name	Bahn-nummer				Be-mer-kun-gen	Aus-muste-rung
				ab 1869	ab 1871	ab 1892	ab 1900		
198	1863	–	EHREN-STEIN	3	338	636	2636	[1] [2]	1902

[1] Steuerungsumbau 1875 Händel mit Schraube, 1891 nur Händel
[2] ab 1884 Dampfheizung

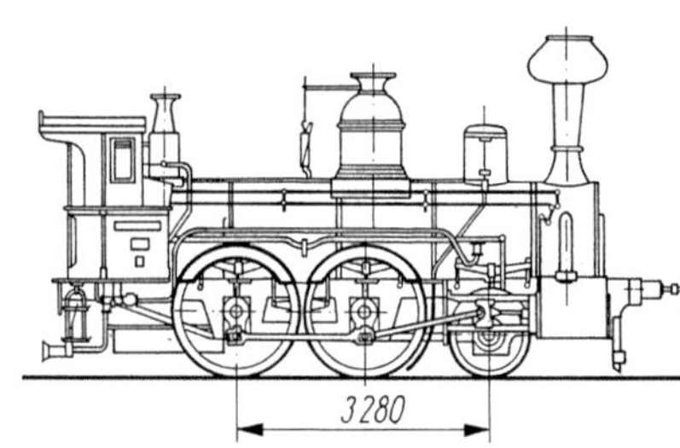

Gattung H III, Baujahre 1861/63, späteres Aussehen.

Gattung II, Lokomotive Nr. 2630.
Foto Contius, Repro Meyer

2.1.7.6
27 *Lokomotiven, geliefert von Hartmann*
davon 19 Lokomotiven für die Westliche Staatsbahn,
ab 1896 Sächsische Staatsbahn, Gattung H III (ab 1885 Gattung H II,
ab 1896 Gattung II)¹)

Fabriknummer	Baujahr	Bahnnummer	Name bis 1891	Bahnnummer ab 1892	Bahnnummer ab 1900	Bemerkungen	Ausmusterung
219	1864	118	TREUEN	637	–		1894
220	1864	119	LENGENFELD	638	2638		1904
221	1864	120	AUERBACH	639	–		1897
222	1865	121	FALKENSTEIN	640	2640		1904
223	1865	122	OELSNITZ	641	2641		1906
233	1865	123	SCHÖNECK	642	–	[2])	1893
234	1865	124	ADORF	643	2643	[2]) [3])	1902
235	1865	125	NEUKIRCHEN	644	–	[2]) [4])	1897
236	1865	126	ELSTER	645	2645	[3]) [5])	1901
237	1865	127	BRAMBACH	646	2646	[6])	1906
238	1865	128	FRANZENSBAD	647	–	[6])	1896
239	1865	129	EGER	648	2648		1902
240	1865	130	BAYREUTH	649	2649	[3])	1911
241	1865	131	AMBERG	650	–		1894
242	1865	132	VOIGTLAND	651	2651	[3]) [7])	1902
243	1865	133	OSTERLAND	652	–	[8])	1895
244	1865	134	LANDSHUT	653	–	[8])	1894
245	1865	135	PASSAU	654	2654	[8])	1909
246	1865	136	LINZ	655	2655	[4]) [8])	1913

[1]) Technische Daten siehe 2.1.7.6.1
[2]) ab 1883 Dampfläutewerk
[3]) ab 1895 Haspel zur Heberleinbremse
[4]) ab 1894 Haspel zur Heberleinbremse
[5]) ab 1887 Dampfläutewerk
[6]) ab 1894 Dampfläutewerk
[7]) ab 1895 Dampfläutewerk
[8]) ab 1884 Dampfläutewerk

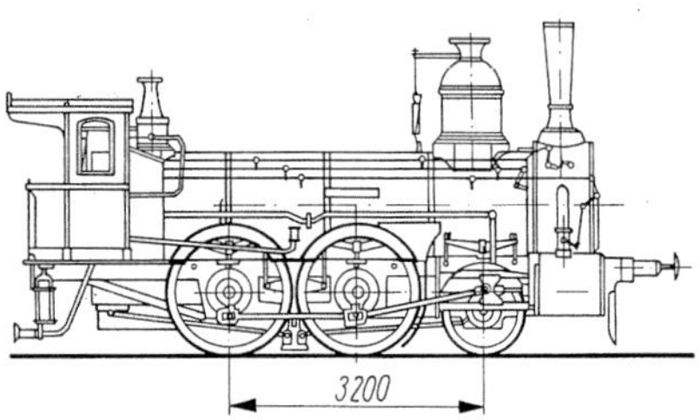

Gattung H III, Baujahre 1864/65, Ursprungszustand.

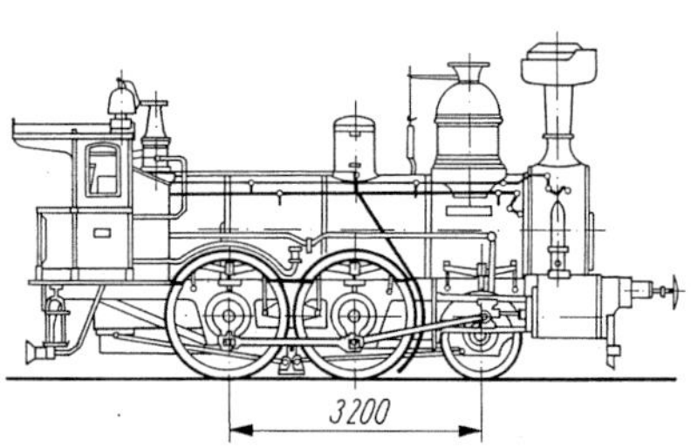

Gattung H III, Baujahre 1864/65, späteres Aussehen.

Gattung H II, Lokomotive Nr. 644 im Bahnhof Falkenstein.
Museum Falkenstein, Repro Meyer

Lokomotive ATLAS. (Hartmann Fabr.-Nr. 287)
Werkfoto, Repro Meyer

7 Lokomotiven für die Östliche Staatsbahn, ab 1869 Sächsische Staatsbahn, Gattung H III (ab 1885 Gattung H II, ab 1896 Gattung II)[1])

Fabriknummer	Baujahr	Bahnnummer	Name bis 1891	Bahnnummer ab 1892	Bahnnummer ab 1900	Bemerkungen	Ausmusterung
224	1865	264	ODIN	656	2656		1905
225	1865	265	THOR	657	2657	[2])	1904
226	1865	266	BALDUR	658	–	[3])	1899
227	1865	267	FREIA	659	2659	[4])	1903
228	1865	268	IDUNA	660	2660	[4])	1904
287	1866	269	ATLAS	662	2662		1914
286	1866	270	VULCAN	663	2663		1914

[1]) Technische Daten siehe 2.1.7.6.2
[2]) mit Gegendampfbremse
[3]) 1896 Dampfläutewerk und Haspel zur Heberleinbremse
[4]) 1884/91 Dampfheizung

1 Lokomotive für die Löbau-Zittauer Bahn,
ab 1871 Sächsische Staatsbahn, Gattung H III (ab 1885 Gattung H II)[1])

Fabrik-nummer	Bau-jahr	Bahn-nummer	Name bis 1891	Bahn-nummer ab 1871	Bahn-nummer ab 1892	Bemer-kungen	Aus-musterung
258	1865	4	MANDAU	339	661	[2]) [3])	1893/94

[1]) Technische Daten siehe 2.1.7.6.2
[2]) 1875 Umbau der Steuerung von Schraube auf Händel
[3]) ab 1884 Dampfheizung

2.1.7.7
20 *Lokomotiven, geliefert von Esslingen*
für die Leipzig-Dresdner Eisenbahn,
ab 1876 Sächsische Staatsbahn, Gattung K III (ab 1885 Gattung K II,
ab 1896 Gattung II)[1])

Fabrik-nummer	Bau-jahr	Bahn-nummer	Name	Bahn-nummer ab 1876	Name	Bahn-nummer ab 1892	Bahn-nummer ab 1900	Bemer-kungen	Aus-musterung
759	1866	–	BORSDORF	584	=	676	–		1897
761	1866	–	LEISNIG	585	=	677	2677		1903
762	1866	–	COLDITZ	586	DEUTSCHENBORA	678	–		1897
764	1866	–	ROSSWEIN	587	GROSSBOTHEN	679	–		1897
763	1866	–	NOSSEN	588	LICHTENBERG	680	–		1893
760	1866	–	GRIMMA	589	=	681	–		1899
766	1866	–	DÖBELN	590	TANNDORF	682	2682		1906
767	1866	–	FREIBERG	591	SAYDA	683	2683		1913
768	1866	–	ROCHLITZ	592	GROSSENHAIN	684	2684		1913
765	1866	–	ZELLA	593	=	685	–		1893
833	1867	–	PEST	594	=	686	2686		1906
832	1867	–	ZSCHOPAU	595	PRIESTEWITZ	687	2687		1910
834	1867	–	COSWIG	596	=	688	–		1897
835	1867	–	BRÜNN	597	MANNHEIM	689	2689		1910
891	1868	–	TEPLITZ	598	DORTMUND	690	–		1893
892	1868	–	CASSEL	599	MINDEN	691	–		1896
893	1868	–	COBLENZ	600	GOTHA	692	2692		1905
894	1868	–	AACHEN	601	=	693	2693	[2])	1906
895	1868	–	GIESSEN	602	=	694	2694		1911
896	1868	–	ZITTAU	603	ORTRAND	695	2695		1903

[1]) alle Lokomotiven mit Kirchweger-Kondensation und ab 1881 mit Dampfheizung
[2]) ab 1886 ohne Kirchweger-Kondensation

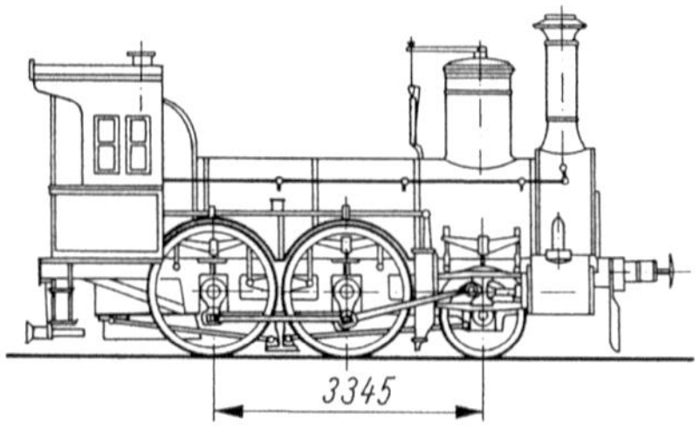

Lokomotiven BORSDORF bis ZITTAU, Ursprungszustand.

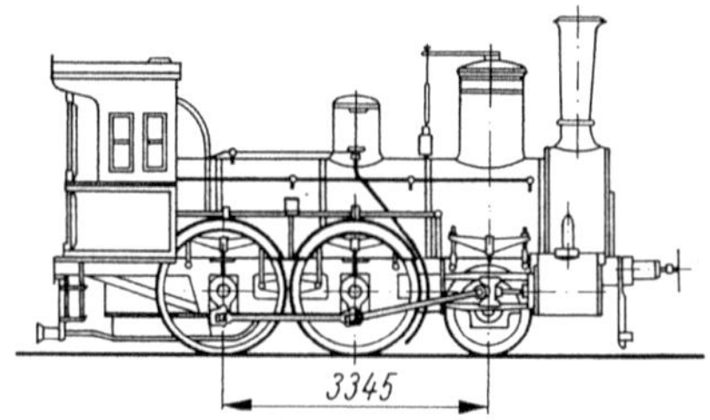

Lokomotiven BORSDORF bis ZITTAU, späteres Aussehen.

Gattung II, Fabr.-Nr. 767.
Foto: Contius, Repro Meyer

Esslingen Fabr.-Nr. 768 (später Lokomotive ROCHLITZ der Leipzig-Dresdner Eisenbahn).
Werkfoto, Repro Bildstelle Rbd Dresden

2.1.7.8
10 *Lokomotiven, geliefert von Hartmann* für die Östliche Staatsbahn, ab 1869 Sächsische Staatsbahn, Gattung H III (ab 1885 Gattung H II, ab 1896 Gattung II)[1])

Fabrik-nummer	Bau-jahr	Bahn-nummer	Name bis 1891	Bahn-nummer		Bemer-kungen	Ausmu-sterung
				ab 1892	ab 1900		
319	1867	271	TITAN	664	2664		1903
320	1867	272	CYCLOP	665	2665		1910
321	1867	273	AMAZONE	666	2666		1905
322	1867	274	HERKULES/ CARL D. GROSSE	667	2667	[2])	1909
323	1867	275	CENTAUR	668	2668	[3])	1910
324	1867	276	GIGANT	669	2669	[3])	1906
325	1867	277	TRITON	670	2670	[3])	1906
326	1867	278	BOREAS	671	2671	[3])	1914
327	1868	279	ARGO	672	2672	[3])	1906
328	1868	280	JASON	673	–	[3])	1897

[1]) Technische Daten siehe 2.1.7.6.2
1875 Umbau der Steuerung von Schraube auf Händel mit zusätzlicher Schraube, 1894 nur noch Händel
[2]) Name CARL DER GROSSE ab 1869
[3]) ab 1882 Dampfheizung

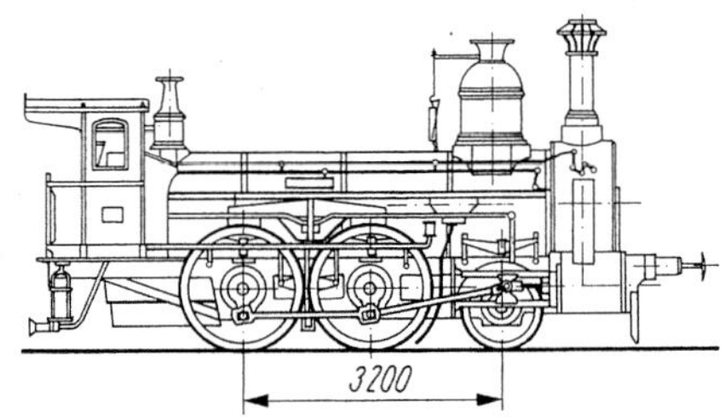

Lokomotiven TITAN bis JASON, Ursprungszustand.

Lokomotive HERKULES (Hartmann Fabr.-Nr. 322)
Sammlung Contius, Repro Meyer

Lokomotive TRITON (Hartmann Fabr.-Nr. 325)
Werkfoto, Repro Meyer

2.1.7.9
2 *Lokomotiven, geliefert von Hartmann*
für die Löbau-Zittauer Bahn,
ab 1871 Sächsische Staatsbahn, Gattung H III
(ab 1885 Gattung H II, ab 1896 Gattung II)[1])

Fabriknummer	Baujahr	Bahnnummer	Name	Bahnnummer ab 1871	ab 1892	ab 1900	Bemerkungen	Ausmusterung
329	1868	5	HOCHWALD	340	674	2674	[2]) [3])	1913
330	1868	6	LAUSCHE	341	675		[2]) [3])	

[1]) Technische Daten siehe 2.1.7.6.2. Keine Bremse
[2]) 1875 Steuerungsumbau von Schraube auf Händel mit Schraube, ab 1891 nur noch Händel
[3]) ab 1884 Dampfheizung

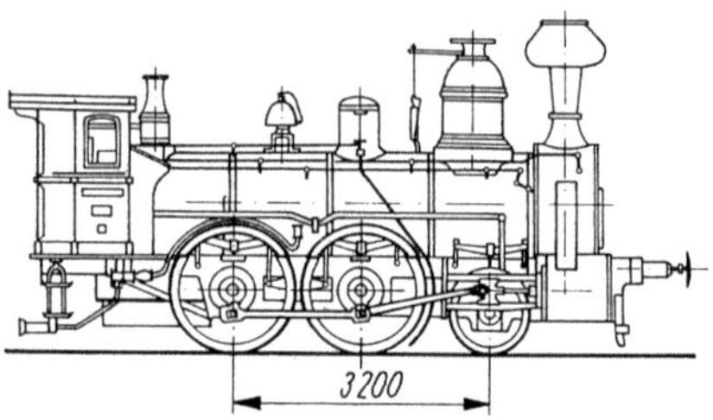

Lokomotiven HOCHWALD und LAUSCHE, späteres Aussehen.

Gattung II, Lokomotive Nr. 2674.
Foto Brauneis, Repro Meyer

2.1.7.10
5 *Lokomotiven, geliefert von Borsig*
für die Altenburg-Zeitzer Bahn,
ab 1896 Sächsische Staatsbahn,
Gattung B III (ab 1885 Gattung B II, ab 1896 Gattung II)

Fabrik-nummer	Bau-jahr	Bahn-nummer	Name	Bahn-nummer ab 1896	Bahn-nummer ab 1900	Bemer-kungen	Ausmu-sterung
2767	1872	1	ZEITZ	745	2745	1)	1911
2768	1872	2	MEUSELWITZ	746	2746	1)	1914
2769	1872	3	WILHELM I.	747	2747	1)	1922
2770	1872	4	HERZOG ERNST	748	2748	1)	1922
3395	1875	5	ROSITZ	749	2749	1)	1922

1) Ohne Bremse, ab 1883 Dampfläutewerk

Gattung II, Lokomotive Nr. 749.
Foto Contius, Repro Meyer

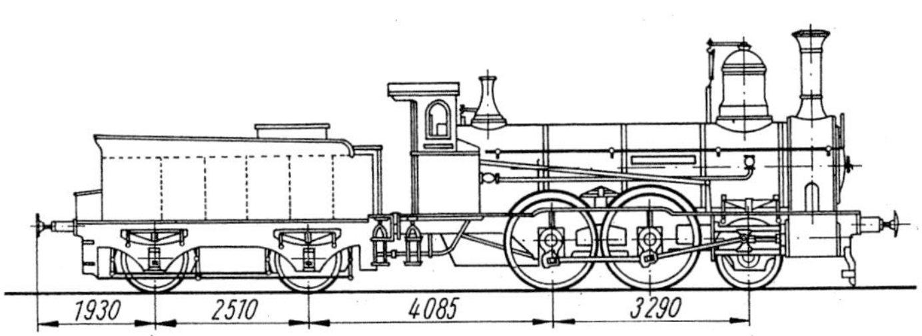

Lokomotiven ZEITZ bis ROSITZ, Ursprungszustand.

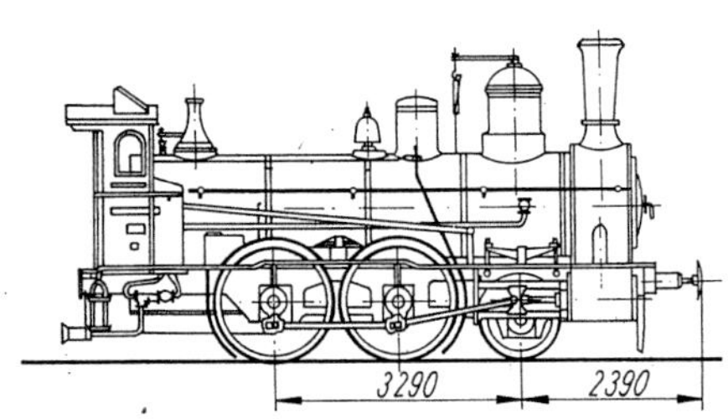

Lokomotiven ZEITZ bis ROSITZ, späteres Aussehen.

2.1.7.11
8 *Lokomotiven, geliefert von Schichau*
für die Sächsisch-Thüringische Bahn,
ab 1876 Sächsische Staatsbahn,
Gattung Schi III
(1885 Gattung Schi II, 1896 Gattung II)

Fabrik-nummer	Bau-jahr	Bahn-nummer	Name	Bahn-nummer ab 1876	Name	Bahn-nummer ab 1892	ab 1900	Betriebs-nummer ab 1925	Bemer-kungen	Aus-musterung
111	1874	–	OSTERLAND	663	HEIDELBERG	705	2705	–		1914
112	1874	–	VOIGTLAND	664	CASSEL	706	2706	–	[1])	1922
113	1874	–	DRESDEN	665	FALKENAU	707	2707	–		1922
114	1874	–	WEIMAR	666	FRANKEN-STEIN	708	2708	–		1924
115	1874	–	GREIZ	667	WOLFS-GEFÄHRT	709	2709	–		1924
116	1874	–	PLAUEN	668	WEISCHLITZ	710	2710	98 7311		
117	1874	–	BERGA	669	=	711	2711	98 7312		1925
118	1874	–	ELSTERBERG	670	=	712	2712	–		1922

[1]) 1877 Umbau der Federung, Ersatz der Gemeinschaftsfeder für beide Kuppelachsen durch zwei untenliegende Federn mit Ausgleichhebel. 1878 alle Lokomotiven umgebaut.

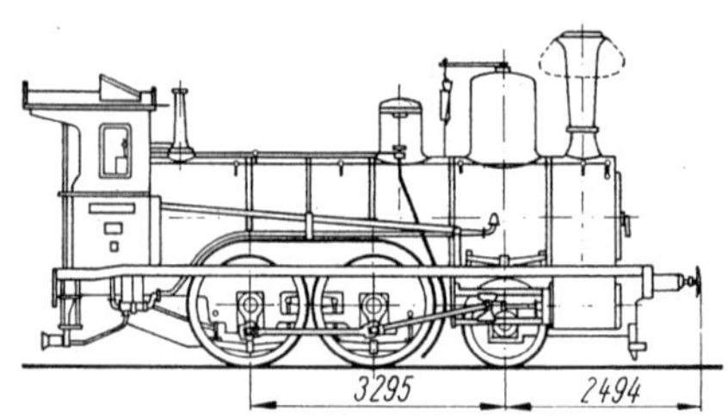

Lokomotiven OSTERLAND bis ELSTERBERG.

Gattung II, Lokomotive Nr. 2710 in Dresden-Friedrichstadt.
Foto Contius, Repro Meyer

2.1.7.12
9 *Lokomotiven, geliefert von Esslingen*
für die Leipzig-Dresdner Eisenbahn,
ab 1876 Sächsische Staatsbahn,
Gattung K III (ab 1885 Gattung K II,
ab 1896 Gattung II)

Fabriknummer	Baujahr	Bahnnummer	Name	Bahnnummer	Name	Bahnnummer		Bemerkungen	Ausmusterung
				ab 1876		ab 1892	ab 1900		
1336	1874	–	MOLDAU	604	=	696	2692	1) 3)	1923
1337	1874	–	EGER	605	RUHLAND	697	2697	1) 3)	1911
1338	1874	–	KOHLFURT	606	=	698	2698	1) 3)	1904
1339	1874	–	PILSEN	607	TRIEBISCH	699	2699	1) 3)	1921
1340	1874	–	FRAUENSTEIN	608	ESSLINGEN	700	2700	1) 3)	1911
1460	1875	–	WIEN	609	LOHMEN	701	2701	2) 4)	1922
1461	1875	–	CÖLN	610	GMUNDEN	702	2702	2) 4)	1909
1462	1875	–	BERLIN	611	GRATZ	703	2703	2) 4)	1909
1463	1875	–	MULDE	612	MILTITZ	704	2704	2) 5)	1921

1) Umsteuerung mit Schraube, gebogene Steuerstange
2) Umsteuerung mit Händel, gerade Steuerstange
3) ab 1881 Dampfheizung
4) ab 1883 Dampfheizung
5) ab 1884 Dampfheizung

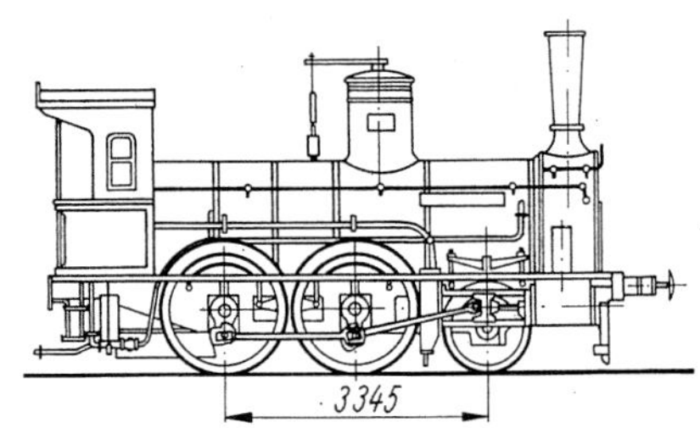

Lokomotiven MOLDAU bis MULDE, Ursprungszustand.

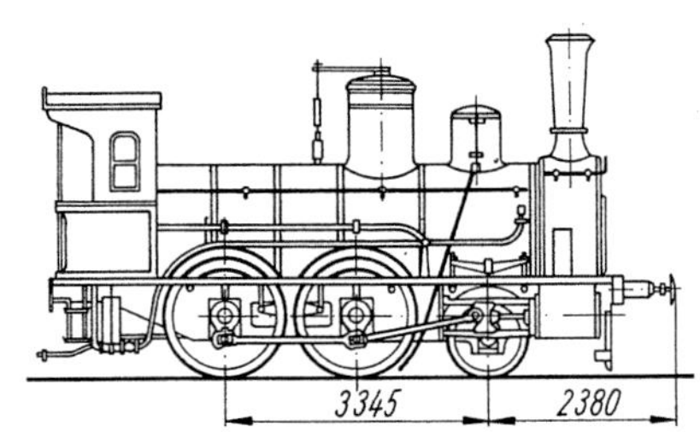

Lokomotiven MOLDAU bis MULDE, späteres Aussehen.

Lokomotive FRAUENSTEIN mit gewichtsbelastetem Kirchweger-Sicherheitsventil der Leipzig-Dresdner Eisenbahn.
Werkfoto, Repro Bildstelle Rbd Dresden

IIb

Bauart: 1′Bn2

Erstes Baujahr: 1858
Ausmusterung: bis 1911

Technische Daten: Seite 203

Konstruktive Merkmale

Kessel: Lokomotiven der ersten Lieferung mit glatt durchgehendem Kesselscheitel wie Gattung II, Rauchkammer nicht abgesetzt. Später leicht überhöhte Stehkesseldecke und erweiterte Rauchkammer mit Winkelring. Feuerbüchse zwischen den Rahmenwangen und verhältnismäßig kurz (geringe Strahlungsheizfläche), um überhängende Massen gering zu halten. Großer Dom mit Sicherheitsventil in Kesselmitte, bei Lokomotiven der Lieferung von 1872 ganz vorn. Zweites Sicherheitsventil auf dem Hinterkessel, ab 1872 Bauart Ramsbottom. Schornstein zylindrisch mit verstellbarem Blasrohr, später kegeliger Prüsmann-Schornstein, teilweise mit Kobel. Heizfläche mit 78...89 m² relativ gering. Kesselspeisung bei den ersten vier Lokomotiven durch zwei Pumpen, danach durch zwei Injektoren.
Rahmen: Innerer Gabelrahmen, bei Lokomotiven der Lieferung von 1872 Vollblechrahmen.
Triebwerk: Außenliegende, waagerechte Zylinder zwischen Laufachse und erster Kuppelachse mit Antrieb der 2. Kuppelachse (sog. Scherentriebwerk). Lange äußere Einström- und Ausströmrohre.
Steuerung: Erstmalig außenliegende Steuerung mit auf den Gegenkurbeln angeordneten Exzentern. Dadurch Treibachse sehr nahe am Stehkessel und hinterer Überhang verkleinert. Schieberspiegel geneigt über dem Zylinder. Stephenson-Steuerung, ab 1872 Allan-Steuerung. Umsteuerung bei den Nr. 54 bis 57 und bei Nr. 109 mit Händel, bei den Nr. 110 bis 117, Nr. 175 und Nr. 176 mit Händel und zusätzlicher Steuerschraube (später umgebaut auf Händel), bei den Nr. 342 bis 347 mit Schraube.
Laufwerk: Alle Maschinen mit seitenbeweglicher Laufachse (Deichsel mit 1,4 m Radius) geliefert. Fester Achsabstand nur 1,55 m. Bis 1885 alle Lokomotiven auf Novotny-Lenkgestell umgebaut, dadurch bei 3,58 m geführter Länge bessere Bogenläufigkeit (bis zu Krümmungsradius von 170 m) und Laufruhe. Kuppelachsfedern mit Längsausgleichhebeln, Laufgestell mit Querausgleich, also Dreipunktabstützung. Lokomotive Nr. 112 WILDECK 1882 in 1′B1′-Tenderlokomotive umgebaut (hinten Novotny-Laufachse mit 2 Querfedern, vorn jedoch Bissel-Gestell mit 1,4 m Deichsellänge).
Bremse: Lokomotiven der ersten Lieferung ohne Bremse. Ab 1864 Lieferung der Lokomotiven oder nachträgliche Ausrüstung mit Dampfschlittenbremse, jedoch bei den meisten Lo-

Lieferfirma	Lieferjahr 1858	63	64	67	72	Stück
Hartmann	4	1	8	2	6	21

Liste der einzelnen Lokomotiven

2.1.8.1
5 Lokomotiven, geliefert von Hartmann
für die Westliche Staatsbahn,
ab 1869 Sächsische Staatsbahn, Gattung H IV (ab 1885 Gattung H IVb, ab 1896 Gattung IVb)

Fabriknummer	Baujahr	Bahnnummer	Name bis 1891	Bahnnummer ab 1892	Bemerkungen	Ausmusterung
100	1858	54	HUNDERT	778	[1]) [5])	1898
101	1858	55	WIESENBURG	779	[2]) [5])	1894/95
102	1858	56	HARTENSTEIN	780	[3]) [5])	1894
103	1858	57	AUE	–	[2]) [5])	1891
179	1862	109	LONDON	781	[2]) [4]) [5])	nach 1896

[1]) 1880 Umbau von Deichsel- auf Novotny-Gestell
[2]) 1885 Umbau von Deichsel- auf Novotny-Gestell
[3]) 1874 Umbau von Deichsel- auf Novotny-Gestell
[4]) 1895 Dampfläutewerk und Heberleinbremse
[5]) 1884/91 Dampfheizung

komotiven bis 1889 wieder ausgebaut. Letzte Serie (1872) mit Dampfklotzbremse und ab 1874 zusätzlich mit Einrichtung zum Fahren mit Gegendampf. Einzelne Lokomotiven ab 1894 mit Heberleinbremse.

Sondereinrichtungen: Führerhäuser ab 1864. Sandkästen zuerst auf dem vorderen Radkasten, später auf dem Kessel. Bei Lokomotiven Nr. 342 und dazugehörigem Tender Nr. 207 selbsttätige, kurvengängige Zahnkupplung nach Tilp zwischen Lokomotive und Tender. Dampfheizeinrichtung ab 1884, jedoch später wieder ausgebaut. Erste Dampfläutewerke ab 1882 angebaut, z. T. auch wieder entfernt.

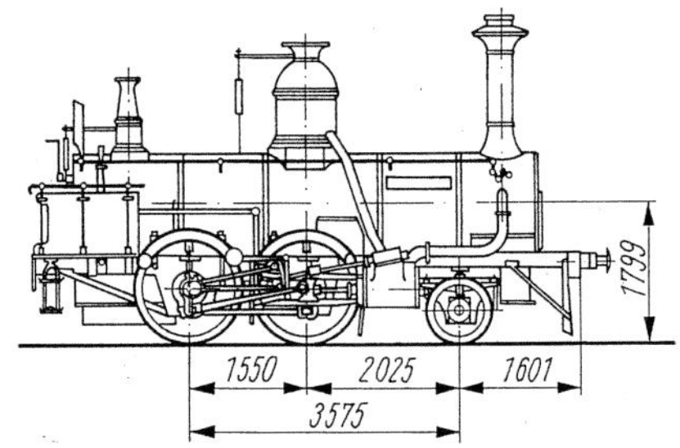

Lokomotiven HUNDERT bis LONDON, Ursprungszustand.

Gattung H IV, Lokomotive HUNDERT.
Grafik Hartmann, Repro Meyer

2.1.8.2
10 *Lokomotiven, geliefert von Hartmann*
für die Westliche Staatsbahn
ab 1869 Sächsische Staatsbahn,
Gattung H IV (ab 1885 Gattung H IVb,
ab 1896 Gattung IVb, ab 1900 Gattung IIb)

Fabriknummer	Baujahr	Bahnnummer	Name bis 1891	Bahnnummer ab 1892	Bahnnummer ab 1900	Bemerkungen	Ausmusterung
215	1864	110	ANNABERG	782	–	1) 5) 8) 9) 12)	1900
216	1864	111	BUCHHOLZ	783	–	1) 5) 7) 8) 9) 12)	1897
217	1864	112	WILDECK	1700	–	1) 3)	
218	1864	113	AUGUSTUSBURG	784	2784	2) 5) 8) 9)	1903
229	1864	114	SCHARFENSTEIN	785	2785	1) 4) 5) 8) 9)	1902
230	1864	115	WALDKIRCHEN	786	–	1) 4) 5) 8) 9)	1896
231	1864	116	WOLKENSTEIN	787	2787	1) 4) 6) 8) 9)	1904
232	1864	117	FLÖHA	788	2788	1) 4) 5) 8) 9) 11)	1902
311	1867	175	WIESA	789	2789	1) 5) 8) 10) 11) 13)	1904
312	1867	176	CAINSDORF	790	2790	1) 6) 8) 10) 11) 13)	1904

1) 1874 Umbau der Laufachse in Novotny-Gestell (Nr. 175 und Nr. 176 1878–1880 wieder mit Deichsel)
2) 1878 Umbau der Laufachse in Novotny-Gestell
3) 1882 Umbau in Tenderlokomotive Gattung H IVbbT (später VIIIbbT)
4) ab 1870 Dampfschlittenbremse
5) Dampfschlittenbremse bis 1888
6) Dampfschlittenbremse bis 1891
7) 1884/86 Dampfheizung
8) ab 1882 Dampfläutewerk (nach 1886 nur noch bei Nr. 110, Nr. 113, Nr. 114, Nr. 117, Nr. 175 und Nr. 176)
9) 1873 Steuerungsumbau auf Umsteuerung durch Händel
10) 1878 Steuerungsumbau auf Händel
11) ab 1894 Heberleinbremse
12) ab 1895 Heberleinbremse
13) Kanalschieber mit doppelter Einströmung

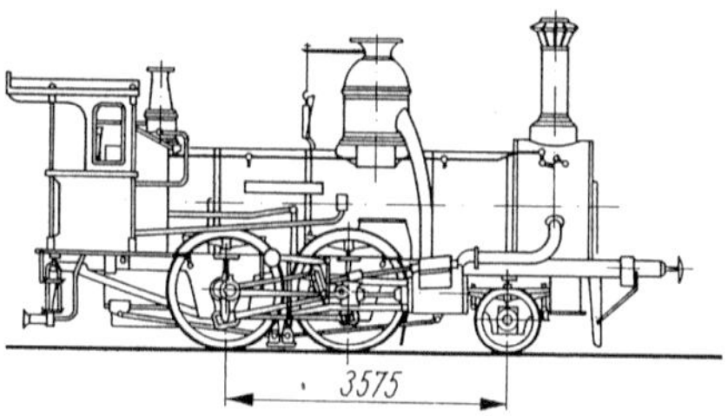

Lokomotiven ANNABERG bis CAINS-DORF, späteres Aussehen.

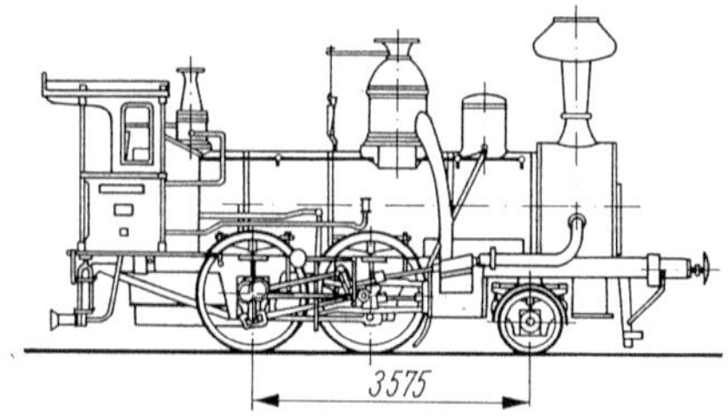

Lokomotiven ANNABERG bis CAINS-DORF, Ursprungszustand.

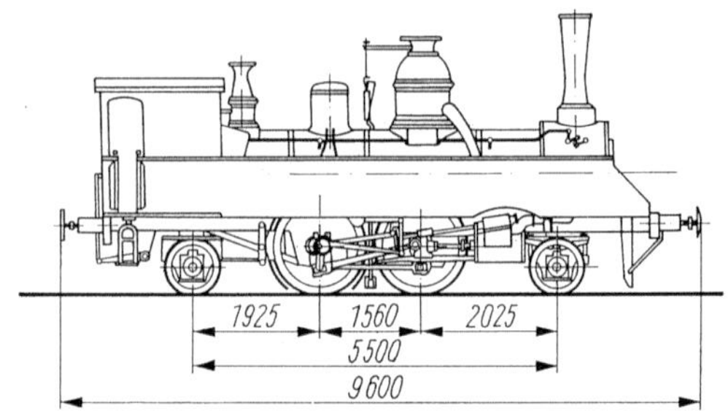

Lokomotive Nr. 112 WILDECK nach Umbau in 1′B1′-Tenderlokomotive.

Gattung H IVb, Lokomotive Nr. 787 in Dresden-Friedrichstadt.
Foto Contius, Repro Meyer

2.1.8.3
6 *Lokomotiven, geliefert von Hartmann* für die Sächsische Staatsbahn, Gattung H IV (ab 1885 Gattung H IVb, ab 1896 Gattung IVb, ab 1900 Gattung IIb)

Fabrik-nummer	Bau-jahr	Bahn-nummer	Name bis 1891	Bahn-nummer ab 1892	Bahn-nummer ab 1900	Bemer-kungen	Aus-musterung
580	1872	342	HILBERSDORF	791	2791	1) 3) 7)	1911
581	1872	343	KOMOTAU	792	2792	2) 4) 7)	
582	1872	344	SCHLETTAU	793	2793	2) 5) 7)	
583	1872	345	WILKAU	794	2794	2) 5) 7)	
584	1872	346	SAATZ	795	2795	2) 5) 7)	
585	1872	347	WEIPERT	796	2796	2) 6) 7)	1911

1) Versuchsweise kurvenabhängige Tenderkupplung nach Tilp
2) 1884/85 Dampfheizung
3) ab 1890 Dampfläutewerk
4) ab 1889 Dampfläutewerk
5) ab 1885 Dampfläutewerk
6) ab 1888 Dampfläutewerk
7) 1874 Umbau des Deichselgestells in Novotny-Gestell, Ausrüstung mit Gegendampfbremse

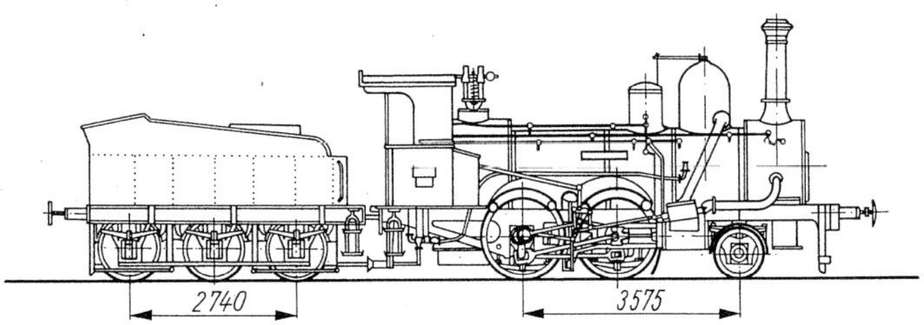

Lokomotiven HILBERSDORF bis WEIPERT, Ursprungszustand.

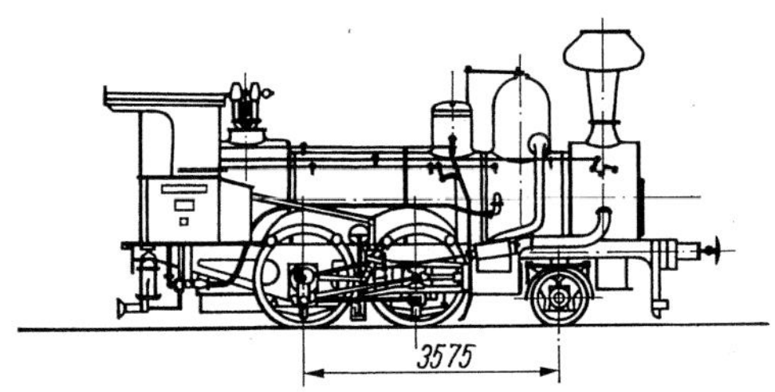

Lokomotiven HILBERSDORF bis WEIPERT, späteres Aussehen.

Lokomotive Nr. 347 WEIPERT.
Werkfoto, Repro Meyer

VI

Bauart: 1Bn2

Erstes Baujahr: 1860
Ausmusterung: bis 1925

Technische Daten:
Seiten 204 und 205

Konstruktive Merkmale

Kessel: Stehkessel zwischen den Kuppelachsen durchhängend. Lokomotiven der Lieferung von Hartmann und Borsig bis 1870 letztmalig mit Vierseitkuppel. Ab 1884 (Schwartzkopff und Henschel) Crampton-Kessel mit halbrunder Stehkesseldecke und Dampfdom auf dem hinteren Teil des Langkessels. Relativ hohe Lage der Kesselmitte über Schienenoberkante (1,9 m). Sicherheitsventile auf dem Stehkessel, ab 1870 Bauart Ramsbottom. Lokomotiven von Henschel und Schwartzkopff mit einem dritten Sicherheitsventil auf dem Dampfdom. Langkessel mit 3,0 bis 3,4 m Heizrohrlänge relativ kurz. Heizfläche 84...90 m^2. Kesseldruck 7 bis 10 bar. Kesselspeisung durch zwei Injektoren (Nr. 100 mit einer Pumpe und einem Injektor). Schornstein zylindrisch mit verstellbarem Blasrohr (teilweise mit durchbrochener, gußeiserner Krone), ab 1875 kegelige Ausführung (Lieferung Henschel) bzw. späterer Umbau.
Rahmen: Gabelrahmen mit Untergurten, spätere Lieferungen mit Vollblechrahmen.
Triebwerk: Waagerechte Außenzylinder vor der Laufachse, Antrieb der 1. Kuppelachse. Treibstange (mit rechteckigem Querschnitt) hinter der Kuppelstange angeordnet. Treibraddurchmesser von 1675...1830 mm weist die Gattung VI als Schnellzuglokomotive aus.
Steuerung: Innenliegende Stephenson-Steuerung mit Händel (Nr. 22, Nr. 145 und Nr. 146 von 1873 bis 1875 mit zusätzlicher Steuerschraube), Hartmann-Lokomotiven des Baujahres 1870 und Schwartzkopff-Lokomotiven des Baujahres 1874 Allan-Steuerung mit Schraube.
Laufwerk: Starre Laufachsen. Bei Lokomotiven Nr. 205 und Nr. 209 erstmals bei schnellfahrenden Lokomotiven das einachsige Novotny-Laufgestell. Achsabstand etwa 4,1...4,4 m. Verschiedene Federanordnungen: bis 1867 Lauf- und 1. Kuppelachse mit obenliegenden Federn, Querfeder hinter der 2. Kuppelachse mit Federn der 1. Kuppelachse durch mehrere Ausgleichhebel verbunden (Dreipunktabstützung).
Hartmann-Lokomotiven von 1870 mit erstmals untenliegenden Kuppelachsfedern und Ausgleichhebel (Vierpunktabstützung). Ab Baujahr 1874 Dreipunktabstützung: obenliegende Laufachsfeder mit untenliegender vorderer Kuppelachsfeder durch Ausgleichhebel verbunden. Hinterachse Längsfedern mit Querausgleich (Henschel) bzw. Querfeder (Schwartzkopff).
Bremse: Alle Lokomotiven urspünglich ohne Bremse. Nur Hartmann-Lokomotiven von 1870 mit Einrichtung zum Fahren mit Gegendampf. Ab 1888 alle Lokomotiven mit durchgehender Druckluftbremse der Bauarten Schleifer, Carpenter oder Westinghouse ausgerüstet (Lokomotiven erhielten dabei nur Luftpumpe und Führerbremsventil). Treibradbremse nur bei Lokomotiven von Schwartzkopff und Henschel.
Sondereinrichtungen: Ab 1876 Ausrüstung zur Dampfheizung der Züge.

Lieferfirma	Lieferjahr									Stück
	1860	62	65	66	67	70	74	75	76	
Hartmann	5	2		6	11	8				32
Borsig			9							9
Schwartzkopff							14			14
Henschel								6	6	12
	5	2	9	6	11	8	14	6	6	67

Liste der einzelnen Lokomotiven

2.1.9.1

7 Lokomotiven, geliefert von Hartmann
für die Westliche Staatsbahn,
ab 1869 Sächsische Staatsbahn, Gattung H VI (ab 1896 Gattung VI)

Fabriknummer	Baujahr	Bahnnummer	Name	Bahnnummer ab 1892	Bemerkungen	Ausmusterung
150	1860	96	DRESDEN	–	1) 3)	1890
151	1862	97	MÜNCHEN	–	1)	1890
152	1862	98	BERLIN	26	1) 2)	1895
153	1862	99	WIEN	–	1)	1891
154	1862	100	PRAG	–	1)	1891
174	1862	101	MAINZ	27	1)	1893
175	1862	102	DARMSTADT	28	1) 2)	1900

1) ab 1876 Dampfheizung
2) ab 1894 Druckluftbremse Bauart Westinghouse
3) geliefert mit Treibraddurchmesser von 1 550 mm, später umgebaut auf 1 830 mm

Gattung H VI, Lokomotive Nr. 102 DARMSTADT.
Werkfoto, Repro Meyer

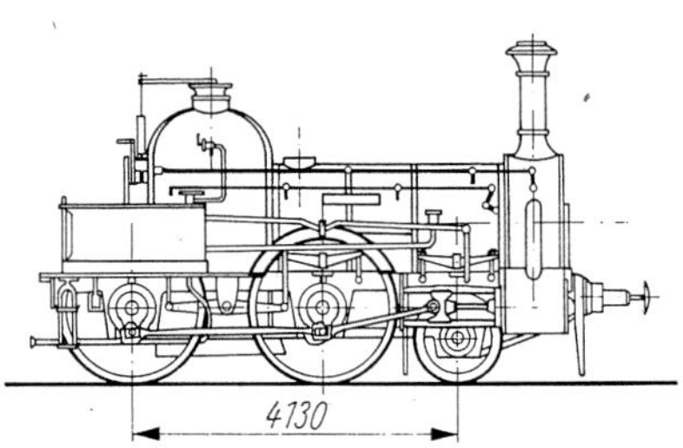

Lokomotiven DRESDEN bis DARMSTADT, Ursprungszustand.

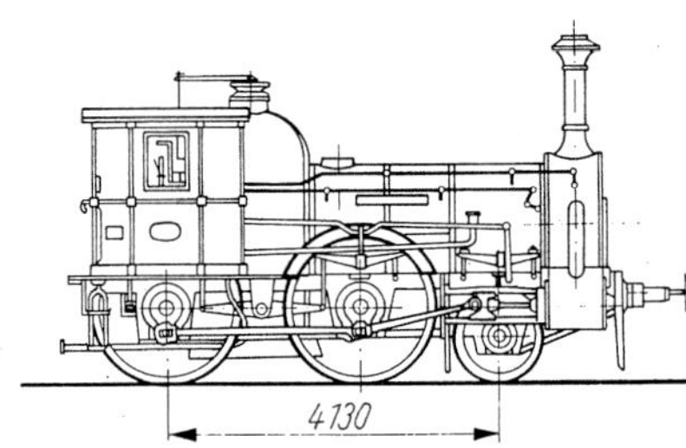

Lokomotiven DRESDEN bis DARMSTADT, späteres Aussehen.

2.1.9.2

9 Lokomotiven, geliefert von Borsig
für die Westliche Staatsbahn,
ab 1869 Sächsische Staatsbahn,
Gattung B VI (ab 1896 Gattung VI)

Fabriknummer	Baujahr	Bahnnummer	Name	Bahnnummer ab 1892	Bemerkungen	Ausmusterung
1733	1865	11	KEMPTEN	17	1) 4)	1902
1734	1865	12	STRAUBING	18	2) 4)	1894
1735	1865	15	DONAU	19	2) 4)	1904
1736	1865	22	ASCHAFFENBURG	22	2) 3) 4)	1895
1737	1865	145	TRIENT	20	2) 3) 4)	1904
1738	1865	146	BOTZEN	21	2) 3) 4)	1904
1739	1865	147	ZÜRICH	23	1) 4)	1895
1740	1865	148	CHUR	24	2) 4)	1902
1741	1865	149	MAILAND	25	1) 4)	1905

1) ab 1876 Dampfheizung
2) ab 1883 Dampfheizung
3) 1873/78 Steuerung mit Händel und Schraube
4) ab 1888 Druckluftbremse Bauart Schleifer

Gattung B VI, Lokomotive Nr. 21
Foto Contius, Repro Meyer

Lokomotiven KEMPTEN bis MAILAND mit Tender 3 T 7,5, späteres Aussehen.

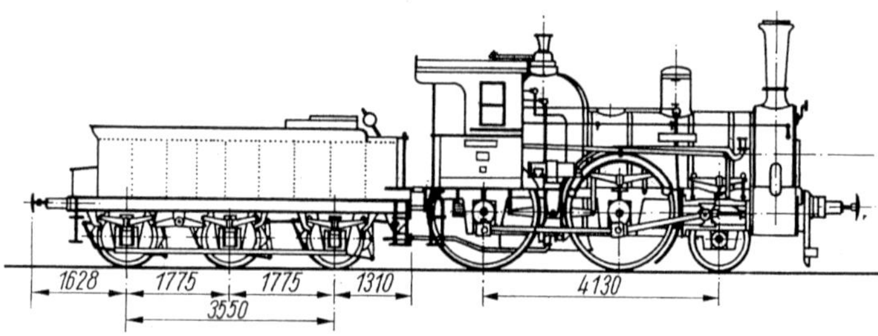

2.1.9.3
17 *Lokomotiven, geliefert von Hartmann* für die Westliche Staatsbahn, ab 1869 Sächsische Staatsbahn, Gattung H VI (ab 1896 Gattung VI)

Fabriknummer	Baujahr	Bahnnummer	Name	Bahnnummer ab 1892	Bemerkungen	Ausmusterung
294	1866	13	TRIER	29	[3]	1894
295	1866	14	CÖLN	30	[1] [3]	1905
296	1866	66	COBLENZ	31	[1] [3]	1904
297	1866	67	HANNOVER	32	[2] [3]	1905
298	1866	68	BRAUNSCHWEIG	33	[1] [3]	1901
299	1866	164	KUFSTEIN	34	[3] [4]	1896
300	1867	163	DREIHUNDERT	35	[5] [7]	1896
301	1867	165	RHEIN	36	[6] [7]	1895
302	1867	166	MAIN	37	[6] [7]	1893
303	1867	167	METZ	38	[6] [7]	1893
304	1867	168	NANCY	39	[6] [7]	1893
305	1867	169	STRASSBURG	40	[3] [6]	1900
306	1867	170	PARIS	41	[3] [5]	1901
307	1867	171	CARLSRUHE	42	[1] [3]	1905
308	1867	172	MÜHLHAUSEN	43	[3] [5]	1893
309	1867	173	WALDENBURG	44	[3] [5]	1900
310	1867	174	MYLAU	45	[3] [6]	1904

[1]) ab 1894 Druckluftbremse Bauart Westinghouse
[2]) ab 1891 Druckluftbremse Bauart Schleifer
[3]) ab 1876 Dampfheizung
[4]) ab 1889 Druckluftbremse Bauart Schleifer
[5]) ab 1892 Druckluftbremse Bauart Westinghouse
[6]) ab 1888 Druckluftbremse Bauart Schleifer
[7]) ab 1878 Dampfheizung

Gattung H VI, Lokomotive Nr. 32.
Foto Contius, Repro Meyer

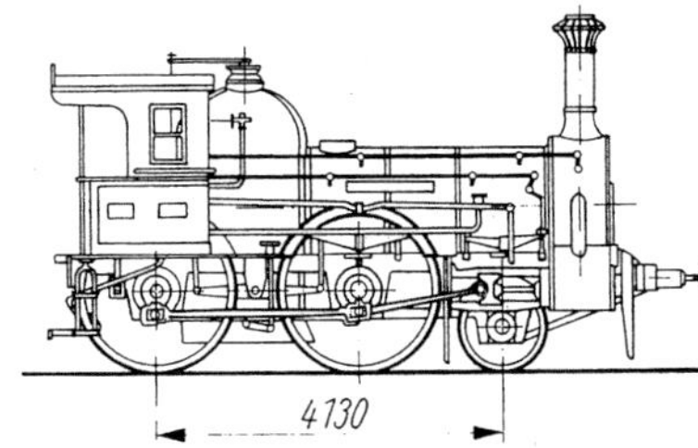

Lokomotiven TRIER bis MYLAU, Ursprungszustand.

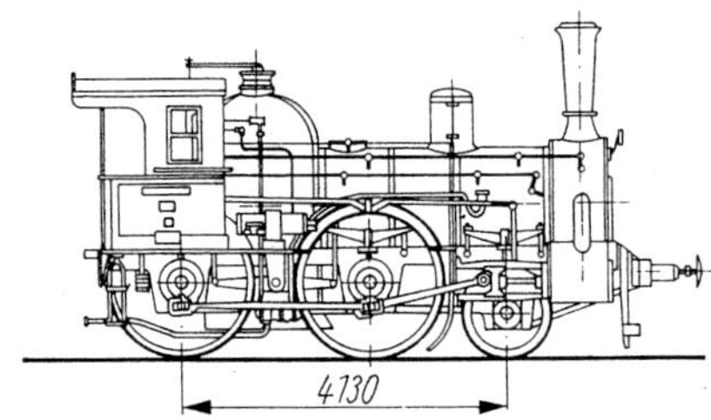

Lokomotiven TRIER bis MYLAU, späteres Aussehen.

2.1.9.4
8 Lokomotiven, geliefert von Hartmann für die Sächsische Staatsbahn, Gattung H VI (ab 1896 Gattung VI)

[1]) ab 1881 Dampfheizung
[2]) ab 1885 Druckluftbremse Bauart Carpenter
[3]) ab 1885 Druckluftbremse Bauart Schleifer
[4]) ab 1876 Dampfheizung
[5]) ab 1885 Novotny-Lenkachse, Gattung H VIb (ab 1896 Gattung VIb)
[6]) ab 1894 Druckluftbremse Bauart Westinghouse

Fabriknummer	Baujahr	Bahnnummer	Name	Bahnnummer ab 1892	Bemerkungen	Ausmusterung
458	1870	214	TEPLITZ	46	[1]) [2])	1904
459	1870	215	PIRNA	47	[1]) [2])	
460	1870	216	BERN	48	[1]) [2])	
461	1870	217	LUZERN	49	[1]) [3])	
456	1870	205	MÜNSTER	52	[4]) [5]) [6])	
463	1870	230	HOCHKIRCH	51	[1]) [3])	
462	1870	222	AUSTRIA	50	[1]) [3])	1894
457	1870	209	RADEBERG	53	[4]) [5]) [6])	

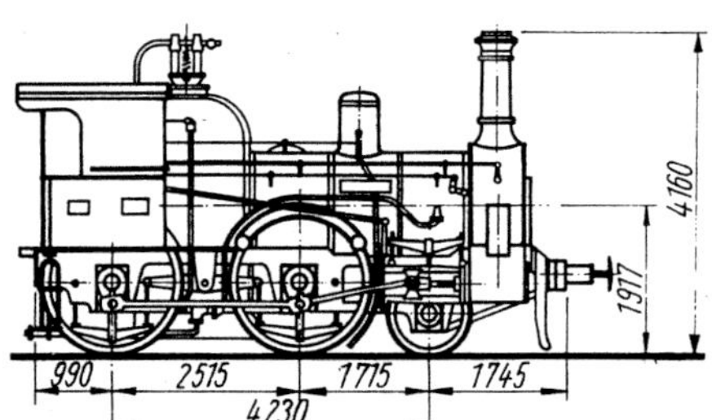

Gattung H VI, Baujahr 1870, Ursprungszustand.

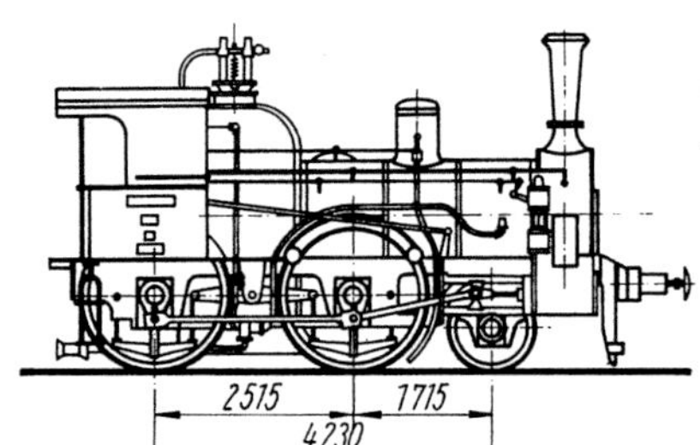

Gattung H VI, Baujahr 1870, späteres Aussehen.

Gattung VI, Lokomotive Nr. 46 TEPLITZ.
Foto Contius, Repro Meyer

Gattung H VI, Lokomotive Nr. 209 RADEBERG.
Sammlung Contius, Repro Meyer

2.1.9.5

14 *Lokomotiven, geliefert von Schwartzkopff*
für die Berlin-Dresdner Bahn,
ab 1887 Preußische Staatsbahn,
ab 1888 Sächsische Staatsbahn (Strecke Dresden–Elsterwerda),
Gattung Schw VI (ab 1896 Gattung VI)

Fabrik-nummer	Bau-jahr	Bahn-nummer	Name	Bahn-nummer		Name	Bahn-nummer		Bemer-kungen	Aus-musterung
				ab 1887	ab 1888		ab 1892	ab 1913		
624	1874	1	ELBE	283						
625	1874	2	MOLDAU	284						
626	1874	3	SPREE	285						
627	1874	4	ELSTER	286						
571	1874	5	PRINZ HANDJERY	287	767	COSSEBAUDE	54	153	[1])	1915
572	1874	6	ZSCHILLE	288						
573	1874	7	ABEL	289						
574	1874	8	GRAVENSTEIN	290						
575	1874	9	PLAUT	291	768	NAUNDORF	55	154	[1])	1915
576	1874	10	WREDE	292	769	CHEMNITZ	56	–	[1])	1912
577	1874	11	HEISE	293	770	BISCHOFSWERDA	57	155	[1])	1925
578	1874	12	GIREAU	294						
579	1874	13	KNESEBECK	295	771	LÖBAU	58	–	[1])	1911
580	1874	14	SCHULZ	296	772	ZITTAU/GÖRLITZ[2])	59	–	[1])	1910

[1]) ab 1888 Druckluftbremse Bauart Carpenter für den Zug und ab 1889 Dampfheizung
[2]) Name GÖRLITZ ab 1892

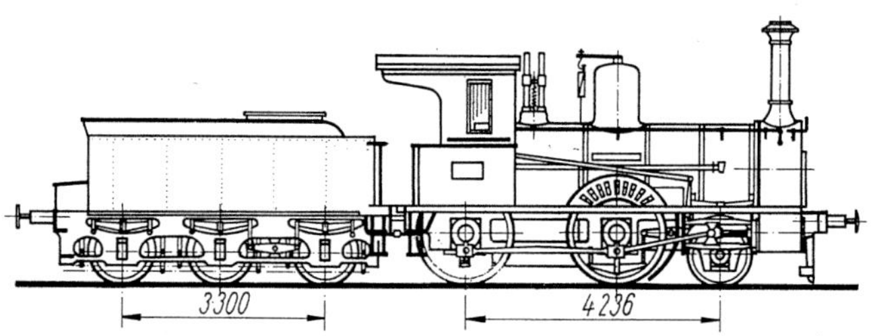

Gattung Schw VI, Baujahr 1874, mit Tender 3 T 9,3, Ursprungszustand.

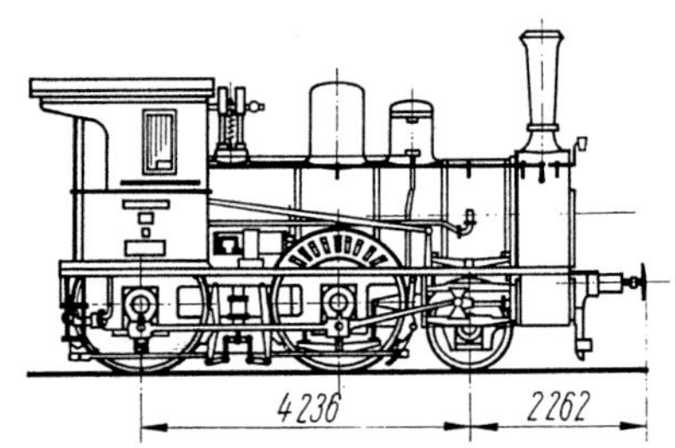

Gattung Schw VI, Baujahr 1874, späteres Aussehen.

Gattung VI, Lokomotive Nr. 58.
Foto Contius, Repro Meyer

Folgende Maschinen verblieben bei der Preußischen Staatsbahn:

Bahnnummer					Ausmusterung
Berlin-Dresdner Bahn	Preußische Staatsbahn KED Berlin 1887	KED Erfurt 1888	KED Halle 1895	1906	
1	283	424	–	–	
2	284	425	–	–	
3	285	426	–	–	
4	286	427	–	–	
6	288	428	120	1 501	1906
7	289	429	121	–	
8	290	430	122	–	
12	294	431	123	–	
15	297	432	124	–	
16	298	433	125	–	
17	299	434	126	–	
18	300	435	127	–	

2.1.9.6
12 *Lokomotiven, geliefert von Henschel*
für die Leipzig-Dresdner Eisenbahn,
ab 1876 Sächsische Staatsbahn, Gattung Hsch VI (auch Gattung HI VI,
ab 1896 Gattung VI)

Fabriknummer	Baujahr	Bahnnummer	Name	Bahnnummer ab 1876	Name	Bahnnummer ab 1892	ab 1916	Bemerkungen	Ausmusterung
819	1875	–	MEISSEN	572	LAUTER	60	156	[1])	1924
820	1875	–	WURZEN	573	=	61	–	[1])	1912
821	1875	–	OSCHATZ	574	=	62	–	[1])	1913
822	1875	–	CHEMNITZ	575	WILHELM EINERT	63	–	[1])	
823	1875	–	ELBE	576	FRANKENBERG	64	157	[1])	1924
824	1875	–	ZWICKAU	577	LISSABON	65	–	[1])	
865	1876	–	ROM	578	=	66	–	[1])	
866	1876	–	FLORENZ	579	=	67	158	[1])	1922
867	1876	–	NEAPEL	580	=	68	–	[1])	1911
868	1876	–	DÜSSELDORF	581	=	69	–	[1])	
869	1876	–	BRÜSSEL	582	=	70	159	[1])	1921
870	1876	–	WILHELM SEYFFERTH	583	=	71	160	[1])	1917

[1]) ab 1882 Dampfheizungseinrichtung, ab 1894 Druckluftbremse Bauart Westinghouse mit Treibradbremse

Gattung VI, Lokomotive Nr. 68.
Foto Contius, Repro Meyer

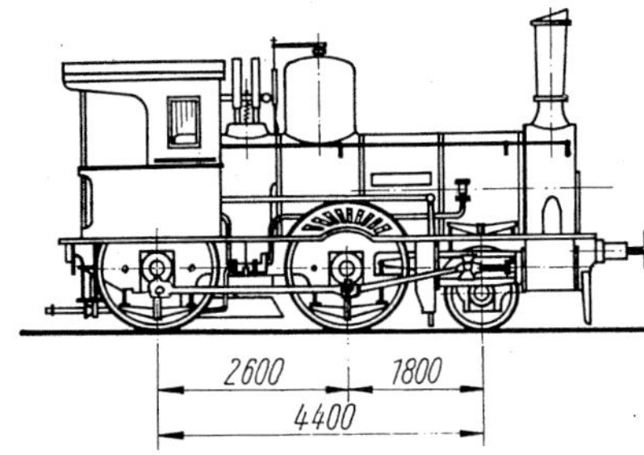

Lokomotiven MEISSEN bis WILHELM SEYFFERTH, Ursprungszustand.

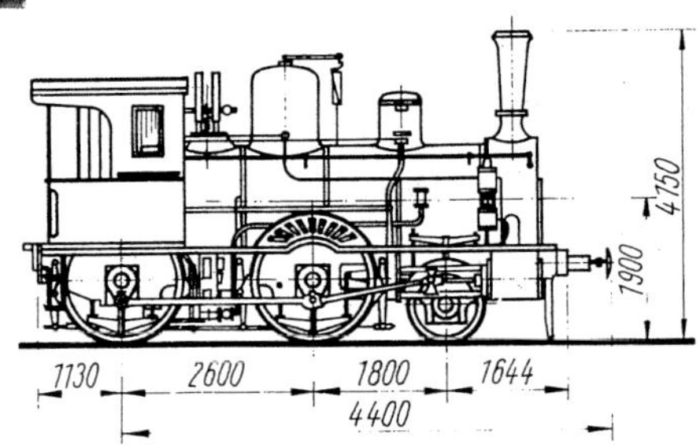

Lokomotiven MEISSEN bis WILHELM SEYFFERTH, späteres Aussehen.

VII

Bauart: Bn2

Erstes Baujahr: 1868
Ausmusterung: bis 1925

Technische Daten:
Seiten 205 und 206

DRG-Baureihe 98^{71}

Konstruktive Merkmale

Kessel: Crampton-Kessel bei Maschinen von Hartmann, bei Schwartzkopff-Lokomotiven erstmals Belpaire-Feuerbüchse mit gerader Decke und relativ großem und bei unterschiedlichem Wasserstand konstantem Dampfraum. Kein Dampfdom, sondern Mannloch auf dem Kessel und teilweise (ab Baujahr 1874) kleiner Regleraufsatz, von dem die Einströmrohre außen am Kessel zu den Zylindern führten. Gesamtheizfläche etwa 93 m², Heizrohrlänge etwa 3,8 m, Kesseldruck 8,4 ... 9 bar. Sicherheitsventile mit Federwaage Bauart Meggenhoven in besonderem Ventilaufsatz auf der Stehkesseldecke oder in Kesselmitte. Ab 1869 Ramsbottom-Ventil auf dem Stehkessel. Kesselspeisung durch zwei Injektoren Bauart Schau. Schornstein kegelig (nur Lieferung von 1869 ursprünglich zylindrisch), später mit verschiedenen Funkenfänger-Bauarten.

Rahmen: Innenliegender Blechrahmen.

Triebwerk: Waagerechte Außenzylinder, Antrieb der 2. Kuppelachse („Scherentriebwerk"). Treibstange vor der Kuppelstange liegend. Treibraddurchmesser 1 380 ... 1 675 mm, später verringert.

Steuerung: Außenliegende Stephenson-Steuerung mit Händel (nur Lieferung für die Östliche Staatsbahn mit Schraube), ab Schwartzkopff-Lieferung 1869 Allan-Steuerung mit Schraube (ab 1887 Umbau auf Händel), ab 1874 mit Händel. Antrieb der Steuerung durch Gegenkurbel mit zwei Exzentern.

Laufwerk: Vierpunktabstützung mit Einzelfedern ohne Längsausgleich. Federn bis 1869 oben, später unten angeordnet. Lokomotiven von Schwartzkopff ab 1879 mit Querausgleich der Treibachsfedern ausgerüstet (Dreipunktabstützung).

Bremse: Schwartzkopff-Lokomotiven mit Einrichtung zum Fahren mit Gegendampf. Hartmann-Lokomotiven zunächst ohne Bremse, später größtenteils nachträglich mit Gegendampfbremse ausgerüstet. Einzelne Maschinen ab 1892 mit Westinghouse-Druckluftbremse (nur für den Zug!).

Sondereinrichtungen: Sandstreueinrichtungen zunächst nur für Vorwärtsfahrt über den vorderen Radkästen, später auf dem Kessel und teilweise für Vor- und Rückwärtsfahrt. Ab 1884 Einrichtung zur Dampfheizung der Züge. Dampfläutewerke (nicht an allen Maschinen) ab 1881. Lokomotiven mit durchbrochenen Radkästen, aber ohne Umlauf.

Lieferfirma	Lieferjahr 1868	69	74	75	76	Stück
Hartmann	4	4	9	3	2	22
Schwartzkopff		10				10
	4	14	9	3	2	32

Liste der einzelnen Lokomotiven

2.1.10.1

2 Lokomotiven, geliefert von Hartmann
für die Westliche Staatsbahn,
ab 1869 Sächsische Staatsbahn,
Gattung H VII (ab 1896 Gattung VII)

Fabriknummer	Baujahr	Bahnnummer	Name	Name ab 1876	Bahnnummer ab 1892	Bemerkungen	Ausmusterung
343	1868	25	HEIDELBERG	EULER	723	[1])	nach 1898
344	1868	181	CASSEL	MARIOTTE	724	[1]) [2])	nach 1898

[1]) ab 1892 Dampfläutewerk
[2]) ab 1894 Dampfheizung

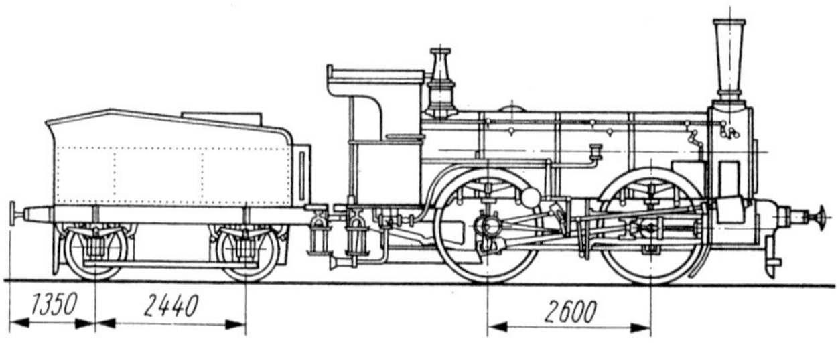

Gattung H VII, Lokomotiven Nr. 25 und Nr. 181 mit Tender 2 T 5,5, Ursprungszustand.

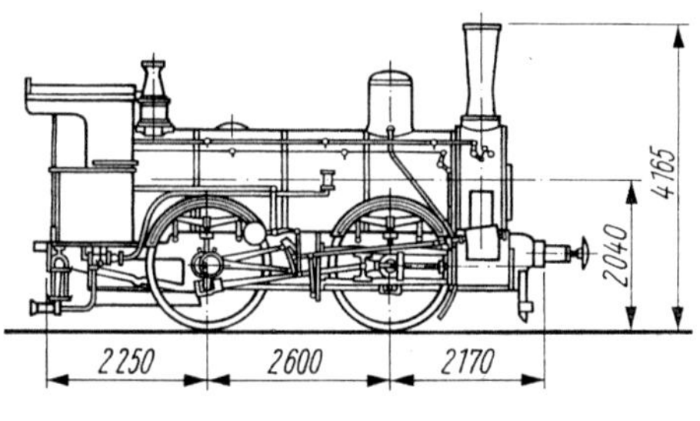

Gattung H VII, Lokomotiven Nr. 25 und Nr. 181, späteres Aussehen.

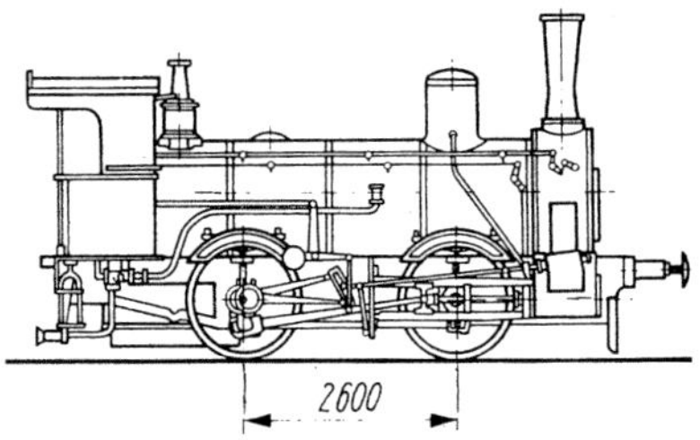

Aussehen nach Umbau auf Treibraddurchmesser von 1390 mm.

Gattung VII, Lokomotive Nr. 724 MARIOTTE bei einem Bahnbetriebsunfall am 19. 9. 1895 in Oederan.
Foto Seifert, Repro Meyer

2.1.10.2
2 Lokomotiven, geliefert von Hartmann
für die Östliche Staatsbahn,
ab 1869 Sächsische Staatsbahn,
Gattung H VII (ab 1896 Gattung VII)

Fabriknummer	Baujahr	Bahnnummer	Name	Bahnnummer ab 1892	Bahnnummer ab 1900	Bemerkungen	Ausmusterung
341	1868	281	ABRAHAM G. WERNER	725	2725	[1] [2]	1903
342	1868	282	HEINRICH COTTA	726	–	[1] [2]	

[1] ab 1873 Gegendampfbremse [2] ab 1884 Dampfheizung

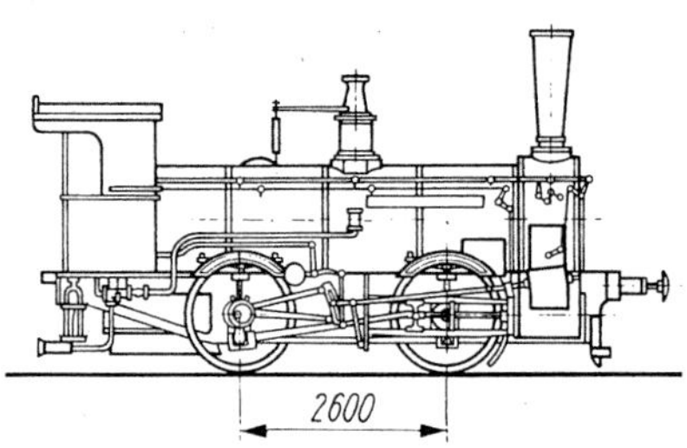

Gattung H VII, Lokomotiven Nr. 281 und Nr. 282, Ursprungszustand.

Gattung H VII, Lokomotive HEINRICH COTTA.
Werkfoto, Repro Meyer

2.1.10.3
4 Lokomotiven, geliefert von Hartmann
für die Sächsische Staatsbahn, Gattung H VII (ab 1896 Gattung VII)

Fabrik-nummer	Bau-jahr	Bahn-nummer	Name	Bahn-nummer ab 1892	Bahn-nummer ab 1900	Bemer-kungen	Ausmu-sterung
379	1869	283	WITTEKIND	727	2727	1) 2)	1923
380	1869	284	FRIEDRICH DER WEISE	728	2728	1) 2)	1904
381	1869	285	CHURFÜRST MORITZ	729	2729	1) 2)	
382	1869	286	AUGUST DER STARKE	730	2730	1) 2)	1921

1) ab 1873 Gegendampfbremse
2) ab 1884 Dampfheizung

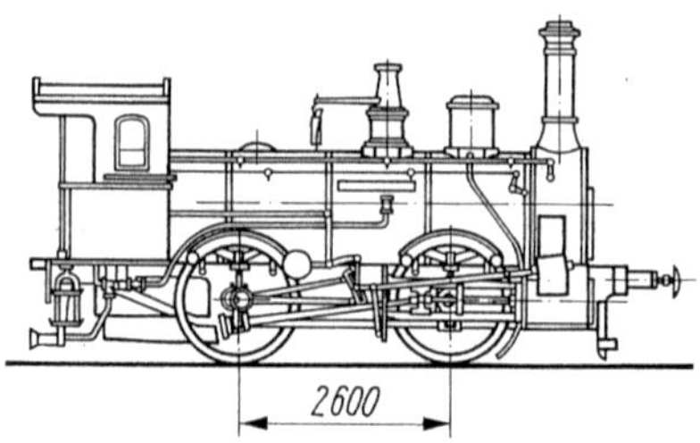

Gattung H VII, Lokomotiven Nr. 283 bis Nr. 286, Ursprungszustand (Rekonstruktion).

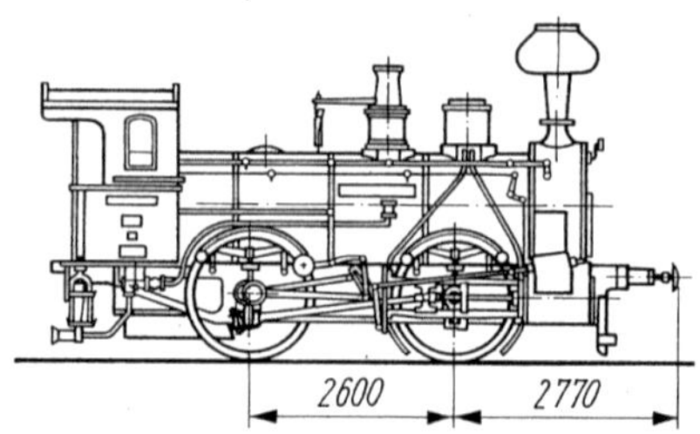

Gattung H VII, Lokomotiven Nr. 283 bis Nr. 286, späteres Aussehen.

Gattung VII, Lokomotive Nr. 2729 CHURFÜRST MORITZ.
Foto Contius, Repro Meyer

2.1.10.4
10 *Lokomotiven, geliefert von Schwartzkopff*
für die Sächsische Staatsbahn,
Gattung Schw I (ab 1871 Gattung Schw VII, ab 1896 Gattung VII)

Fabrik-nummer	Bau-jahr	Bahn-nummer	Name	Bahn-nummer ab 1892	Bahn-nummer ab 1900	Bemer-kungen	Ausmu-sterung
86	1869	182	OTTO D. REICHE	713	–	4) 5) 6)	nach 1896
87	1869	183	FRIEDRICH D. STREITBARE	714	–	4) 5) 6)	nach 1896
88	1869	184	ALBRECHT D. BEHERZTE	715	–	1) 5) 6)	1896
89	1869	185	LUTHER	716	2716	2) 5) 6)	1906
90	1869	186	FALKENAU/ STEPHENSON	717	–	3) 5) 6)	1895
91	1869	187	G. E. LESSING	718	–	2) 5) 6)	1896
92	1869	188	HAUS WETTIN	719	–	1) 5) 6)	
93	1869	189	FRANKENSTEIN/ HERSCHEL	720	–	2) 5) 6)	
94	1869	190	MELANCHTHON	721	–	5) 6)	
95	1869	191	BARBARA UTTMANN	722	–	1) 5) 6)	1893

1) ab 1883 Dampfläutewerk
2) ab 1887 Dampfläutewerk
3) ab 1881 Dampfläutewerk
4) ab 1889 Dampfläutewerk
5) ab 1887 Umbau der Allan-Steuerung von Schraube auf Händel
6) ab 1879 Federung der Treibachse mit Querausgleich

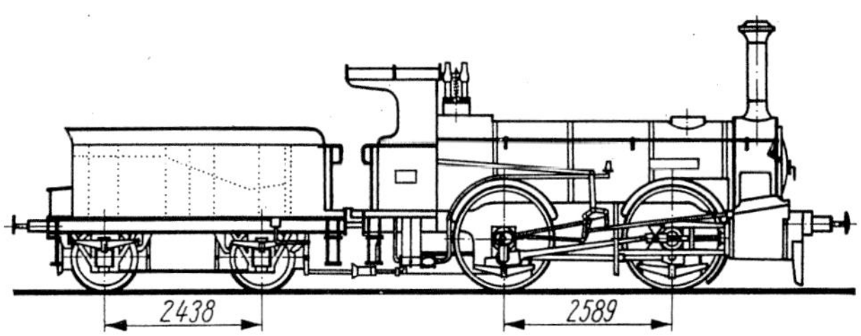

Gattung Schw VII, Lokomotiven Nr. 182 bis Nr. 191 mit Tender 2 T 5,65, Ursprungszustand.

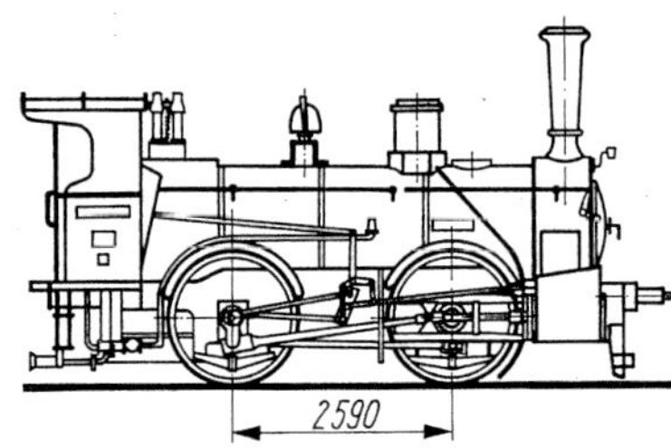

Gattung Schw VII, Lokomotiven Nr. 182 bis 191, späteres Aussehen.

Gattung VII, Lokomotive Nr. 716 LUTHER im Ausbesserungswerk Hilbersdorf.
Foto Contius, Repro Meyer

2.1.10.5
14 *Lokomotiven, geliefert von Hartmann*
davon 8 Lokomotiven für die Chemnitz-Aue-Adorfer Bahn,
ab 1876 Sächsische Staatsbahn, Gattung H VII (ab 1896 Gattung VII)

Fabrik-nummer	Bau-jahr	Bahn-nummer	Name	Bahn-nummer ab 1876	ab 1892	ab 1900	Betriebs-nummer ab 1925	Bemerkungen	Ausmusterung
764	1874	–	KEPPLER	655	731	–	–	5) 6)	
765	1874	–	WATT	656	732	–	–	1) 6) 7)	
766	1874	–	FULTON	657	733	–	–	1) 6) 8)	
767	1874	–	LEIBNITZ	658	734	–	–	2) 6)	
768	1874	–	SIEGFRIED	659	735	2735	–	2) 3) 6)	1923
769	1875	–	SCHILL	660	740	2740	98 7112	2) 3) 6)	1925
770	1875	–	VOLTA	661	741	–	–	2) 6)	
771	1875	–	BLÜCHER	662	742	–	–	2) 4) 6)	

1) ab 1880 Dampfheizung
2) ab 1885 Dampfheizung
3) ab 1878 Dampfläutewerk
4) ab 1883 Dampfläutewerk
5) ab 1890 Dampfläutewerk
6) ab 1878 Ausrüstung mit Gegendampfbremse
7) ab 1892 Druckluftbremse Bauart Westinghouse
8) ab 1894 Druckluftbremse Bauart Westinghouse

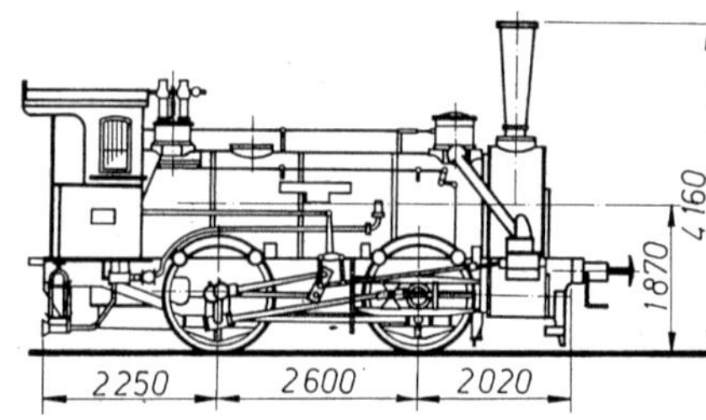

Gattung H VII, Baujahre 1874 bis 1876, Ursprungszustand.

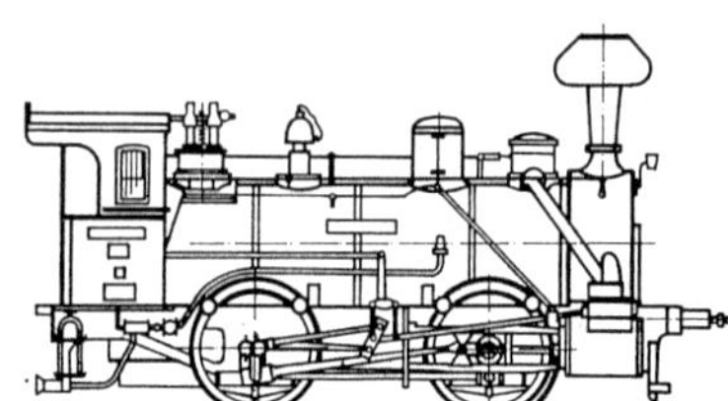

Regelausführung, späteres Aussehen.

Gattung VII, Lokomotive Nr. 2735 SIEGFRIED als Verschiebelokomotive in Dresden-Altstadt.
Urheber Liebold, Repro Meyer

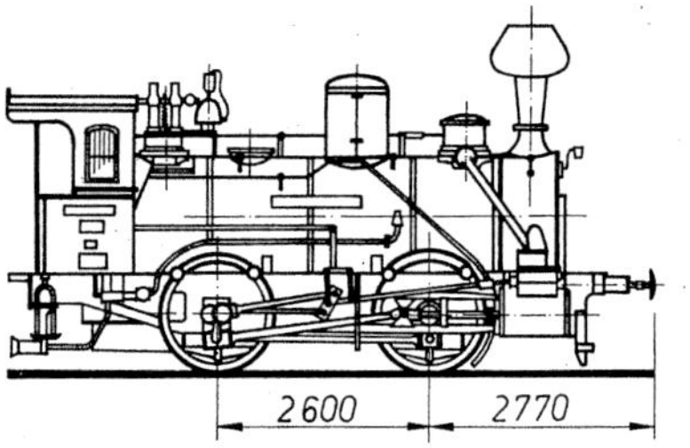

Ausführung mit großem Sandkasten (z. B. Lokomotive Nr. 738).

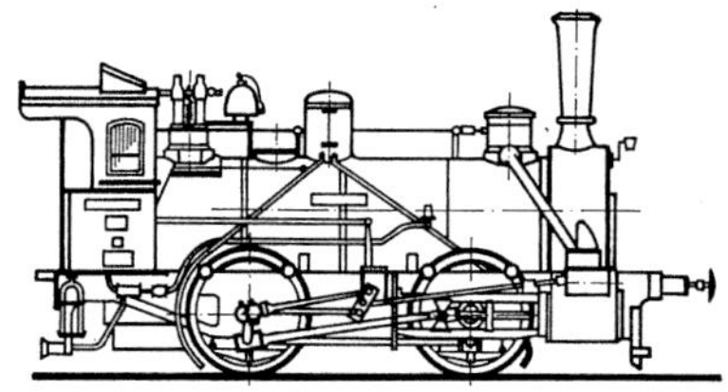

Ausführung mit Sandstreuer für Vor- und Rückwärtsfahrt (z. B. Lokomotiven Nr. 731 und Nr. 743).

4 Lokomotiven für die Chemnitz-Komotauer Bahn,
ab 1876 Sächsische Staatsbahn, Gattung H VII (ab 1896 Gattung VII)

Fabriknummer	Baujahr	Bahnnummer	Name	Bahnnummer			Betriebsnummer	Bemerkungen	Ausmusterung
				ab 1876	ab 1892	ab 1900	ab 1925		
760	1874	10	BREITHAUPT	684	736	2736	–	[1] [8]	1924
761	1874	11	HUMBOLDT	685	737	2737	–	[3] [4] [6]	1921
762	1874	12	BERNOULLI	686	738	2738	–	[3] [5]	1920
763	1874	13	LIEBIG	687	739	2739	98 7111	[2] [7] [8]	1925

1) ab 1880 Dampfheizung
2) ab 1882 Dampfheizung
3) ab 1884 Dampfheizung
4) ab 1878 Dampfläutewerk
5) ab 1885 Dämpfläutewerk
6) ab 1878 Gegendampfbremse
7) ab 1880 Gegendampfbremse
8) ab 1894 Druckluftbremse Bauart Westinghouse

2 Lokomotiven für die Zwickau-Falkensteiner Bahn,
ab 1876 Sächsische Staatsbahn, Gattung H VII (ab 1896 Gattung VII)

Fabriknummer	Baujahr	Bahnnummer	Name	Bahnnummer	Name	Bahnnummer		Betriebsnummer	Bemerkungen	Ausmusterung
				ab 1876		ab 1892	ab 1900	ab 1925		
921	1876	–	STENN	671	HENGIST	743	2743	–	[1] [2]	1923
922	1876	–	RODEWISCH	672	HORSA	744	2744	98 7113	[1] [2]	1925

1) ab 1884 Dampfheizung
2) ab 1878 Gegendampfbremse

VIII_1

Bauart: 2'Bn2

Erstes Baujahr: 1870
Ausmusterung: bis 1922

Technische Daten: Seite 207

Konstruktive Merkmale

Kessel: Stark überhöhte Stehkesseldecke, darauf domartiger Aufsatz zur Aufnahme eines Sicherheitsventils. Zusätzlich hoher Dampfdom auf dem vorderen Kesselschuß. Zwischen den Kuppelachsen durchhängende Feuerbüchse bot große Rostfläche. Zwei Injektoren Bauart Schau mit je 80 l/min Förderleistung. Kesseldruck 8,5 bar. Je ein Sicherheitsventil auf dem Stehkessel und auf dem Dampfdom, beide später durch Ramsbottom-Ventil auf dem Stehkessel ersetzt. Rauchkammer mit Winkelring am Langkessel befestigt. Rechteckige, zweiteilige Rauchkammertür. Schornstein zylindrisch mit Krone, später durch Prüsmann-Schornstein ersetzt. Verstellbares Blasrohr.
Rahmen: Genieteter Blechrahmen. Gußeiserner Kuppelkasten.
Triebwerk: Waagerechte, weit vorn überhängende Außenzylinder arbeiten auf die 1. Kuppelachse. Anordnung vor dem Drehgestell bedingte lange Treibstangen.
Steuerung: Innere Allan-Steuerung mit Händel.
Laufwerk: Vorderes Drehgestell nach württembergischem Vorbild mit extrem kurzem Achsabstand (1,11 m), Drehpunkt 90 mm vor Drehgestellmitte liegend. Gemeinschaftsfedern für beide Laufachsen. 2. Kuppelachse hinter dem Stehkessel. Treibraddurchmesser 1830 mm. Federn der Kuppelachse unter den Achslagern und durch Ausgleichhebel verbunden.
Bremse: Gegendampfbremse, bei Nr. 193 bis Nr. 197 ab 1894 wieder ausgebaut. Vier Maschinen ab 1888 mit Druckluftbremseinrichtung Bauart Schleifer. Ab 1892 Ausrüstung mit Westinghouse-Treibradbremse. Lange Hauptluftbehälter auf beiden Seiten.
Sondereinrichtungen: Sandkasten von Anfang an auf dem Kesselscheitel. Sandstreurohre nur für Vorwärtsfahrt.

Lieferfirma	Lieferjahr	Stück
Esslingen	1870	8

Liste der einzelnen Lokomotiven

2.1.11.1
8 *Lokomotiven, geliefert von Esslingen*
für die Sächsische Staatsbahn,
Gattung K II (ab 1871 Gattung K VIII,
ab 1885 Gattung K VIIIb,
ab 1896 Gattung $VIIIb_1$,
später Gattung VIII_1)

Fabrik-nummer	Bau-jahr	Bahn-nummer	Name	Bahn-nummer ab 1892	Bahn-nummer ab 1914	Bemer-kungen	Ausmu-sterung
990	1870	193	AMERIKA	93	99	2) 4) 5) 6)	1915
991	1870	194	WARTBURG	94	–	1) 4) 5) 6)	1913
992	1870	195	WORMS	95	–	2) 4) 5) 6)	1910
993	1870	196	EMS	96	–	2) 4) 5) 6)	1904
994	1870	197	MOSKAU	97	–	3) 5) 6)	1905
995	1870	198	MADRID	98	100	4) 6)	1922
996	1870	199	WARSCHAU	99	–	4) 6)	1911
1000	1870	200	KESSLER	100	–	3) 6)	1900

1) ab 1888 Druckluftbremseinrichtung Bauart Schleifer
2) ab 1889 Druckluftbremseinrichtung Bauart Schleifer
3) ab 1892 Westinghouse-Treibradbremse
4) ab 1894 Westinghouse-Treibradbremse
5) ab 1894 ohne Gegendampfbremse
6) ab 1876 Dampfheizungseinrichtung

Gattung VIII$_1$, Lokomotive Nr. 98 mit Westinghouse-Bremse.
Foto Contius, Repro Meyer

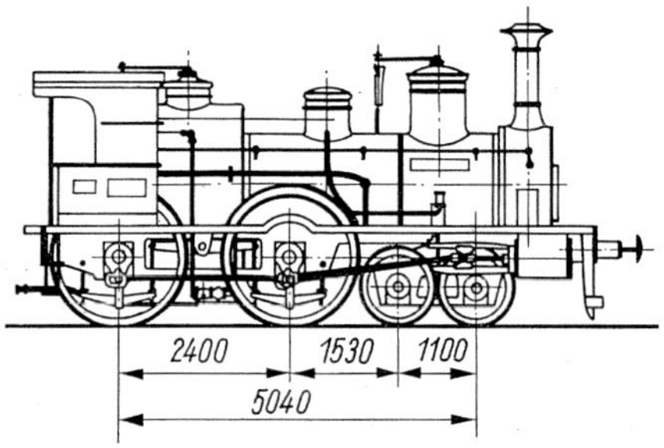

Gattung K VIII, Lokomotiven AMERIKA bis KESSLER, Ursprungszustand.

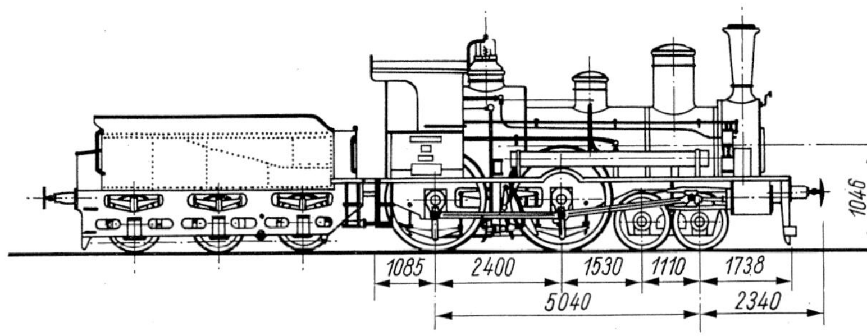

Gattung K VIII, Lokomotiven AMERIKA bis KESSLER, späteres Aussehen.

III/IIIb

Bauart: 1Bn2/1'Bn2

Erstes Baujahr: 1871
Ausmusterung: bis 1930

Technische Daten:
Seiten 207 bis 209

DRG-Baureihe 34^{76-78}

Konstruktive Merkmale

Kessel: Große Feuerbüchse mit verhältnismäßig kurzem Langkessel. Lokomotiven von Hartmann bis 1874 und Lokomotiven von Esslingen mit stark überhöhter Stehkesseldecke und großem Dampfraum. Alle übrigen Maschinen mit geringer Überhöhung der Stehkesseldecke. Stehkessel zwischen den Kuppelrädern eingezogen, Rost geneigt und hinten über der Kuppelachse liegend. Dampfdom in Langkesselmitte, bei Hartmann kugelig, bei Eßlingen mit flacher Decke. Ramsbottom-Sicherheitsventil auf dem Stehkessel. Heizfläche bei allen Ausführungen etwa 92 m^2. Zwei Injektoren Bauart Schau mit 80 l/min (links) bzw. 40 l/min (rechts) Förderleistung. Kesseldruck 8,4...10,0 bar. Schornstein bis 1873 zylindrisch, später durch kegelige Bauformen ersetzt, ab 1874 Lieferungen mit Prüsmann-Schornstein, teilweise mit zwiebelförmigem Funkenfänger. Einige Lokomotiven von Hartmann 1871/73 mit bis vor die Pufferbohle verlängerter Rauchkammer. Außer den Lokomotiven der Chemnitz-Komotauer Bahn alle mit verstellbarem Blasrohr.
Rahmen: Innerer Blechrahmen.
Triebwerk: Waagerechte Außenzylinder vor der Laufachse treiben die 1. Kuppelachse an. Treibstange liegt hinter der Kuppelstange. Ab 1883 Kuppelstangen erstmals mit I-Querschnitt und Buchsenlagern.
Steuerung: Innenliegende Allan-Steuerung mit Umstellung durch Steuerschraube. 1871/73 entlastete Schieber System Grimmer.
Laufwerk: Die ersten 66 Maschinen von Hartmann sowie 21 Lokomotiven von Esslingen mit starrer Laufachse geliefert (Gattung III). Alle anderen Lokomotiven ab 1873 mit Novotny-Lenkgestell, Drehzapfen über der Laufachse, Rückstellung durch Keilflächen. 14 Maschinen der Esslinger Lieferung (Baujahr 1874) 1885 nachträglich mit Novotny-Klien-Lenkachse ausgerüstet. Ab 1893 Wegfall des gesonderten Drehgestellrahmens, Lagerung der Novotny-Lenkachse mit Spiel im Hauptrahmen. Achsabstand anfangs 3,8 m, später 4,0...4,3 m. Federsysteme unterschiedlich: Dreipunktabstützung durch obenliegende Laufachsfedern mit Querausgleich und untenliegende Kuppelachsfedern mit Längsausgleich bis Baujahr 1874, bei Hartmann-Lokomotiven der Baujahre 1883 und 1886 und ab 1889. Hinterachse mit untenliegender Querfeder, Treibachse mit zwei untenliegenden, ungekuppelten Längsfedern, Novotny-Gestell mit Querausgleich (Vierpunktabstützung) bei Lokomotiven von Schwartzkopff und Henschel, Hartmann-Lokomotiven der Baujahre 1877, 1885 und 1887. Querfeder bei Lokomotiven der Baujahre 1885 und 1887 (Nr. 720 bis Nr. 731, Nr. 740, Nr. 741, Nr. 4, Nr. 53, Nr. 238, Nr. 567, Nr. 570, Nr. 624 und Nr. 759 bis Nr. 761) später durch Längsfedern mit tiefliegendem Ausgleichhebel ersetzt.

Lieferfirma	Lieferjahr																					
	1871	72	73	74	75	76	77	83	85	86	87	88	89	90	91	93	94	95	96	97	1901	Stück
Hartmann	16[1]	42[1]	8[1]	11			12	7	14	1	9	5	6	11	19	35	9	14	1	2	1	223
Esslingen		7[1]		14[2]																		21
Schwartzkopff			22		10																	32
Henschel						15																15
	16	49	30	25	10	15	12	7	14	1	9	5	6	11	19	35	9	14	1	2	1	291

[1]) Bauart 1Bn2 (Gattung III)
[2]) geliefert als 1Bn2, 1885 umgebaut in 1'Bn2, Gattung IIIb

Bremse: Die meisten Lokomotiven der Gattung III und IIIb mit Gegendampfbremse geliefert. Ohne Bremse waren die Lokomotiven der Lieferungen von 1885 und 1887. Ab 1884 einzelne Lokomotiven mit Haspel zur Heberleinbremse. Ab 1892 nachträgliche Ausrüstung mit Westinghouse-Druckluftbremse mit zweiseitiger Abbremsung der Kuppelräder und dazwischenliegenden, senkrechten Bremszylindern. Lokomotiven der Lieferung von 1892 mit Druckluftbremse Bauart Schleifer, ab 1893 mit Westinghouse-Bremse.
Sondereinrichtungen: Sandkasten (nur für Vorwärtsfahrt) auf dem Kessel. Etwa ab 1876 Ausrüstung für Dampfheizung, ab 1878 Dampfläutewerk (nicht an allen Maschinen). Führerhäuser in unterschiedlichen Ausführungen, teilweise auch mit hölzernen Seitenwänden.

Liste der einzelnen Lokomotiven

2.1.12.1
66 *Lokomotiven, geliefert von Hartmann*
für die Sächsische Staatsbahn,
Gattung H IIIb (ab 1885 Gattung H III,
ab 1896 Gattung III)

Fabriknummer	Baujahr	Bahnnummer	Name	Bahnnummer		Betriebsnummer	Bemerkungen	Ausmusterung
				ab 1892	ab 1916	ab 1925		
470	1871	294	KAMENZ	201	243	–	3)	1922
471	1871	295	SPREMBERG	202	244	–	3)	1923/24
472	1871	296	RÖHRSDORF	203	245	–	3)	1923
473	1871	297	KOTTBUS	204	–	–	3) 11)	
474	1871	298	SENFTENBERG	205	246	–	2)	1922
475	1871	299	LÜBBEN	206	–	–	2)	
476	1871	300	SORAU	207	247	–	2)	
477	1871	301	PULSNITZ	208	248	–	2) 10)	
500	1871	302	FÜNFHUNDERT	209	–	–	2) 10)	
520	1871	303	KRIEG	210	249	–	2) 10)	1921
521	1871	304	SEDAN	211	250	–	2) 10)	1923
522	1871	305	WÖRTH	212	–	–	2) 10)	1907
523	1871	306	KAISER	213	251	–	2) 10)	1922
524	1871	307	FRIEDE	214	252	–	2) 10)	1922
525	1871	308	MARIENBAD	215	253	–	2) 10)	1923
526	1871	309	KARLSBAD	216	–	–	2) 10)	
567	1872	201	ALSEN	217	–	–	4) 10)	1912
568	1872	202	DÜPPEL	218	254	–	4) 10)	1923
569	1872	203	KISSINGEN	219	–	–	8) 11)	
570	1872	204	MEISSEN	220	–	–	8) 11)	
571	1872	206	DUX	221	–	–	5)	
527	1872	310	BORNA	222	255	–	8) 11)	1922/23
528	1872	311	FROHBURG	223	–	–	6)	1911
529	1872	312	LOBSTÄDT	224	–	–	8) 11)	1915
530	1872	313	GEITHAIN	225	256	–	4) 11)	1922
559	1872	314	REGIS	226	–	–	2)	1915
560	1872	315	ROCHLITZ	227	257	–	6)	1923
561	1872	316	PENIG	228	–	–	5)	
562	1872	317	WITTGENSDORF	229	–	–	6)	
563	1872	318	NARSDORF	230	258	–	5) 11)	1923
564	1872	319	LIMBACH	231	–	–	5) 11)	

Fabrik-nummer	Bau-jahr	Bahn-nummer	Name	Bahn-nummer ab 1892	ab 1916	Betriebs-nummer ab 1925	Bemer-kungen	Ausmusterung
565	1872	320	ROTHA	232	259	–	5) 11)	1922
566	1872	321	ZWENKAU1)	233	–	–	5) 11)	
586	1872	348	ST. PRIVAT	234	–	–	7)	1912
587	1872	349	GRAVELOTTE	235	–	–	3)	
588	1872	350	BITSCH	236	260	–	3)	1923
589	1872	351	BREISACH	237	261	–	2)	1922
590	1872	352	COLMAR	238	262	–	9)	
591	1872	353	FORBACH	239	–	–	2)	1915
592	1872	354	VILLIERS	240	263	–		1923
593	1872	355	BEAUMONT	241	264	–	9)	1923
594	1872	356	KEHL	242	265	–	9)	1923
595	1872	357	PFALZBURG	243	266	–		1924
619	1872	383	SAARBURG	244	–	–		
620	1872	384	WEISSENBURG	245	–	–	5) 11)	
621	1872	385	GENF	246	–	–	8) 11)	
622	1872	386	THIONVILLE	247	267	–	8) 11)	1923
623	1872	387	THANN	248	268	–	8) 11)	1923
624	1872	388	ROSSWEIN	249	269	–	4)	1916
625	1872	389	NASSAU	250	270	–	8) 11)	1923
626	1872	390	NOSSEN	251	–	–	4)	
627	1872	391	ROSENTHAL	252	271	–	4) 11)	1923
628	1872	392	WITTENBERG	253	272	–	4) 10)	
629	1872	393	ULM	254	273	–	4) 10)	1923
630	1872	394	BRÜNN	255	274	34 7611	4) 10)	1925
631	1872	395	PILSEN	256	–	–	4) 10)	
632	1872	396	COBURG	257	–	–	3) 10)	
633	1872	397	ERFURT	258	–	–	3) 10)	
634	1873	398	DESSAU	259	–	–	2) 10)	
635	1873	399	TORGAU	260	275	–	2) 10)	
636	1873	400	DEUTSCHLAND	261	276	–	2) 10)	1923
637	1873	401	HOERDE	262	277	–	2) 10)	1923
638	1873	402	WITTEN	263	278	–	2) 10)	
639	1873	403	BOCHUM	264	279	–	2) 10)	1923
640	1873	404	NEUSS	265	280	–	2) 10)	
641	1873	405	GLADBACH	266	–	–	2) 10)	

1) ab 1883 PEGAU
2) ab 1881 Dampfheizung
3) ab 1883 Dampfheizung
4) ab 1884 Dampfheizung
5) ab 1885 Dampfheizung
6) ab 1886 Dampfheizung
7) ab 1887 Dampfheizung
8) ab 1888 Dampfheizung
9) ab 1896 Dampfheizung
10) ab 1894 Westinghouse-Treibradbremse
11) ab 1895 Westinghouse-Treibradbremse

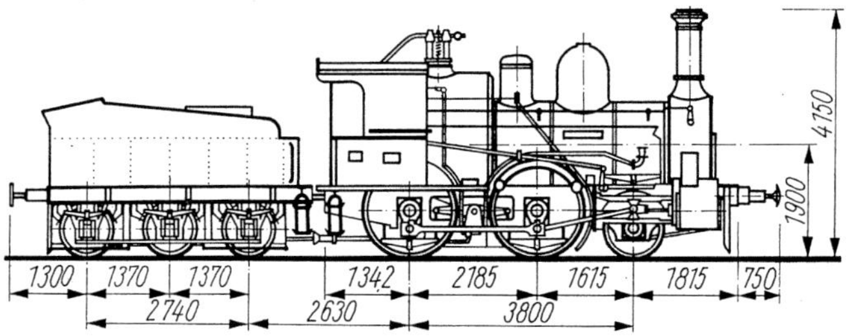

Gattung H IIIb, Baujahre 1871 bis 1873, mit Tender 3 T 5,65, Ursprungszustand.

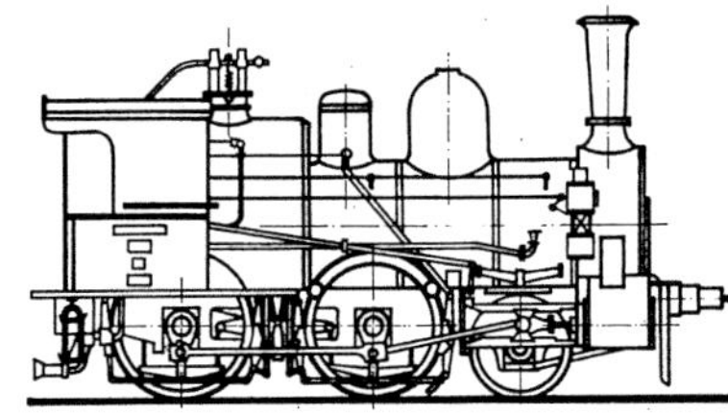

Gattung H IIIb, Baujahre 1871 bis 1873, späteres Aussehen.

Gattung H IIIb, Lokomotive Nr. 305 WÖRTH.
Sammlung Contius, Repro Meyer

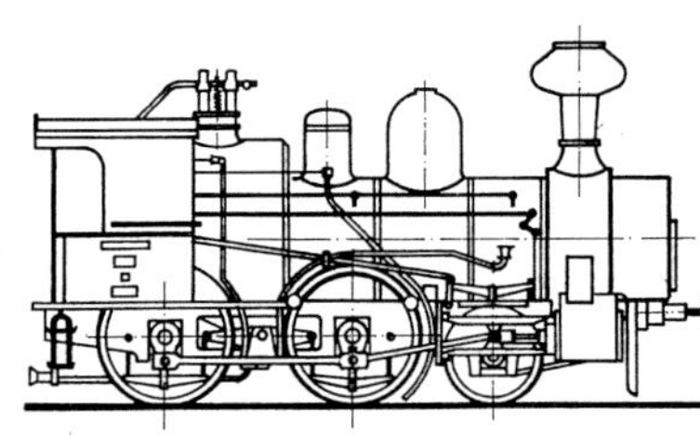

Ausführung mit verlängerter Rauchkammer, z. B. Lokomotiven Nr. 236 und Nr. 239.

Gattung III mit verlängerter Rauchkammer, vermutlich ehemalige Lokomotive Nr. 350 BITSCH.
Urheber unbekannt, Repro Meyer

2.1.12.2
21 Lokomotiven, geliefert von Esslingen
für die Sächsische Staatsbahn, Gattung K IIIb (ab 1885 Gattung K III, ab 1896 Gattung III, Nr. 421 bis 434 Gattung IIIb)

Fabrik-nummer	Bau-jahr	Bahn-nummer	Name	Bahn-nummer ab 1892	Bahn-nummer ab 1916	Betriebs-nummer ab 1925	Bemer-kungen	Ausmusterung
1200	1872	376	ISCHL	267	281	–	2)	1923
1201	1872	377	ESSEN	268	–	–	3)	1904
1202	1872	378	GASTEIN	269	282	–	3)	1923
1203	1872	379	RAGATZ	270	283	–	2)	1923
1204	1872	380	PFÄFFERS	271	–	–	2)	1914
1205	1872	381	WILDBAD	272	–	–	3)	1914
1206	1872	382	GENUA	273	284	–	3)	1923
1316	1874	421	STOLPEN	274	285	–	1) 4)	
1317	1874	422	NEUSTADT	275	286	–	1) 4)	
1318	1874	423	EBERSBACH	276	287	–	1) 4)	
1319	1874	424	EYBAU	277	–	–	1) 4)	1911
1320	1874	425	COLDITZ	278	–	–	1) 4)	1905
1321	1874	426	BOCKAU	279	–	–	1) 4)	1913
1322	1874	427	DOHNA	280	–	–	1) 4)	1912
1323	1874	428	EIBENSTOCK	281	288	–	1) 4)	
1324	1874	429	GEYER	282	289	–	1) 4)	
1325	1874	430	GRÜNTHAL	283	290	–	1) 4)	
1326	1874	431	HERRNHUT	284	291	–	1) 4)	
1327	1874	432	KOHREN	285	292	–	3) 4)	
1328	1874	433	HARTHA	286	–	–	3) 4)	1909
1329	1874	434	BRANDIS	287	293	52 7001	2) 4)	

1) ab 1878 Dampfheizung
2) ab 1881 Dampfheizung
3) ab 1882 Dampfheizung
4) ab 1885 Novotny-Klien-Lenkachse

Gattung K IIIb, Lokomotive ISCHL.
Foto Mayer, Repro Meyer

Gattung III, Lokomotive Nr. 271 (ehemalige Lokomotive PFÄFFERS) 1908.
Foto Contius, Repro Meyer

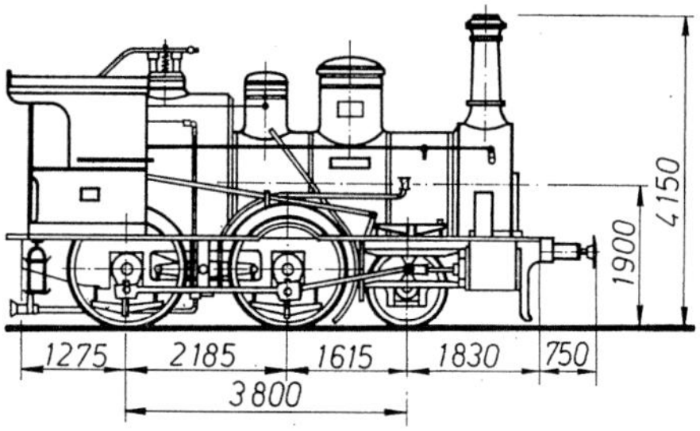

Gattung K IIIb, Baujahre 1872 bis 1874, Ursprungszustand.

Gattung IIIb, Lokomotive Nr. 280 (ehemalige Lokomotive DOHNA). Aufnahme 1908 in Leipzig Bayerischer Bahnhof.
Foto Contius, Repro Meyer

2.1.12.3
22 Lokomotiven, geliefert von Schwartzkopff
für die Sächsische Staatsbahn, Gattung Schw IIIb (ab 1896 Gattung IIIb)

Fabriknummer	Baujahr	Bahnnummer	Name	Bahnnummer ab 1892	Bahnnummer ab 1916	Betriebsnummer ab 1925	Bemerkungen	Ausmusterung
448	1873	406	BOSTON	288	294	–	[1])	1923
449	1873	407	CHICAGO	289	295	–	[1])	1924
450	1873	408	JACKSON	290	296	34 7721	[1])	1925
451	1873	409	MONTREAL	291	297	–		1923/24
452	1873	410	BROOKLYN	292	298	–	[1])	1923
453	1873	411	NEW-YORK	293	299	–	[1])	
454	1873	412	PHILADELPHIA	294	300	–	[1])	1923
455	1873	413	RICHMOND	295	301	–	[1])	
456	1873	414	WASHINGTON	296	302	–	[1])	
457	1873	415	CINCINNATI	297	303	–	[1])	1921
477	1873	435	ALBANY	298	304	–	[1])	1923
478	1873	436	BALTIMORE	299	305	34 7722	[1])	1925
479	1873	437	BUFFALO	300	–	–	[1])	vor 1916
480	1873	438	CHARLESTON	301	306	–	[1])	
481	1873	439	CLEVELAND	302	307	–	[1])	
482	1873	440	DETROIT	303	308	–	[1])	1921
483	1873	441	ST.LOUIS	304	309	–	[1])	
484	1873	442	MOBILE	305	310	–	[1])	
485	1873	443	LOUISVILLE	306	–	–	[1])	vor 1916
486	1873	444	NEW-ORLEANS	307	311	–	[1])	1922
487	1873	445	OTTAWA	308	312	–	[1])	1922
488	1873	446	PITTSBURG	309	313	–	[1])	1922

[1]) ab 1876 Dampfheizung

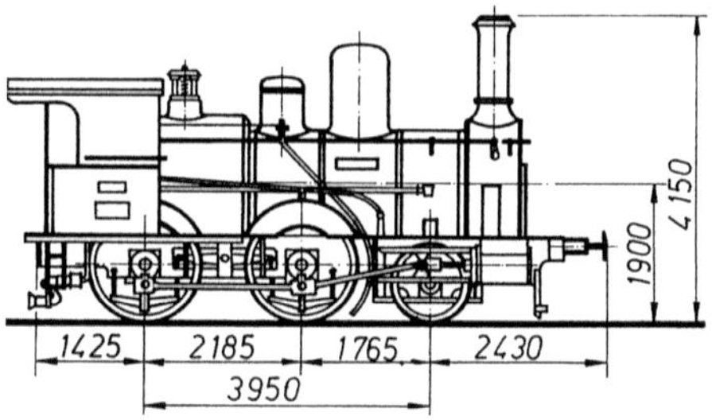

Gattung Schw IIIb, Baujahr 1873, Ursprungszustand.

Gattung IIIb, Lokomotive Nr. 291 (ehemalige Lokomotive MONTREAL).
Foto Contius, Repro Meyer

Gattung Schw IIIb, Baujahr 1873, späteres Aussehen.

2.1.12.4
11 *Lokomotiven, geliefert von Hartmann*
davon 3 Lokomotiven für die Zwickau-Falkensteiner Bahn,
ab 1876 Sächsische Staatsbahn, Gattung H IIIb (ab 1896 Gattung IIIb)

Fabrik-nummer	Bau-jahr	Bahn-nummer	Name	Bahn-nummer ab 1876	Name	Bahn-nummer ab 1892	Bemer-kungen	Aus-musterung
757	1874	–	FALKENSTEIN	673	MONTEVIDEO	335⁴)	¹) ²)	1923
758	1874	–	VOIGTSGRÜN	674	MICHIGAN	336	¹) ³)	1910
759	1874	–	LENGENFELD	675	SWANFIELD	337	¹) ³)	1912

¹) ab 1884 Dampfheizung
²) ab 1892 Dampfläutewerk
³) ab 1894 Dampfläutewerk
⁴) Bahn-Nummer 1916 geändert in 337

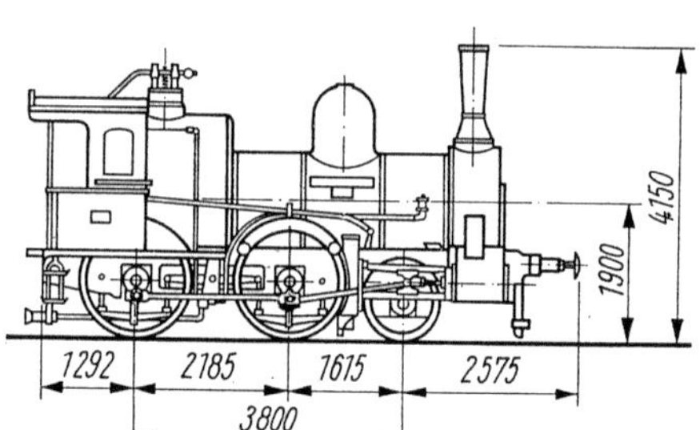

Gattung H IIIb, Baujahr 1874, Ursprungszustand.

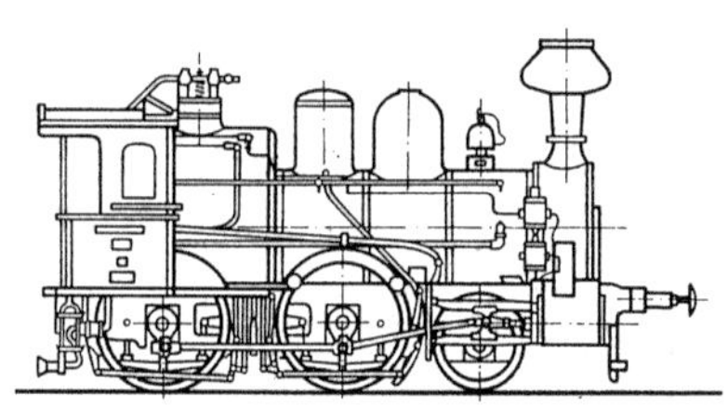

Gattung H IIIb, Baujahr 1874, späteres Aussehen.

Gattung IIIb, Lokomotive Nr. 335 (ehemalige Lokomotive FALKENSTEIN) mit Westinghouse-Bremse.
Foto Contius, Repro Meyer

8 Lokomotiven
für die Chemnitz-Komotauer Bahn,
ab 1876 Sächsische Staatsbahn,
Gattung H IIIb (ab 1896 Gattung IIIb)

Fabrik-nummer	Bau-jahr	Bahn-nummer	Name	Bahn-nummer	Bahn-nummer	Betriebs-nummer	Bemer-kungen	Ausmu-sterung
			ab 1876		ab 1892	ab 1925		
749	1874	1	MILWAUKEE	676	338	–	3) 4) 5)	1924
750	1874	2	CARACAS	677	339	–	5)	1923
751	1874	3	PROVIDENCE	678	340	–	3) 5)	1923
752	1874	4	BOGOTA	679	341	–	3) 4) 5)	
753	1874	5	NEWHAVEN	680	342	–	1) 5)	1923
754	1874	6	ROCHESTER	681	343	34 7723	1) 5)	1925
755	1874	7	NEWARK	682	344	–	1) 5)	1924
756	1874	8	VALPARAISO	683	345	–	2) 5)	1923

1) ab 1878 Dampfläutewerk
2) ab 1892 Dampfläutewerk
3) ab 1894 Dampfläutewerk
4) ab 1896 Westinghouse-Treibradbremse
5) ab 1884 Dampfheizung

Gattung H IIIb, Lokomotive Nr. 6 der Chemnitz-Komotauer Bahn.
Werkfoto, Repro Meyer

Gattung IIIb, Lokomotive Nr. 343 (ehemalige Lokomotive Nr. 6 der Chemnitz-Komotauer Bahn) mit Westinghouse-Bremse und extra großem Sandkasten für die langen Steigungen nach Reitzenhain.
Foto Contius, Repro Meyer

2.1.12.5
10 *Lokomotiven, geliefert von Schwartzkopff*
für die Muldenthalbahn,
ab 1878 Sächsische Staatsbahn, Gattung Schw IIIb (ab 1896 Gattung IIIb)

Fabrik-nummer	Bau-jahr	Bahn-nummer	Name	Bahn-nummer ab 1878	Name	Bahn-nummer ab 1892	ab 1916	Betriebs-nummer ab 1925	Bemer-kungen	Aus-musterung
789	1875	–	GLAUCHAU	696	MADISON	310	314	–	1) 2)	1925
790	1875	–	REMSE	697	MAINE	311	315	–	1) 2)	1922
791	1876	–	PENIG	698	MERIDA	312	316	–	1) 2)	1922
792	1876	–	AMERIKA	699	MARGARITA	313	317	–	1) 2)	1922
793	1876	–	LUNZENAU	700	MINNESOTA	314	318	–	1) 2)	1922
794	1876	–	ROCHLITZ	701	MONTANA	315	319	34 7724	1) 2)	1925
795	1876	–	LASTAU	702	MADEIRA	316	320	–	1) 2)	1922
796	1876	–	COLDITZ	703	MALDONADO	317	321	–	1) 2)	1922
797	1876	–	GRIMMA	704	MARTINIQUE	318	322	–	1) 2)	1921
798	1876	–	WURZEN	705	MENDOZA	319	323	–	1) 2)	1923

1) ab 1884 Dampfheizung
2) ab 1879 Dampfläutewerk

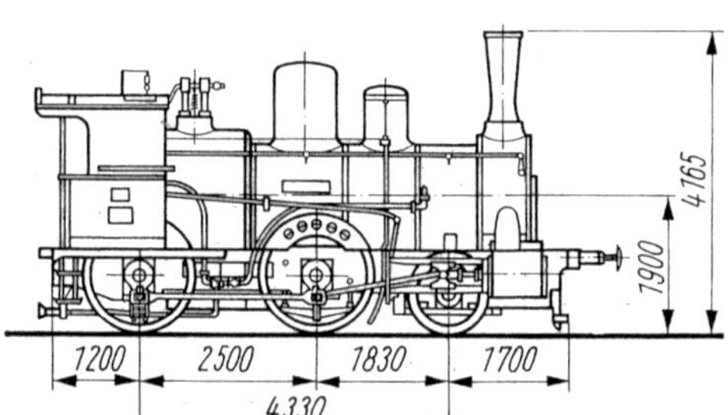

Gattung Schw IIIb der Muldenthalbahn und Gattung Hsch IIIb, Baujahre 1875/76, Ursprungszustand.

Gattung Schw IIIb und Gattung Hsch IIIb, späteres Aussehen.

Gattung IIIb, Lokomotive Nr. 314 (ehemalige Lokomotive LUNZENAU der Muldenthalbahn) mit Westinghouse-Bremse.
Sammlung und Repro Bildstelle Rbd Dresden

2.1.12.6
15 *Lokomotiven, geliefert von Henschel* für die Sächsische Staatsbahn,
Gattung Hsch IIIb (ab 1896 Gattung IIIb)
Maßskizzen siehe 2.1.12.5

Fabrik-nummer	Bau-jahr	Bahn-nummer	Name	Bahn-nummer		Betriebs-nummer	Bemer-kungen	Ausmu-sterung
				ab 1892	ab 1916	ab 1925		
843	1876	480	ALABAMA	320	324	–	2)	1923
844	1876	481	CAROLINA	321	325	34 7701	2)	1924/25
845	1876	482	DAKOTA	322	–	–	1)	
846	1876	483	ERIE	323	326	–	1) 11)	
847	1876	484	GEORGIA	324	327	–	4)	1922
848	1876	485	HALIFAX	325	328	–	1)	1922
849	1876	486	JERSEY	326	329	34 7702	1)	1924/25
850	1876	487	KENSINGTON	327	330	–	7) 11)	
851	1876	488	LIMA	328	331	–	3) 8) 10)	1923
852	1876	489	MEXICO	329	332	–	5) 7)	1923
853	1876	490	MISSISIPPI	330	333	–	3) 9) 10)	
854	1876	491	MISSOURI	331	334	–	5)	
855	1876	492	NEVADA	332	–	–	3) 10)	
856	1876	493	OHIO	333	335	–	7)	1923
857	1876	494	PANAMA	334	336	–	6)	

1) ab 1887 Dampfheizung
2) ab 1878 Dampfheizung
3) ab 1880 Dampfheizung
4) ab 1894 Dampfheizung
5) ab 1895 Dampheizung
6) ab 1896 Dampfheizung
7) ab 1883 Dampfläutewerk (Nr. 487 nur bis 1895)
8) ab 1885 Dampfläutewerk (später wieder ohne)
9) ab 1896 Dampfläutewerk
10) ab 1884/93 Haspel zur Heberleinbremse
11) ab 1896 Westinghouse-Treibradbremse

Gattung IIIb, Lokomotive Nr. 329 (ehemalige Lokomotive MEXICO) im Ausbesserungswerk Hilbersdorf.
Foto Contius, Repor Meyer

2.1.12.7
12 *Lokomotiven, geliefert von Hartmann* für die Sächsische Staatsbahn, Gattung H IIIb (ab 1896 Gattung IIIb)

Fabrik-nummer	Bau-jahr	Bahn-nummer	Name	Bahn-nummer ab 1892	Bemer-kungen	Aus-musterung
946	1877	495	BAHIA	346	5)	
947	1877	496	CUBA	347	2) 6)	
948	1877	497	HAVANA	348	2) 6)	
949	1877	498	KANSAS	349	4)	
950	1877	499	KENTUCKY	350	3)	
951	1877	500	MEMPHIS	351	4) 5)	1922
952	1877	501	PRAIRIE	352	1) 8) 9)	
953	1877	502	QUEBEC	353	1) 7) 8)	
954	1877	503	SANTIAGO	354	1) 8)	1921
955	1877	504	TENNESSEE	355	1) 8)	1923
956	1877	505	UTAH	356	1) 8)	
957	1877	506	SAN FRANCISCO	357		

1) ab 1881 Dampfheizung
2) ab 1891 Dampfheizung
3) ab 1895 Dampfheizung
4) ab 1896 Dampfheizung
5) ab 1883 Dampfläutewerk
6) ab 1891 Dampfläutewerk
7) ab 1894 Dampfläutewerk
8) 1884/93 Haspel zur Heberleinbremse
9) ab 1896 Westinghouse-Treibradbremse

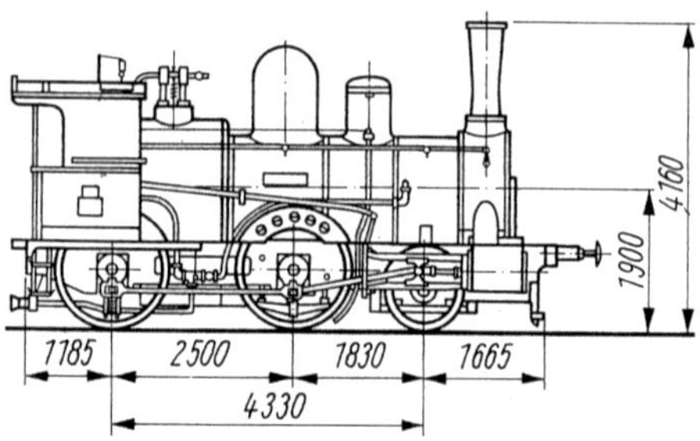

Gattung H IIIb, Baujahr 1877.

Gattung IIIb, Lokomotive Nr. 354 (ehemalige Lokomotive SANTIAGO) mit Westinghouse-Bremse.
Verlag Leonhardt, Dresden, Repro Meyer

2.1.12.8
39 *Lokomotiven, geliefert von Hartmann*
davon 36 Lokomotiven für die
Sächsische Staatsbahn,
Gattung H IIIb (ab 1896 Gattung IIIb)

Fabrik-nummer	Bau-jahr	Bahn-nummer	Name	Bahn-nummer ab 1892	Betriebs-nummer ab 1925	Bemer-kungen	Aus-musterung
1 298	1883	26	ARKANSAS	358	–	4) 9)	
1 299	1883	27	OLYMPIA	359	–	1) 4) 5) 11)	1923
1 300	1883	29	OMAHA	360	–	2) 4)	
1 301	1883	33	TEXAS	361	–	1) 4) 5)	
1 302	1883	552	ARIZONA	362	34 7725	4) 5)	1925
1 396	1885	720	TORONTO	363	34 7726	10)	1926
1 397	1885	721	CORDOVA	364	34 7727	10)	1926
1 398	1885	722	ECUADOR	365	34 7728	10)	1926
1 399	1885	723	JAMAIKA	366	34 7729	10)	1926
1 400	1885	724	JOVA	367	34 7730	10)	1930
1 401	1885	725	PUEBLO	368	–	10)	1923
1 402	1885	726	LOUISIANA	369	–	10)	
1 403	1885	727	BARRA	370	34 7731	10)	1928
1 404	1885	728	SATILLO	371	–	10)	1922
1 405	1885	729	SPRINGFIELD	372	34 7732	6) 11)	1926
1 406	1885	730	TOPEKA	373	34 7733	6) 11)	1929
1 407	1885	731	CARTAGENA	374	–	6)	
1 422	1885	740	LOXA	375	–	3) 6)	1925
1 423	1885	741	TAMPICO	376	–	3) 6) 11)	1924
1 483	1887	4	ADELAIDE	377	34 7734	7) 11)	1926
1 484	1887	43	DENVER	378	34 7735	7)	1926
1 485	1887	238	OGDEN	379	–	7) 11)	
1 486	1887	567	SAVANNAH	380	34 7736	7)	1926
1 487	1887	570	UTICA	381	34 7737	7)	1926
1 488	1887	624	MARENGO	382	34 7738	7) 11)	1926
1 515	1887	759	ALBION	383	–	10)	1924
1 516	1887	760	ST. ALBANS	384	–	10)	
1 500	1887	761	FÜNFZEHNHUNDERT	385	34 7739	10)	1925
1 566	1888	788	DUNDEE	386	34 7740	4)	1926
1 567	1888	789	CORTLAND	387	34 7741	4)	1926
1 568	1888	790	COLON	388	–	4)	
1 569	1888	791	GREENFIELD	389	34 7742	4) 8)	1925
1 570	1888	792	HAMILTON	390	–	4)	
1 571	1888	793	HARRISBURG	391	34 7743	4) 11)	1925
1 572	1888	794	WILTON	392	34 7744	4)	1926
1 573	1888	795	VINONA	393	34 7745	4)	1925

1) ab 1884 Dampfheizung
2) ab 1886 Dampfheizung
3) ab 1888 Dampfheizung
4) Gegendampfbremse
5) 1884/93 Haspel für Heberleinbremse
6) ab 1890 Haspel für Heberleinbremse und Dampfläutewerk
7) Haspel für Heberleinbremse und Dampfläutewerk
8) ab 1890 Haspel für Heberleinbremse
9) 1892/93 Haspel für Heberleinbremse
10) ab 1894 Westinghousebremse
11) ab 1896 Westinghousebremse

Gattung H III b, Baujahre 1883 bis 1889, mit Tender 3 T 7,5.

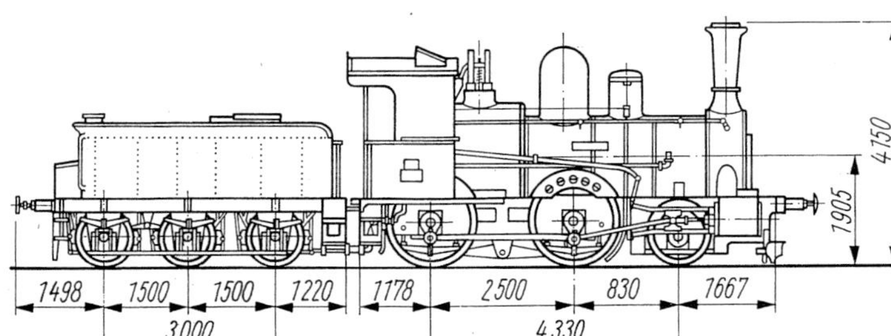

Gattung IIIb, Lokomotive Nr. 381 (ehemalige Lokomotive UTICA) in Dresden-Pieschen. Aufnahme nach 1924.
Urheber unbekannt, Sammlung Meyer

1 Lokomotive für die Altenburg-Zeitzer Bahn, ab 1896 Sächsische Staatsbahn, Gattung IIIb

Fabrik-nummer	Bau-jahr	Bahn-nummer	Name	Bahn-nummer ab 1896	Betriebs-nummer ab 1925	Bemer-kungen	Aus-musterung
1266	1883	–	REHMSDORF	485	34 7805	[1])	1925

[1]) mit Dampfläutewerk, ab 1891 Haspel für Heberleinbremse

2 Lokomotiven für die Zittau-Reichenberger Bahn, ab 1905 Sächsische Staatsbahn, Gattung IIIb

Fabrik-nummer	Bau-jahr	Bahn-nummer	Name	Bahn-nummer ab 1905	Bemer-kungen	Aus-musterung
1265	1883	–	JUPITER	486	[1])	1924
1445	1886	–	REICHENBERG	487	[1])	1924

[1]) ab 1884 Dampfheizung

Gattung IIIb, Lokomotive REICHENBERG (mit Westinghouse-Bremse) der Zittau-Reichenberger Bahn in Dresden-Pieschen.
Foto Contius, Repro Meyer

2.1.12.9
33 *Lokomotiven, geliefert von Hartmann* für die Sächsische Staatsbahn, Gattung H IIIb (ab 1896 Gattung IIIb)

Fabrik-nummer	Bau-jahr	Bahn-nummer	Name	Bahn-nummer ab 1892	Betriebs-nummer ab 1925	Bemer-kungen	Aus-musterung
1638	1889	802	HOF	394	34 7746	[2]	1926
1639	1889	803	DAHLEN	395	–	[2]	
1640	1889	804	DÖBELN	396	34 7747	[2]	1925
1641	1890	805	OEDERAN	397	34 7748	[2]	1925
1642	1890	806	FREIBERG	398	34 7749	[2]	1926
1643	1890	807	BURGSTÄDT	399	34 7750	[2]	
1687	1890	844	BRADFORD	400	–	[2]	
1688	1890	845	ELROY	401	–	[2]	
1689	1890	846	CHATAM	402	–	[2]	
1690	1890	847	ST. CLAIR	403	34 7751	[2]	1925
1691	1890	848	LOCKPORT	404	34 7752		1926
1692	1890	849	JOHNSTOWN	405	–		
1693	1890	850	BEDFORD	406	34 7753	[2]	1926
1694	1890	851	CUMBERLAND	407	34 7754	[2]	1926
1726	1891	879	VIRGINIA	408	34 7755	[3]	1926
1727	1891	880	INDIANA	409	34 7756	[3]	1925
1728	1891	881	FLORIDA	410	34 7757	[2]	1926
1729	1891	882	COLORADO	411	–		
1730	1891	883	CANADA	412	–	[3]	1925
1731	1891	884	NEBRASKA	413	34 7758	[1] [2]	1926
1732	1891	885	QUITO	414	–	[2]	1921
1733	1891	886	VERACRUZ	415	34 7759	[2]	1926
1734	1891	887	BAHAMA	416	–	[2]	
1735	1891	888	PERU	417	–	[2]	
1819	1891	44	PLAUEN	418	–	[4] [5]	
1820	1891	45	REICHENBACH	419	34 7760	[4] [5]	1926

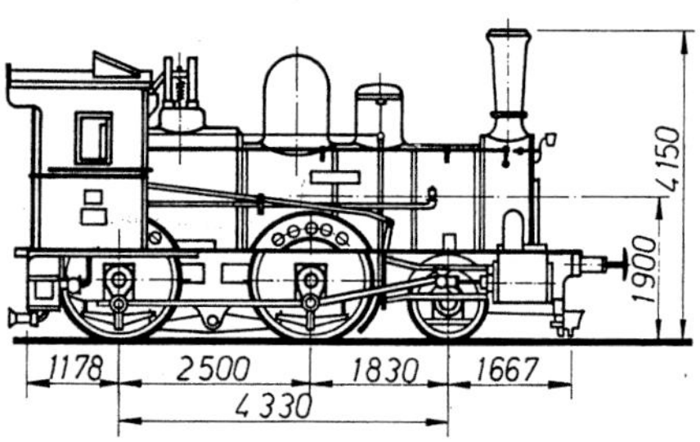

Gattung H IIIb, Baujahre 1889 bis 1891.

Gattung IIIb, Lokomotive Nr. 414 QUITO mit Westinghouse-Bremse.
Urheber unbekannt, Sammlung Meyer

Fabrik-nummer	Bau-jahr	Bahn-nummer	Name	Bahn-nummer ab 1892	Betriebs-nummer ab 1925	Bemer-kungen	Aus-musterung
1821	1891	57	WERDAU	420	34 7761	4) 5)	1926
1822	1891	73	MEERANE	421	–	4) 5)	
1823	1891	76	GLAUCHAU	422	34 7762	4) 5)	1926
1824	1891	89	MITTWEIDA	423	34 7763	4) 5)	1926
1825	1891	96	GROSSENHAIN	424	–	4) 5)	
1826	1891	97	ANNABERG	425	–	4) 5)	
1827	1891	100	CRIMMITSCHAU	426	34 7764	4) 5)	1926

1) ab 1894 Haspel für Heberleinbremse
2) ab 1894 Westinghousebremse
3) ab 1896 Westinghousebremse
4) geliefert mit Druckluftbremse Bauart Schleifer
5) Namen erst ab 1892

2.1.12.10
62 *Lokomotiven, geliefert von Hartmann*
davon 58 Lokomotiven für die Sächsische Staatsbahn,
Gattung H IIIb (ab 1896 Gattung IIIb)

Fabrik-nummer	Bau-jahr	Bahn-nummer	Name	Betriebs-nummer ab 1925	Bemer-kungen	Aus-muste-rung
1879	1893	427	OELSNITZ	34 7765		1925
1880	1893	428	GRIMMA	34 7766		1925
1887	1893	429	HOHENSTEIN	34 7767		1925
1888	1893	430	AUERBACH	34 7768		1926
1889	1893	431	FALKENSTEIN	34 7769		1926
1890	1893	432	LEISNIG	–		
1891	1893	433	BUCHHOLZ	34 7770		1926
1892	1893	434	TREUEN	–		1924
1893	1893	435	NETZSCHKAU	–		
1894	1893	436	LICHTENSTEIN	34 7771		1926
1895	1893	437	LENGENFELD	34 7772		1925
1896	1893	438	ERNSTTHAL	–		
1897	1893	439	SCHÖNECK	–	1)	
1898	1893	440	ADORF	34 7773	1)	
1899	1893	441	SCHLETTAU	–	1)	
1900	1893	442	THARANDT	–		
1901	1893	443	WOLKENSTEIN	34 7774		1928
1949	1893	444	BAUTZEN	34 7775		1925
1950	1893	445	BÄRENSTEIN	34 7776		1925
1951	1893	446	BORSDORF	34 7777		1925
1952	1893	447	COSWIG	34 7778		1928
1953	1893	448	ELSTERBERG	–		
1954	1893	449	GEISING	34 7779	1)	1925
1955	1893	450	HARTENSTEIN	–	1)	
1956	1893	451	MEHLTHEUER	34 7780	1)	1925
1957	1893	452	SAYDA	34 7781		1928
1958	1893	453	SCHEIBENBERG	34 7782		1926
1959	1893	454	ALTENBURG	–		
1960	1893	455	BERGA	34 7783		1926

Fabrik-nummer	Bau-jahr	Bahn-nummer	Name	Betriebs-nummer ab 1925	Bemer-kungen	Aus-muste-rung
1961	1893	456	BRAMBACH	–		
1962	1893	457	BRUNN	–		
1963	1893	458	CROTTENDORF	34 7784		1925
1964	1893	459	DEUTSCHENBORA	–		
1965	1893	460	EGER	34 7785		1925
1966	1893	461	ERLAU	34 7786		1925
1967	1894	462	FALKENAU	34 7787		1926
1968	1894	463	FRANKENSTEIN	–	[1])	
1969	1894	464	FRANZENSBAD	34 7788	[1])	1925
1970	1894	465	GREIZ	34 7789	[1])	1925
1971	1894	466	GROSSBOTHEN	–	[1])	
1972	1894	467	HAINSBERG	–		
1973	1894	468	HERLASGRÜN	34 7790		
1974	1894	469	HILBERSDORF	34 7791		1926
1975	1894	470	MILTITZ	34 7792		1925
2079	1895	471	LICHTENBERG	34 7793		1927
2080	1895	472	LOHMEN	–		
2081	1895	473	MOLDAU	34 7794		1926
2082	1895	474	NEUMARK	34 7795		1926
2083	1895	475	OBERLICHTENAU	34 7796		1926
2084	1895	476	OSTRAU	34 7797		1925
2085	1895	477	REUTH	34 7798		1926
2086	1895	478	RIESA	34 7799		1926
2087	1895	479	ST. EGIDIEN	34 7800		1925
2088	1895	480	THANNDORF	–		
2089	1895	481	WALDKIRCHEN	34 7801		1927
2090	1895	482	WEISCHLITZ	34 7802		1926
2091	1895	483	WILKAU	34 7803		1926
2092	1896	484	WIESENBURG	34 7804		1926

[1]) Haspel für Heberleinbremse (bei Nr. 464 bis Nr. 466 nur bis 1895)

Gattung IIIb, Lokomotive Nr. 461 (ehemalige Lokomotive ERLAU).
Foto Reinstein, Repro Meyer

4 Lokomotiven
für die Zittau-Reichenberger Bahn,
ab 1905 Sächsische Staatsbahn,
Gattung IIIb

Fabriknummer	Baujahr	Bahnnummer	Name	Bahnnummer ab 1905	Betriebsnummer ab 1925	Bemerkungen	Ausmusterung
2077	1895	–	MARS	488	34 7806	[1])	1925
2211	1897	–	SATURN	489	–		1923
2212	1897	–	NEPTUN	490	–		1923
2720	1901	–	RICHARD HARTMANN	491	34 7807		1926

[1]) mit Westinghousebremse geliefert

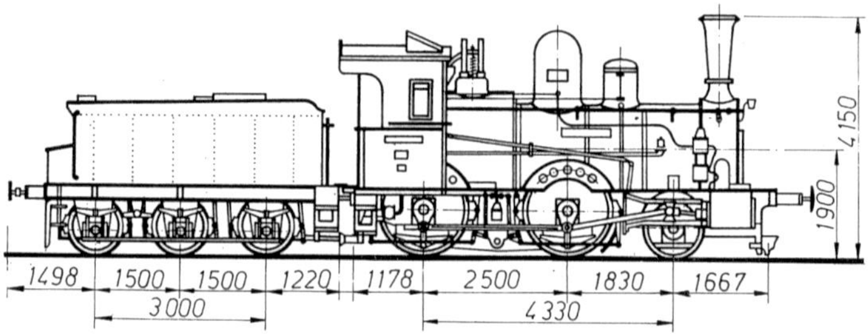

Gattung H IIIb, Baujahre 1893 bis 1901, mit Tender 3 T 9.

Ohne Gattungsbezeichnung

Bauart: B1n2

Erstes Baujahr: 1872
Ausmusterung: bis 1905

Technische Daten: Seite 209

Konstruktive Merkmale

Kessel: Crampton-Kessel mit unterstützter, leicht überhöhter Feuerbüchse. Kleiner Dampfdom auf dem Stehkessel, großer in Langkesselmitte, auf beiden je ein Sicherheitsventil mit Federwaage Bauart Meggenhoven. Gesamtheizfläche 93,3 m^2, Kesseldruck 9,3 bar. Speiseeinrichtung: Zwei Injektoren. Zylindrischer Schornstein mit verstellbarem Blasrohr.

Rahmen: Blech-Innenrahmen, im Bereich der Laufachse Außenrahmen.
Triebwerk: Waagerechte Außenzylinder treiben hintere Kuppelachse an (Scherentriebwerk).
Steuerung: Innensteuerung mit Umstellung durch Händel.
Laufwerk: Treibachsdurchmesser 1692 mm. Starre Laufachse. Gesamtachsabstand 4,25 m. Federn der Kuppelachse untenliegend mit Ausgleichhebel, Laufachsfedern oben (Vierpunktabstützung).

Bremse: Vermutlich Gegendampfbremse.

Lieferfirma	Lieferjahr 1872	Lieferjahr 1874	Stück
Esslingen	6	4	10

Liste der einzelnen Lokomotiven

2.1.13
10 *Lokomotiven, geliefert von Esslingen*
für die Leipzig-Dresdner Eisenbahn,
ab 1874 Kottbus-Grossenhainer Eisenbahn,
ab 1883 Berlin-Anhalter Bahn,
später Preußische Staatseisenbahn,
KED Erfurt

Fabrik-nummer	Bau-jahr	Bahn-nummer	Name	Bahn-nummer ab 1874	Bahn-nummer ab 1883	Be-mer-kungen	Aus-muste-rung
1207	1872	–	WOERTH	1	205		1895
1208	1872	–	SEDAN	2	206		1896
1209	1872	–	SPICHEREN	3	207		1896
1210	1872	–	BRÜX	4	208		1904
1211	1872	–	COLIN	5	209		1902
1212	1872	–	TRIER	6	210		1893
1376	1874	–	LEIPZIG-DRESDEN	7	211		1903
1377	1874	–	GRAVELOTTE	8	212		1905
1378	1874	–	METZ	9	213		1903
1379	1874	–	STRASSBURG	10	214		1899

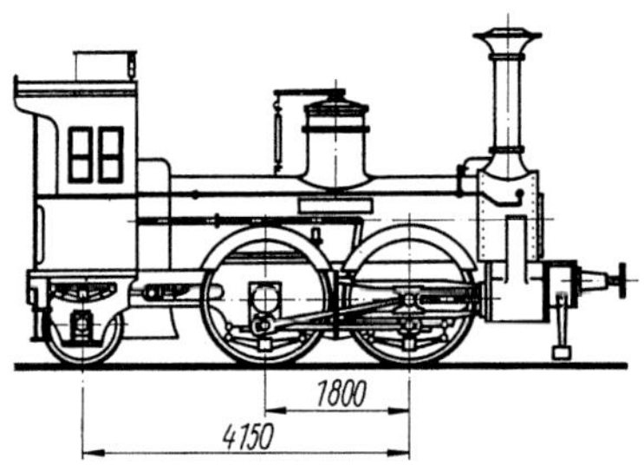

B 1-Lokomotive der Leipzig-Dresdner Eisenbahn.

B1-Lokomotive WOERTH der Leipzig-Dresdner Eisenbahn.
Foto: Mayer, Repro Meyer

VIbV

Bauart: 1'Bn2v

Erstes Baujahr: 1886
Ausmusterung: bis 1925

Technische Daten: Seite 209

DRG-Baureihe 34^{80}

Konstruktive Merkmale

Kessel: Genieteter Langkessel aus 3 Schüssen, halbrunde Stehkesseldecke mit Ventilaufsatz (Ramsbottom-Sicherheitsventil), großer Dampfdom in Kesselmitte. Geneigter Rost (1,8 m²) über der Hinterachse. Heizfläche 102,1 m². Kesseldruck 12,0 bar (nur Lokomotive Nr. 162 CAIRO anfangs 8,5 bar). Mehrteiliger Wasserabscheider im Dampfdom. Zwei nichtsaugende Injektoren. Kegeliger Schornstein, verstellbares Blasrohr.
Rahmen: Innerer Blechrahmen.
Triebwerk: Zweizylinder-Verbundtriebwerk mit waagerechten Außenzylindern, hinter der Laufachse angeordnet und auf die 2. Kuppelachse wirkend (Scherentriebwerk). Dampfeinströmrohr führt vom Dampfdom durch den Sandkasten und auf rechter Kesselseite zum Hochdruckzylinder. Verbinderrohr auf dem rechten Umlauf zur Rauchkammer, dort in einer Rohrschleife durch den Dampfraum des Langkessels, auf dem linken Umlauf zurück zum Niederdruckzylinder. Anfahrvorrichtung Bauart Lindner (Lokomotive Nr. 161 AFRICA anfangs mit Anfahrventil Bauart v. Borries). Lokomotive Nr. 162 CAIRO versuchsweise mit einfachem Zweizylindertriebwerk geliefert und 1888 auf Verbund umgebaut.

Lieferfirma	Lieferjahr			Stück
	1886	1888	1890	
Hartmann	2	6	6	14

Steuerung: Innere Allan-Steuerung. Exzenter auf der 1. Kuppelachse, Bewegung der Schieber von vorn über Umkehrhebel. Umstellung durch Steuerschraube.
Laufwerk: Kuppelachsen mit 1875 mm Durchmesser fest im Rahmen gelagert. Laufachse bei Lokomotiven Nr. 161 und Nr. 162 mit seitenverschiebbarem Novotny-Drehgestell, ab Baujahr 1888 mit Novotny-Klien-Lenkachse. Federung der Kuppelachsen untenliegend mit Ausgleichhebel (Vierpunktabstützung).

Bremse: Lokomotiven ab 1888 mit Gegendampfbremse und Druckluftbremse Bauart Schleifer mit zweiseitiger Abbremsung der 2. Kuppelachse. Lokomotive Nr. 766 PORT SAID versuchsweise 1891 bis 1896 mit Westinghousebremse. Später alle Lokomotiven von Schleifer- auf Westinghousebremse umgerüstet.
Sondereinrichtungen: Viereckiger Sandkasten auf dem Kesselscheitel mit Sandtrocknung durch durchführendes Einströmrohr.
Alle Lokomotiven mit Dampfheizungseinrichtung.

Liste der einzelnen Lokomotiven

2.1.14.1
2 Lokomotiven, geliefert von Hartmann
für die Sächsische Staatsbahn,
Gattung H VIb (ab 1887 Gattung H VIbC, ab 1889 Gattung H VIbV, ab 1896 Gattung VIbV)

Fabriknummer	Baujahr	Bahnnummer	Name	Bahnnummer ab 1892	Bemerkungen	Ausmusterung
1471	1886	734	AFRICA	161	1) 2)	1924
1472	1886	735	CAIRO	162	1)	1923

1) ab 1888 Gegendampfbremse und Druckluftbremse Bauart Schleifer
2) 1891 versuchsweise Ausrüstung mit Westinghousebremse

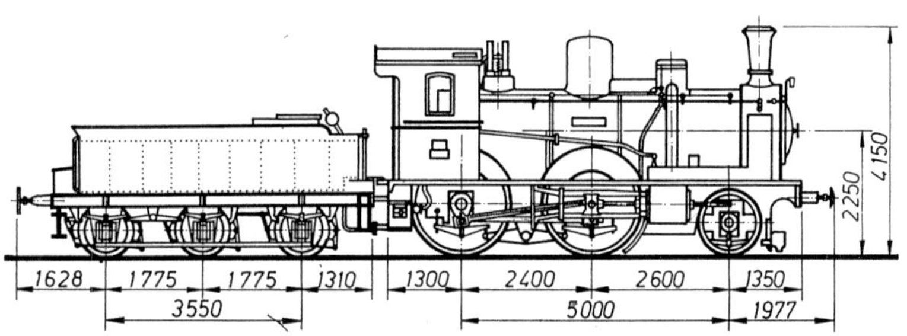

Gattung H VIbV, Baujahr 1886, mit Tender 3 T 7,5.

Gattung VIbV, Lokomotive Nr. 161 (ehemalige Lokomotive AFRICA).
Foto Contius, Repro Meyer

2.1.14.2
6 *Lokomotiven, geliefert von Hartmann* für die Sächsische Staatsbahn, Gattung H VIbC (ab 1889 Gattung H VIbV, ab 1896 Gattung VIbV)

Fabrik-nummer	Bau-jahr	Bahn-nummer	Name	Bahn-nummer ab 1892	Bemer-kungen	Aus-musterung
1542	1888	546	CHARTUM	163		1922
1541	1888	618	ALEXANDRIA	164		1923
1543	1888	623	CAPSTADT	165		1923
1544	1888	764	ALGIER	166		1923
1545	1888	765	TUNIS	167		1923
1546	1888	766	PORT SAID	168	[1])	1923

[1]) ab 1891 Druckluftbremseinrichtung Bauart Westinghouse, 1896 Umrüstung auf Bauart Schleifer (wie alle anderen Lokomotiven).

Gattung VIbV, Lokomotive Nr. 766 PORT SAID.
Werkfoto, Repro Meyer

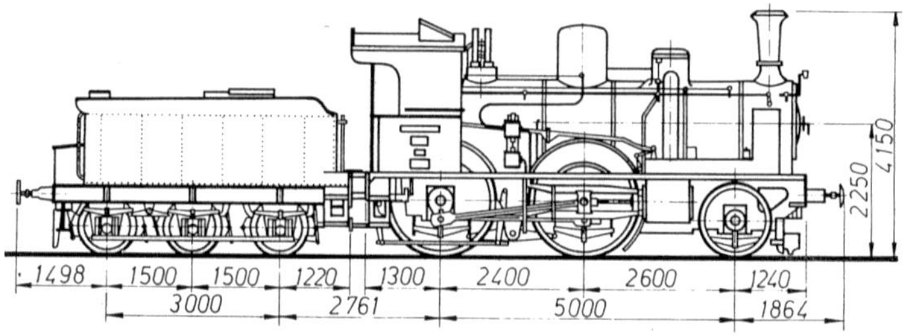

Gattung H VIbV, Baujahr 1888, mit Tender 3 T 9, späteres Aussehen mit Westinghouse-Bremse.

2.1.14.3
6 *Lokomotiven, geliefert von Hartmann* für die Sächsische Staatsbahn, Gattung H VIbV (ab 1896 Gattung VIbV)

Fabrik-nummer	Baujahr	Bahn-nummer	Name	Bahn-nummer ab 1892	Betriebs-nummer ab 1925	Be-mer-kungen	Aus-musterung
1673	1890	826	SANSIBAR	169	–		1922
1674	1890	827	KONGO	170	–		1923
1675	1890	828	ANGOLA	171	–		1922
1676	1890	829	LOANGO	172	–		1922
1677	1890	830	DAMARA	173	34 8011		1925
1678	1890	831	KAMERUN	174	–		1923

Gattung VIbV, Lokomotive Nr. 170 (ehemalige Lokomotive KONGO) im Ausbesserungswerk Hilbersdorf.
Foto Contius, Repro Meyer

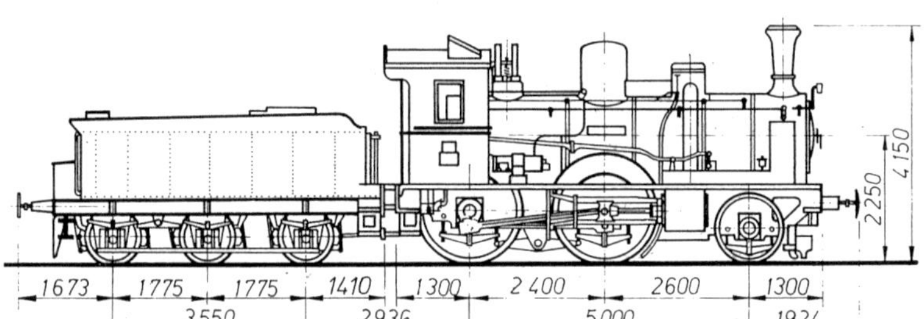

Gattung H VIbV, Baujahr 1890, mit Tender 3 T 12, Ursprungszustand mit Schleifer-Bremse.

IIIbV

Bauart: 1'Bn2v

Erstes Baujahr: 1889
Ausmusterung: um 1925

Technische Daten: Seite 210

DRG-Baureihe 34^{79}

Konstruktive Merkmale

Kessel: Langkessel aus 3 Schüssen, Rohrlänge 3,5 m. Hinterkessel mit halbrunder Decke und zwischen dem Rahmen eingezogen. Rost geneigt über der Treibachse. Feuerschirm über der vorderen Hälfte des Rostes. Gesamtheizfläche 97,0 m^2, Kesseldruck 10,0 bar. Speisung durch zwei nichtsaugende Injektoren mit je 80 l/min Förderleistung. Ramsbottom-Sicherheitsventil auf dem Stehkessel. Dampfdom (mit Wasserabscheider und Regler) auf dem hinteren Kesselschuß.
Rahmen: Genieteter Blech-Innenrahmen mit 27 mm Blechdicke.
Triebwerk: Zweizylinder-Naßdampf-Verbundtriebwerk mit waagerechten Außenzylindern hinter der Laufachse angeordnet. Antrieb der 2. Kuppelachse. Einströmrohr verläuft vom Dampfdom durch den Sandkasten auf der rechten Kesselseite zum Hochdruckzylinder. Verbinderrohr auf dem rechten Umlauf zur Rauchkammer, von da auf dem linken Umlauf zum Niederdruckzylinder.
Steuerung: Innere Allan-Steuerung. Exzenter auf der 1. Kuppelachse. Schieberstangen von vorn über Umkehrhebel angetrieben. Steuerstange betätigt bei ausgelegter Steuerung den Lindner-Anfahrhahn.
Laufwerk: Kuppelachsen (1 560 mm Treibraddurchmesser) fest im Rahmen gelagert. Laufachse als Novotny-Klien-Lenkachse (ohne eigenen Drehgestellrahmen) ausgebildet. Gesamtachsabstand 4,55 m. Tragfedern unter den Achslagern, Kuppelachsfedern durch Ausgleichhebel verbunden (Vierpunktabstützung).
Bremse: Druckluftbremse Bauart Schleifer ursprünglich nur für den Wagenzug, ab 1892 ergänzt durch zweiseitig wirkende Treibradbremse. Später Umbau auf Westinghousebremse.
Sondereinrichtungen: Viereckiger Sandkasten auf dem Kesselscheitel. Mechanischer Sandstreuer sandet die Räder der 1. Kuppelachse bei Vorwärtsfahrt.
Führerhäuser teils mit, teils ohne Seitenfenster.

Lieferfirma	Lieferjahr		Stück
	1889	1892	
Hartmann	3	15	18

Liste der einzelnen Lokomotiven

2.1.15.1
3 *Lokomotiven, geliefert von Hartmann*
für die Sächsische Staatsbahn, Gattung H IIIbV (ab 1896 Gattung IIIbV)

Fabrik-nummer	Bau-jahr	Bahn-nummer	Name	Bahn-nummer ab 1892	Bemer-kungen	Aus-musterung
1 574	1889	796	ONTARIO	501	[1])	1923
1 575	1889	797	STIRLING	502	[1])	1923
1 576	1889	798	FREEPORT	503	[1])	1923

[1]) Druckluftbremse Bauart Schleifer, ab 1894 Westinghouse-Bremse

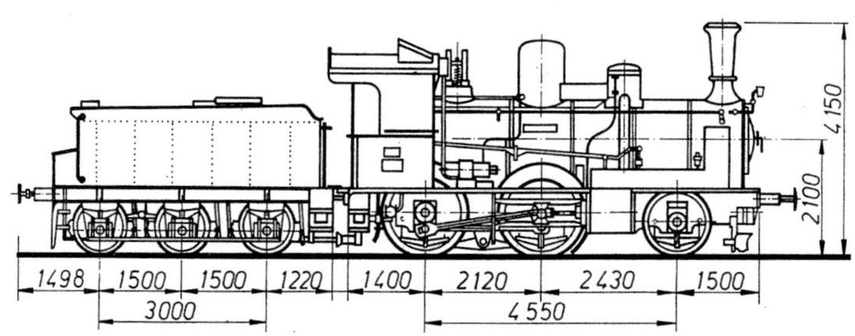

Gattung H IIIbV, Baujahr 1889, mit Tender 3 T 9.

Gattung IIIbV, Lokomotive Nr. 796 ONTARIO mit Druckluftbremseinrichtung für den Wagenzug. Liegende Schleifer-Luftpumpe mit Auspuffschalldämpfer. Deutlich sichtbar ist der von der Steuerstange betätigte Lindner-Anfahrhahn.
Werkfoto, Repro Meyer

2.1.15.2
15 *Lokomotiven, geliefert von Hartmann*
für die Sächsische Staatsbahn, Gattung H IIIbV (ab 1896 Gattung IIIbV)

Fabriknummer	Baujahr	Bahnnummer	Name	Betriebsnummer ab 1925	Bemerkungen	Ausmusterung
1829	1892	504	MANNHEIM	–		1923
1830	1892	505	DORTMUND	–		1923
1831	1892	506	GOTHA	34 7901		
1832	1892	507	MINDEN	–		1923
1833	1892	508	AACHEN	–		1923
1834	1892	509	HEIDELBERG	–		1923
1835	1892	510	CASSEL	–		
1836	1892	511	HAMBURG	–		
1837	1892	512	MAGDEBURG	–		
1838	1892	513	BREMEN	34 7902		
1839	1892	514	WÜRZBURG	–		
1840	1892	515	NÜRNBERG	–		
1841	1892	516	FRANKFURT	–		
1842	1892	517	REGENSBURG	–		
1843	1892	518	AUGSBURG	–		1923

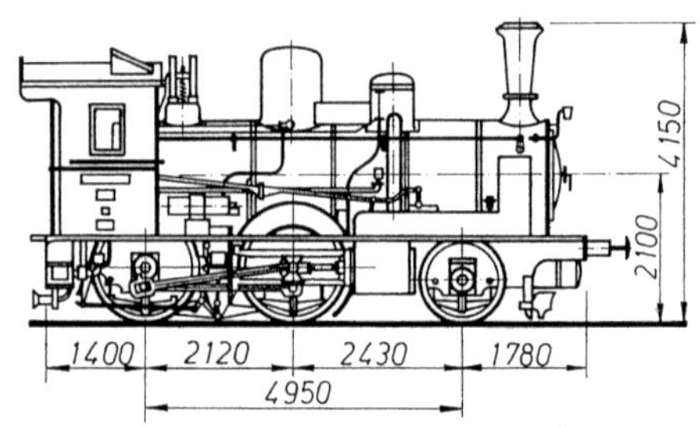

Gattung H IIIbV, Baujahr 1892, mit Schleifer-Druckluftbremse.

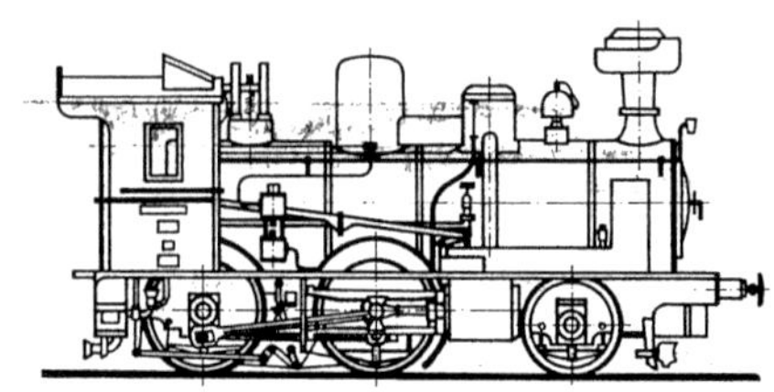

Lokomotive Nr. 504, späteres Aussehen mit Westinghouse-Bremse.

Gattung IIIbV, Lokomotive Nr. 515 (ehemalige Lokomotive NÜRNBERG) mit Westinghouse-Bremse.
Foto Reinstein, Repro Meyer

VIII_2

Bauart: 2'nBn2

Erstes Baujahr: 1891
Ausmusterung: bis 1927

Technische Daten: Seite 210

DRG-Baureihe 13^{70}

Konstruktive Merkmale

Kessel: Genieteter Langkessel aus 3 Schüssen (davon der vordere nur etwa 400 mm lang). Stehkessel mit halbrunder Decke. Geneigter Rost von 2,3 m^2 (vorderes Viertel als Kipprost) über der Hinterachse. Rohrlänge etwa 4,0 m, Heizfläche etwa 120 m^2. Kesselspeisung durch zwei Injektoren mit je 120 l/min Förderleistung. Kesseldruck zunächst 10,0 bar, bei der 2. Lieferserie 12,0 bar. Ramsbottom-Sicherheitsventil auf dem Hinterkessel. Gußeiserner Prüsmann-Schornstein.

Rahmen: Genieteter Blech-Innenrahmen.

Triebwerk: Zweizylinder-Naßdampf-Triebwerk mit waagerechten Außenzylindern. Antrieb der 1. Kuppelachse. Treibstange hinter der Kuppelstange liegend. Treib- und Kuppelstangen mit I-Querschnitt. Kuppelstangen mit Buchsenlagern.

Steuerung: Innere Allan-Steuerung mit Umstellung durch Schraube. Bewegung der Schieberstubstange wird durch Umkehrwelle auf die äußeren Flachschieber übertragen. Einige Maschinen (belegt für Nr. 105 und Nr. 106) später versuchsweise mit Kolbenschieber und Lindner-Nachfüllschieber ausgerüstet. Voreilbewegung des Nachfüllschiebers vom Kreuzkopf abgeleitet.

Laufwerk: Kuppelachsen fest gelagert. Vorderes Drehgestell mit 2,4 m Achsabstand; Wiege um Kugelzapfen drehbar (Bauart Erfurt). Gesamtachsabstand 6,75 m. Drehgestell mit obenliegenden Einzelfedern, Kuppelachsfedern unter den Achslagern und durch Ausgleichhebel verbunden (Dreipunktabstützung).

Bremse: Bei Lokomotiven der 1. Lieferung (1891) zweiseitig auf die Räder der Kuppelachsen wirkende Druckluftbremse Bauart Schleifer, später durch Westinghouse-Bremse ersetzt; bei Lokomotiven der 2. Bauserie Westinghouse-Bremse. Luftbehälter auf dem Umlauf beiderseitig neben der

Lieferfirma	Lieferjahr		Stück
	1891	1894	
Hartmann	10	10	20

Rauchkammer angeordnet. Nr. 111 bis Nr. 120 nur mit einem Luftbehälter auf dem linken Umlauf.

Sondereinrichtungen: Viereckiger Sandkasten mit mechanischer Streueinrichtung für die Räder der 1. Kuppelachse bei Vorwärtsfahrt.

Liste der einzelnen Lokomotiven

2.1.16.1

10 *Lokomotiven, geliefert von Hartmann* für die Sächsische Staatsbahn,

Gattung H VIIIb (ab 1896 Gattung VIIIb2, später Gattung VIII_2)

Fabriknummer	Baujahr	Bahnnummer	Name	Bahnnummer ab 1892	Betriebsnummer ab 1925	Bemerkungen	Ausmusterung
1749	1891	869	STOCKHOLM	101	13 7001		
1750	1891	870	ATHEN	102	–		1922
1751	1891	871	BUKAREST	103	13 7002		1927
1752	1891	872	ODESSA	104	13 7003		
1753	1891	873	PALERMO	105	13 7004	[1])	1925
1754	1891	874	BARCELONA	106	–	[1])	1924
1755	1891	875	OPORTO	107	–		
1756	1891	876	DUBLIN	108	13 7005		
1757	1891	877	ANTWERPEN	109	13 7006		1925
1758	1891	878	ROTTERDAM	110	13 7007		1928

[1]) später mit Lindner-Nachfüllschieber

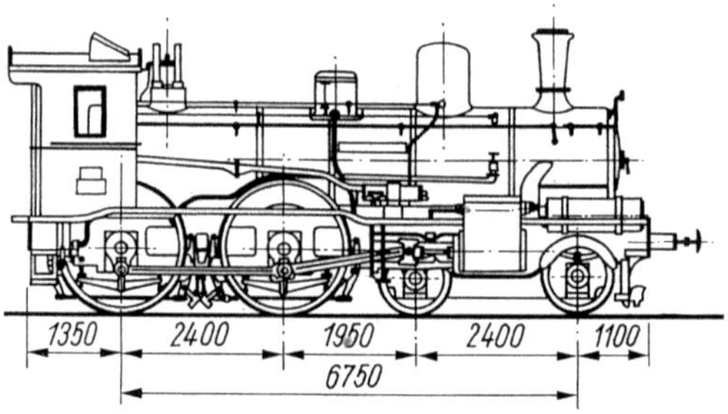

Gattung H VIIIb, Baujahr 1891, Ursprungszustand mit Schleifer-Bremse.

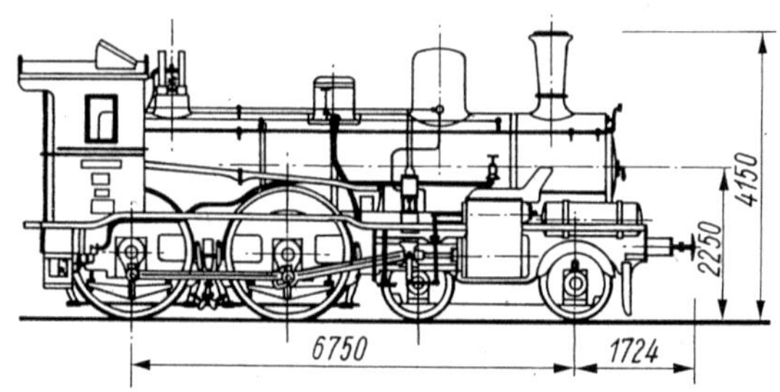

Gattung H VIIIb, Baujahr 1891, späteres Aussehen mit Westinghouse-Bremse und Kolbenschiebern.

Gattung H VIIIb, Lokomotive Nr. 869 STOCKHOLM mit Schleifer-Bremse.
Werkfoto, Repro Meyer

2.1.16.2
10 *Lokomotiven, geliefert von Hartmann* für die Sächsische Staatsbahn, Gattung H VIIIb (ab 1896 Gattung VIIIb2, später Gattung VIII_2)

Fabrik-nummer	Bau-jahr	Bahn-nummer	Name	Betriebs-nummer ab 1925	Bemer-kungen	Aus-musterung
2000	1894	111	ZWEITAUSEND	–		1923
1999	1894	112	LONDON	–		
2001	1894	113	INNSBRUCK	13 7008		1925
2002	1894	114	MAINZ	–		
2003	1894	115	METZ	13 7009		1927
2004	1894	116	MÜHLHAUSEN	13 7010		1925
2005	1894	117	PASSAU	–		1923
2006	1894	118	BUDAPEST	13 7011		1925
2007	1894	119	PRIESTEWITZ	–		1923
2008	1894	120	SALZBURG	13 7012		

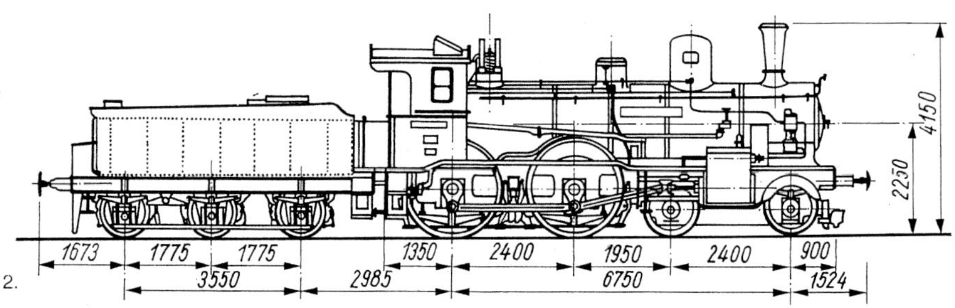

Gattung H VIIIb, Baujahr 1894, mit Tender 3 T 12.

Gattung VIII_2, Lokomotive Nr. 118 (ehemalige Lokomotive BUDAPEST).
Urheber unbekannt, Repro Meyer

VIII V_1

Bauart: 2'Bn2v

Erstes Baujahr: 1896
Ausmusterung: bis 1930

Technische Daten: Seite 211

DRG-Baureihen 13^{71}, 13^{15}

Konstruktive Merkmale

Kessel: Genieteter Kessel mit Belpaire-Feuerbüchse. Hinterkessel zwischen dem Rahmen eingezogen. Rost (2,3 m²) geneigt über der Hinterachse. Dampfdom auf vorderem Langkessel. Ramsbottom-Sicherheitsventil auf dem Stehkessel, ab 3. Bauserie zwei Pop-Ventile. Verlängerte Rauchkammer mit runder Tür und Zentralverschluß. Kegeliger Schornstein. Kesselspeisung durch zwei nichtsaugende Injektoren. Nr. 142 versuchsweise mit Vorwärmer Bauart Atlas und liegender Kolbenspeisepumpe auf dem linken Umlauf. Kesseldruck 12,0 bar (ab Baujahr 1900 auf 13,0 bar erhöht). Gesamtheizfläche etwa 118 m² (3. Bauserie 129 m²).

Rahmen: Genieteter Blech-Innenrahmen.

Triebwerk: Zweizylinder-Naßdampf-Verbundtriebwerk (HD-Zylinder rechts, ND-Zylinder links) mit waagerechten Außenzylindern. Antrieb der 1. Kuppelachse. Treibstange bei den Lokomotiven der 1. Bauserie vor, bei den Lokomotiven der 2. und 3. Bauserie hinter der Kuppelstange liegend. Stangen mit I-Querschnitt, Lager durch Keile einstellbar.

Steuerung: Außenliegende Heusinger-Steuerung. Verstellung der Schieberschubstange in der Schwinge über kompliziertes System von Winkel- und Umkehrhebeln bei untenliegender Steuerwelle. „Hängeeisen" greift bei den Lokomotiven der 1. Bauserie hinter der Schwinge, bei den Lokomotiven der folgenden Bauserien vor dieser an der Schieberschubstange von unten an. Flachschieber, neue Lindnersche Anfahrvorrichtung.

Laufwerk: Drehgestell mit Kugelpfanne und Wiege, Bauart Erfurt, Achsstand 2150 mm, Einzelfedern für jedes Achslager. Kuppelachsen (1885 mm Raddurchmesser) fest gelagert. Federung unten mit Ausgleichhebel (Dreipunktabstützung). Gesamtachsabstand 6,8 m.

Bremse: Druckluftbremse Bauart Westinghouse mit zweiseitiger Abbremsung der Räder beider Kuppelachsen.

Sondereinrichtungen: Viereckiger Sandkasten mit handbetätigter Steuereinrichtung für die Räder der 1. Kuppelachse (nur vorwärts). 3. Bauserie mit zusätzlichem Antrieb des mechanischen Sandstreuers durch die Heusinger-Steuerung. Verlängertes Führerhaus mit zwei Seitenfenstern.

Lieferfirma	Lieferjahr			Stück
	1896	1897	1900	
Hartmann	10	10	12	32

Liste der einzelnen Lokomotiven
2.1.17.1
10 *Lokomotiven, geliefert von Hartmann* für die Sächsische Staatsbahn, Gattung VIIIb V_1 (ab 1900 Gattung VIII V_1)

Fabrik-nummer	Bau-jahr	Bahn-nummer	Name	Betriebs-nummer ab 1925	Bemer-kungen	Aus-musterung
2138	1896	121	AMBERG	13 7101		1926
2139	1896	122	ASCHAFFENBURG	–		1923
2140	1896	123	BAMBERG	13 7102		vor 1927
2141	1896	124	BAYREUTH	13 7103		1929
2142	1896	125	BRESLAU	–		vor 1923
2143	1896	126	BERLIN	13 7104		vor 1927
2144	1896	127	LANDSHUT	13 7105		1925
2145	1896	128	ZÜRICH	–		1923
2146	1896	129	TRIER	13 7106		vor 1927
2147	1896	130	EISENACH	13 7107		1928

Gattung VIII V_1, Lokomotive Nr. 121 (ehemalige Lokomotive AMBERG).
Foto Contius, Repro Meyer

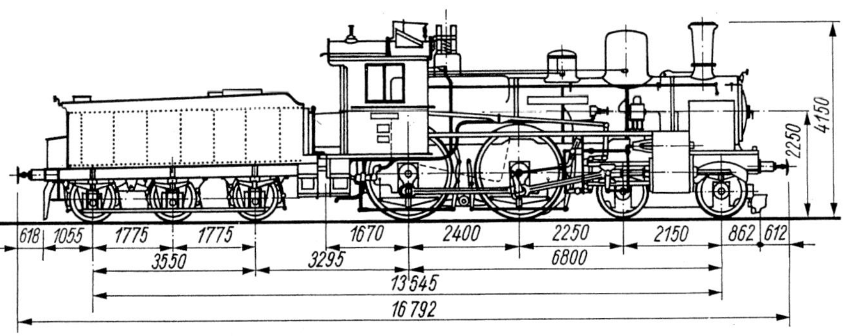

Gattung VIIIbV_1, Baujahr 1896, mit Tender 3 T 12, Nr. 153 bis 190

2.1.17.2
10 *Lokomtiven, geliefert von Hartmann* für die Sächsische Staatsbahn, Gattung VIIIbV1 (ab 1900 Gattung VIII V_1)

Fabrik-nummer	Bau-jahr	Bahn-nummer	Name	Betriebs-nummer ab 1925	Bemer-kungen	Aus-musterung
2242	1897	131	ZWICKAU	137108		1929
2243	1897	132	GÖSSNITZ	137109		1929
2244	1897	133	WARNSDORF	137110		1929
2245	1897	134	LEIPZIG	–		vor 1923
2246	1897	135	DRESDEN	137111		1930
2247	1897	136	KÖNIGSTEIN	137112		1925
2248	1897	137	SCHANDAU	–		vor 1924
2249	1897	138	BODENBACH	–		vor 1924
2250	1897	139	TETSCHEN	–		1923
2251	1897	140	RÖDERAU	–		1923

Gattung VIIIV₁, Lokomotive Nr. 137 (ehemalige Lokomotive SCHANDAU).
Foto Reinstein, Repro Meyer

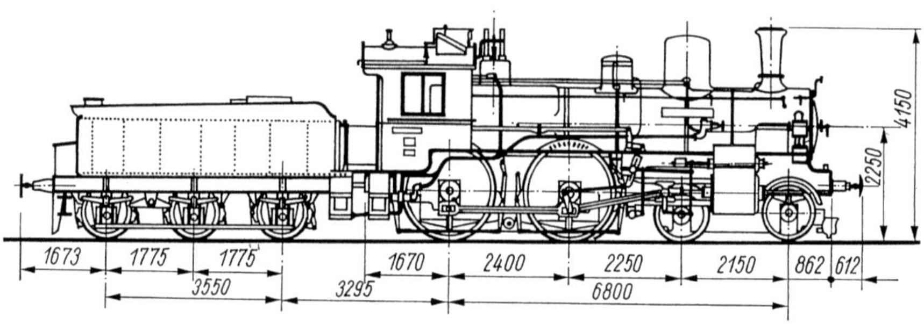

Gattung VIIIbV₁, Baujahr 1897, mit Tender 3 T 12, Nr. 153 bis 190

2.1.17.3
12 Lokomotiven, geliefert von Hartmann
für die Sächsische Staatsbahn, Gattung VIII V_1

Fabrik-nummer	Bau-jahr	Bahn-nummer	Name	Betriebs-nummer ab 1925	Bemer-kungen	Aus-musterung
2511	1900	141	ALTONA	13 1501		vor 1927
2512	1900	142	BROMBERG	13 1502	[1])	1925
2513	1900	143	ELBERFELD	13 1503		1925
2514	1900	144	ELBING	13 1504		1925
2515	1900	145	MÜNCHEN	13 1505		1929
2516	1900	146	MÜNSTER	13 1506		1925
2517	1900	147	SCHWERIN	–		1923
2518	1900	148	STETTIN	13 1507		1927
2519	1900	149	STRALSUND	13 1508		1927
2520	1900	150	TILSIT	13 1509		1930
2521	1900	151	TÜBINGEN	13 1510		1928
2522	1900	152	WEIMAR	13 1511		1925

[1]) später mit Speisewasservorwärmer Bauart Atlas auf dem rechten Umlauf und liegende Kolbenspeisepumpe auf dem linken Umlauf

Gattung VIII V_1, Lokomotive Nr. 149 (ehemalige Lokomotive STRALSUND).
Foto Contius, Repro Meyer

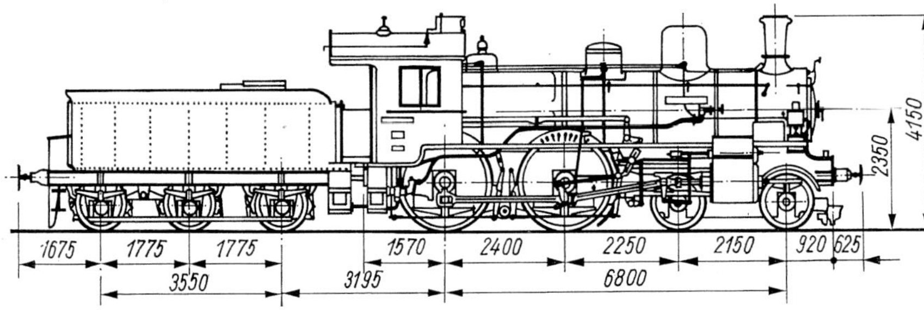

Gattung VIII V_1, Baujahr 1900, mit Tender 3 T 15, Nr. 191 bis Nr. 200.

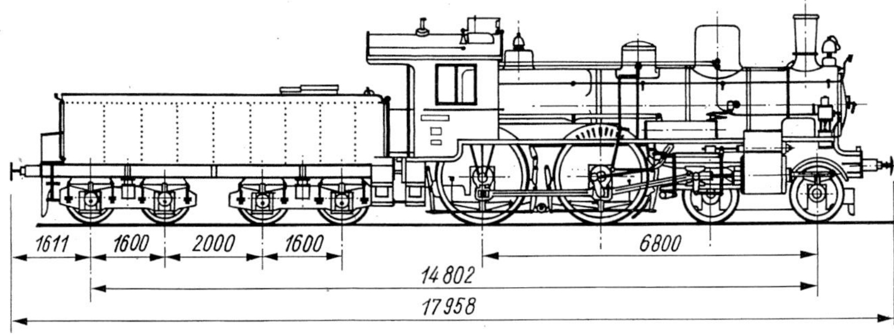

Gattung VIII V_1, Lokomotive Nr. 142 mit Vorwärmer Bauart Atlas, späteres Aussehen. Tender 2′2′T 21 Nr. 180, Nr. 196 bis Nr. 200 (neue Nr. 95 bis Nr. 100).

VIII V_2

Bauart: 2'Bn2v

Erstes Baujahr: 1896
Ausmusterung: bis 1931

Technische Daten:
Seiten 211 und 212

DRG-Baureihe 36^{9-10}

Konstruktive Merkmale

Kessel: Genieteter Kessel mit Belpaire-Feuerbüchse und 3,8 m Rohrlänge. Hinterkessel zwischen den Rahmenwangen eingezogen. Rost geneigt über der Hinterachse. Gesamtheizfläche 112 m^2 (ab Baujahr 1900 auf 131 m^2 vergrößert), Kesseldruck 12,0 bar (ab Baujahr 1900 auf 13,0 bar erhöht). Dampfdom auf vorderem Langkessel. Kesselspeisung durch 2 nichtsaugende Dampfstrahlpumpen der Bauart Schäfer & Buddenberg (120 l/min Förderleistung). Ramsbottom-Sicherheitsventil auf dem Stehkessel (Baujahr 1900 mit zwei Pop-Ventilen). Kegeliger Schornstein. Rauchkammertür mit Zentralverschluß.
Rahmen: Genieteter Blechrahmen mit 30 mm Wangendicke, vorn um 160 mm eingezogen.
Triebwerk: Zweizylinder-Naßdampf-Verbundtriebwerk mit waagerechten Außenzylindern treibt die 1. Kuppelachse an. Treibstange liegt hinter der Kuppelstange. Stangen mit I-Querschnitt, geteilte und nachstellbare Stangenlager.
Steuerung: Außenliegende Heusinger-Steuerung mit Verstellung durch Steuerschraube. 1. Lieferung mit kurzen Hängeeisen, ab Baujahr 1897 tiefliegende Steuerwelle und Verstellung der Schieberschubstange von unten. Flachschieber. Neue Anfahrvorrichtung nach Lindner.
Laufwerk: Zweiachsiges Drehgestell mit 2,15 m Achsabstand und 39 mm Seitenbeweglichkeit. Kuppelachsen mit 1590 mm Kuppelraddurchmeser starr gelagert. Gesamtachsstand 6,6 m. Federung im Drehgestell einzeln, Kuppelachsfedern untenliegend mit Längsausgleich (Dreipunktabstützung).
Bremse: Druckluftbremse Bauart Westinghouse mit zweiseitiger Abbremsung der Kuppelräder.
Sondereinrichtungen: Mechanischer Sandstreuer für die Räder der 1. Kuppelachse bei Vorwärtsfahrt. Letzte Lieferserie (ab Baujahr 1900) mit zusätzlichem Antrieb des Sandstreuers von der rechten Schwinge aus. Spätere Ausrüstung der Lokomotiven mit Dampfläutewerk.

Lieferfirma	Lieferjahr							Stück
	1896	1897	1898	1899	1900	1901	1902	
Hartmann	3	25	2	20	13	24	6	93
Schwartzkopff					10			10
Esslingen					6	4		10
Linke-Hofmann						5		5
	3	25	2	20	29	33	6	118

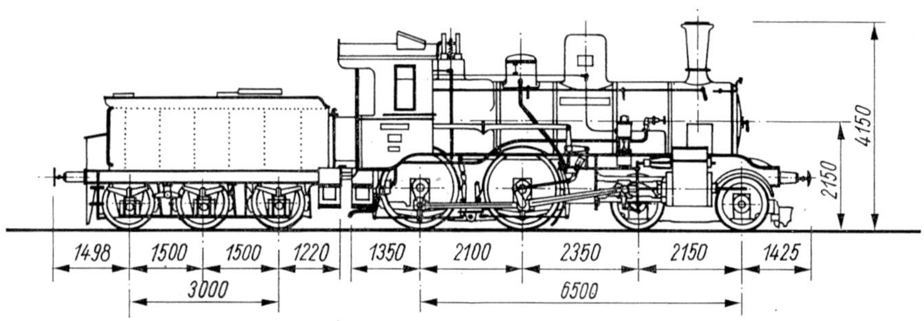

Gattung VIIIbV_2, Lokomotiven Nr. 519 bis 538, mit Tender 3 T 9 Nr. 401 bis Nr. 438, Nr. 445 bis Nr. 693 (später Nr. 2401 ff).

Gattung VIII V_2, Lokomotive Nr. 533 (ehemalige Lokomotive STRAUBING).
Foto Contius, Repro Meyer

Liste der einzelnen Lokomotiven

2.1.18.1
20 Lokomotiven, geliefert von Hartmann
für die Sächsische Staatsbahn, Gattung VIIIbV_2 (ab 1900 Gattung VIII V_2)

Fabrik-nummer	Bau-jahr	Bahn-nummer	Name	Betriebs-nummer ab 1925	Bemer-kungen	Aus-musterung
2191	1896	519	ESSLINGEN	36 901		1926
2192	1896	520	FRIEDLAND	36 902		1926
2193	1896	521	GIESSEN	36 903		1928
2194	1897	522	GRAVENSTEIN	36 904		1926
2195	1897	523	GRAZ	36 905		1926
2196	1897	524	GERA	36 906		1926
2197	1897	525	KOHLFURT	36 907		1926
2198	1897	526	KOMOTAU	36 908		
2199	1897	527	LINZ	36 909		1926
2200	1897	528	MEUSELWITZ	–	[1]) PKP Od 101-1	
2201	1897	529	NEUKIRCHEN	36 910		1926
2202	1897	530	POSEN	36 911		1926
2203	1897	531	RASCHAU	36 912		1926
2204	1897	532	ROSITZ	36 913		
2205	1897	533	STRAUBING	36 914		1929
2206	1897	534	WEIPERT	36 915		1926
2207	1897	535	WIESA	36 916		1926
2208	1897	536	WÜRSCHNITZ	36 917		1926
2209	1897	537	ZELLA	36 918		1926
2210	1897	538	ZEITZ	36 919		1926

[1]) Kriegsverlust im ersten Weltkrieg (mit Tender Nr. 2371)

2.1.18.2
10 *Lokomotiven, geliefert von Hartmann*
für die Sächsische Staatsbahn, Gattung VIII V_2

Fabrik-nummer	Bau-jahr	Bahn-nummer	Name	Betriebs-nummer ab 1925	Bemer-kungen	Aus-musterung
2252	1897	539	MARIENBERG	36 921		1929
2253	1897	540	SCHWARZENBERG	36 922		1926
2254	1897	541	ELSTERWERDA	36 923		1926
2255	1897	542	DIPPOLDISWALDE	36 924		
2256	1897	543	GLASHÜTTE	36 925		1926
2257	1897	544	POTSCHAPPEL	36 926		1926
2258	1897	545	KÖTZSCHENBRODA	36 927		1926
2259	1897	546	RADEBEUL	36 928		1931
2260	1898	547	JOCKETA	36 929		1930
2261	1898	548	OLBERNHAU	36 930		1928

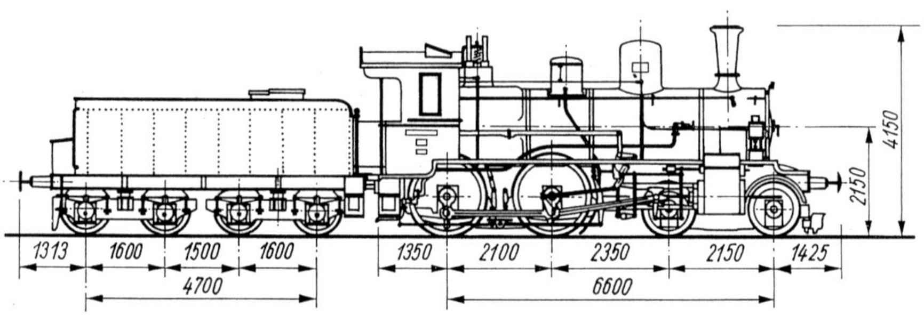

Gattung VIII V_2, Lokomotiven Nr. 539 bis Nr. 548, mit Tender 2′2′ T 16 Nr. 201 bis Nr. 214.

Gattung VIII V_2, Lokomotive Nr. 544 (ehemalige Lokomotive POTSCHAPPEL).
Foto Reinstein, Repro Meyer

2.1.18.3
20 Lokomotiven, geliefert von Hartmann für die Sächsische Staatsbahn, Gattung VIII V_2

Fabrik-nummer	Bau-jahr	Bahn-nummer	Name	Betriebs-nummer ab 1925	Bemer-kungen	Aus-musterung
2361	1899	549	KÖNIGSBERG	36 931		1928
2362	1899	550	STUTTGART	36 932		
2363	1899	551	DANZIG	36 933		1931
2364	1899	552	KREFELD	36 934		
2365	1899	553	KIEL	36 935		1931
2366	1899	554	WIESBADEN	36 936		1930
2367	1899	555	DUISBURG	36 937		1927
2368	1899	556	LÜBECK	–		vor 1925
2369	1899	557	POTSDAM	36 938		
2370	1899	558	SPANDAU	36 939		
2371	1899	559	FREIBURG	36 940		
2372	1899	560	APOLDA	36 941		
2373	1899	561	ARNSTADT	36 942		
2374	1899	562	BADEN	–		vor 1925
2375	1899	563	BENSHEIM	36 943		1930
2376	1899	564	BERNBURG	36 944		
2377	1899	565	BIBERACH	36 945		
2378	1899	566	BINGEN	36 946		1930
2379	1899	567	BRUCHSAL	36 947		
2380	1899	568	CÖTHEN	36 948		

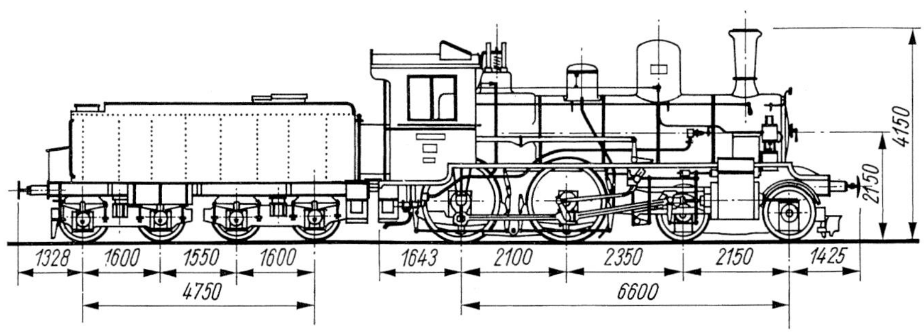

Gattung VIII V_2, Baujahr 1899, mit Tender 2′2′ T 16 Nr. 215 bis Nr. 224.

Gattung VIII V_2, Lokomotive Nr. 565 (ehemalige Lokomotive BIBERACH).
Foto Contius, Repro Meyer

2.1.18.4
68 *Lokomotiven, geliefert von verschiedenen Herstellern* für die Sächsische Staatsbahn, Gattung VIII V_2

Hersteller	Fabriknummer	Baujahr	Bahnnummer	Betriebsnummer ab 1925	Bemerkungen	Ausmusterung
Hartmann	2523	1900	569	–		vor 1923
	2524	1900	570	36 951		1926
	2525	1900	571	36 952		1928
	2526	1900	572	36 953		1928
	2527	1900	573	–		1923
	2528	1900	574	36 954		1926
	2529	1900	575	36 955		1930
	2530	1900	576	36 956		1930
	2531	1900	577	36 957		1925
	2532	1900	578	36 958		1925
	2533	1900	579	36 959		1926
	2534	1900	580	36 960		1931
	2535	1900	581	36 961		
Schwartzkopff	2784	1900	582	36 962		1926
	2785	1900	583	36 963		1929
	2786	1900	584	36 964		1926
	2787	1900	585	36 965		1926
	2788	1900	586	36 966		1926
	2789	1900	587	36 967		1926

Gattung VIII V_2, Lokomotive Nr. 571.
Foto Reinstein, Repro Meyer

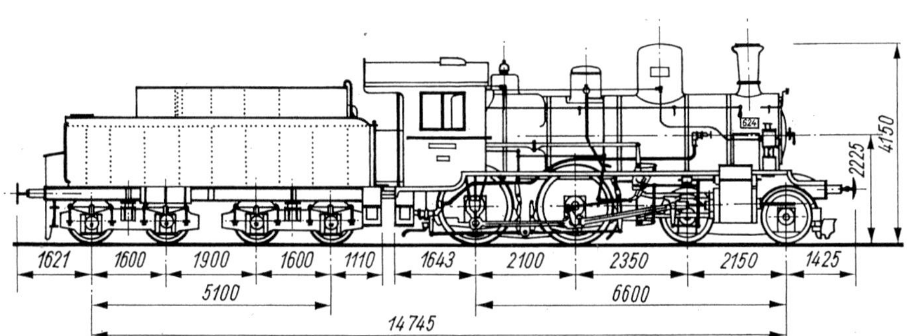

Gattung VIII V_2, ab Baujahr 1900, mit Tender 2′2′ T 21 Nr. 246 bis Nr. 260.

Hersteller	Fabrik-nummer	Bau-jahr	Bahn-nummer	Betriebs-nummer ab 1925	Bemer-kungen	Aus-musterung
Schwartzkopff	2790	1900	588	36 968		1925
	2791	1900	589	36 969		
	2792	1900	590	36 970		
	2793	1900	591	36 971		
Esslingen	3127	1900	592	36 972		
	3128	1900	593	36 973		1927
	3129	1900	594	36 974		1931
	3130	1900	595	36 975		1931
	3131	1900	596	36 976		1928
	3132	1900	597	36 977		1931
	3133	1901	598	36 978		1930
	3134	1901	599	36 979		1931
	3135	1901	600	36 980		
	3136	1901	601	36 981		1926
Linke-Hofmann	50	1901	602	36 982		1927
	51	1901	603	36 983		
	52	1901	604	36 984		1930
	53	1901	605	36 985		
	54	1901	606	36 986		1926
Hartmann	2652	1901	607	36 987		1926
	2653	1901	608	36 988		1926
	2654	1901	609	36 989		
	2655	1901	610	36 990		
	2656	1901	611	36 991		
	2657	1901	612	36 992		
	2658	1901	613	36 993		1931
	2659	1901	614	36 994		
	2660	1901	615	36 995		1930
	2661	1901	616	36 996		
	2662	1901	617	36 997		
	2663	1901	618	36 998		
	2664	1901	619	36 999		
	2665	1901	620	36 1000		
	2666	1901	621	36 1001		
	2667	1901	622	36 1002		
	2668	1901	623	36 1003		1923/24
	2669	1901	624	36 1004		
	2670	1901	625	–		
	2671	1901	626	36 1005		
	2672	1901	627	36 1006		1931
	2673	1901	628	36 1007		
	2674	1901	629	36 1008		1925
	2675	1901	630	36 1009		
	2676	1902	631	–		
	2677	1902	632	36 1010		1931
	2678	1902	633	36 1011		
	2679	1902	634	36 1012		
	2680	1902	635	36 1013		
	2681	1902	636	36 1014		

X V

Bauart: 2'B1'n4v

Erstes Baujahr: 1900
Ausmusterung: bis 1926

Technische Daten: Seite 212

DRG-Baureihe 14^2

Konstruktive Merkmale

Kessel: Genietet, mit Belpaire-Feuerbüchse, Hinterkessel zwischen den Rahmenwangen eingezogen. Dampfdom nur auf dem vorderen Kesselschuß. Rohrlänge 4,7 m. Rostfläche 2,4 m^2, Heizfläche 160,8 m^2 (erste zwei Lokomotiven mit 165,2 m^2). Kesseldruck 15,0 bar. Sicherheitsventile Bauart Pop. Kesselspeisung durch zwei Injektoren.
Rahmen: Blech-Innenrahmen. Im Bereich des Innentriebwerks um 180 mm nach außen gekröpft.

Lieferfirma	Lieferjahr			Stück
	1900	1902	1903	
Hartmann	2	7	6	15

Triebwerk: Zweiachsantrieb Bauart De Glehn; äußere Hochdruckzylinder treiben die 2. Kuppelachse, innere Niederdruckzylinder die 1. Kuppelachse an. Anfahrvorrichtung nach Lindner.
Steuerung: Außen Heusinger-Steuerung mit Steuerschraube und Hängeeisen, innen Joy-Steuerung. Entlastete Flachschieber.
Laufwerk: Drehgestell Bauart Erfurt mit 2,15 m Achsabstand. Schleppachse als Adamsachse bei Nr. 175 und Nr. 176 mit 1 065 mm Raddurchmesser, (später vergrößert), bei allen übrigen Maschinen mit 1 240 mm Raddurchmesser. Kuppelachsen mit 1 980 mm Raddurchmesser, fest gelagert. Kuppelachsfedern untenliegend mit Ausgleichhebel. Schleppachse bei den ersten beiden Lokomotiven mit zwei Querfedern, später Längsfedern, durch Ausgleichhebel mit der Kuppelachsgruppe verbunden (Dreipunktabstützung). Drehgestellachsfedern mit Ausgleichhebel. Gesamtachsabstand 9,35 m (fester Achsabstand 2,15 m).
Bremse: Westinghouse-Bremse mit einseitiger Abbremsung der Räder der Drehgestell- und Kuppelachsen. Luftpumpe bei Nr. 175 und Nr. 176 rechts, bei Serienlieferung links angebracht.
Sondereinrichtungen: Friedmann-Schmierpumpe für Zylinder und Schieber. Sandkasten in Kesselmitte. Druckluftsandstreuer für die Räder beider Kuppelachsen bei Vorwärtsfahrt. Nr. 194 mit zwei Sandkästen und zusätzlichem mechanischem Sandstreuer Bauart v. Helmholtz (Antrieb durch den rechten Kreuzkopf). Führerhaus mit Windschneide und Tür zum linken Umlauf. Tachometer Bauart Haußhälter. Gasbeleuchtung.

Liste der einzelnen Lokomotiven

2.1.19.1
2 Lokomotiven, geliefert von Hartmann
für die Sächsische Staatsbahn, Gattung X V

Fabriknummer	Baujahr	Bahnnummer		Betriebsnummer	Bemerkungen	Ausmusterung
		ab 1900	ab 1902	ab 1925		
2492	1900	176	182	14 201		1925
2600	1900	175	181	14 202	[1])	1926

[1]) Grand Prix der Weltausstellung Paris 1900

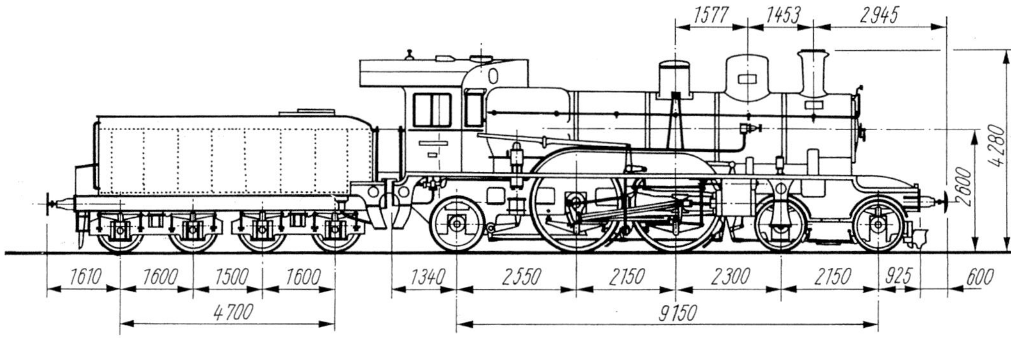

Gattung X V, Lokomotiven Nr. 175 und 176, mit Tender 2'2' T 18, Nr. 35 und Nr. 36, Ursprungszustand.

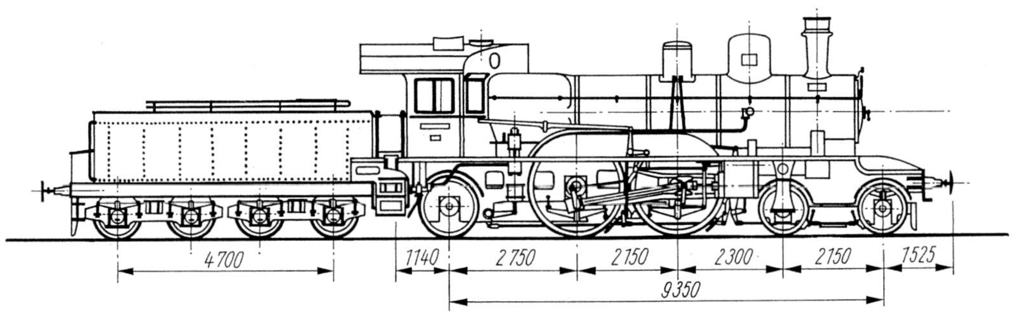

Gattung X V, späteres Aussehen.

Gattung X V, Nr. 181 und Nr. 182, Lokomotive Nr. 176.
Werkfoto, Repro Meyer

2.1.19.2
13 *Lokomotiven, geliefert von Hartmann*
für die Sächsische Staatsbahn, Gattung X V

Fabrik-nummer	Bau-jahr	Bahn-nummer	Betriebs-nummer ab 1925	Bemerkungen	Ausmusterung
2753	1902	183	14 203		1926
2754	1902	184	14 204		1926
2755	1902	185	14 205		1926
2756	1902	186	14 206		1926
2757	1902	187	14 207		1925
2758	1902	188	14 208		1925
2759	1902	189	14 209	[1])	1926
2805	1903	190	14 210		1925
2806	1903	191	14 211		1925
2807	1903	192	14 212		1925
2808	1903	193	14 213	[2])	1926
2809	1903	194	14 214		1925
2810	1903	195	14 215		1925

[1]) Sandkasten von doppelter Größe
[2]) ab 1924 Knorr-Vorwärmeranlage

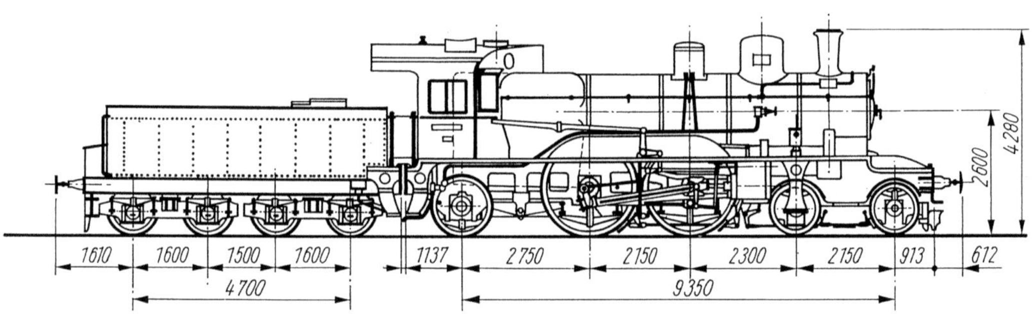

Gattung X V, Lokomotiven Nr. 183 bis Nr. 188, Nr. 190 bis Nr. 193, Nr. 195, mit Tender 2′2′ T 18 Nr. 37 bis Nr. 43 oder mit Tender 2′2′ T 19,5 Nr. 44 bis Nr. 49.

Gattung X V, Lokomotive Nr. 183.
Foto Contius, Repro Meyer

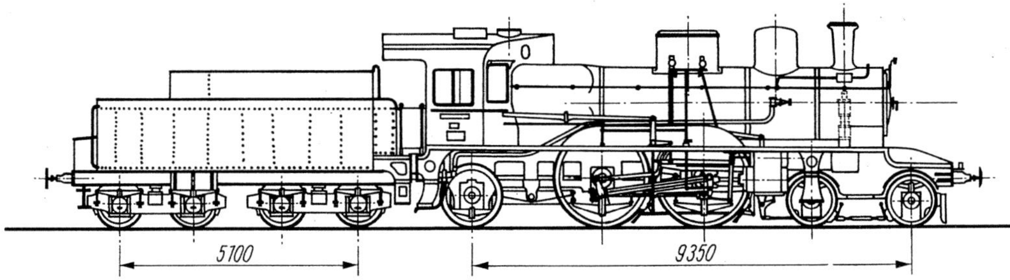

Gattung X V, Lokomotive Nr. 189.

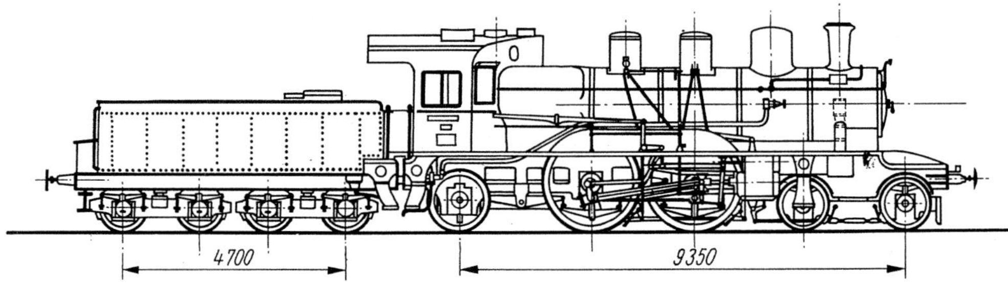

Gattung X V, Lokomotive Nr. 194.

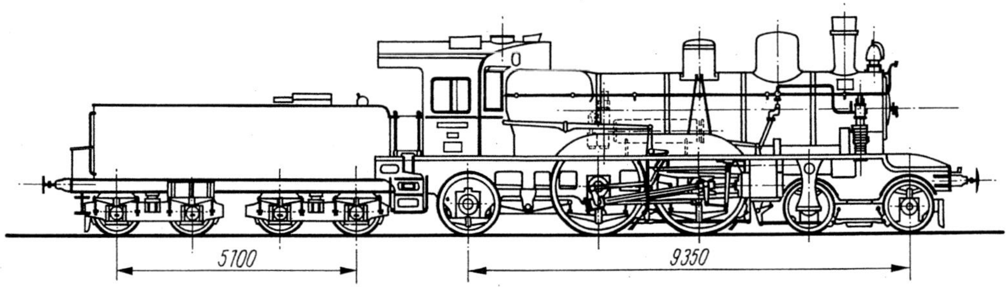

Gattung XV, Lokomotive Nr. 193, späteres Aussehen (1924 als einzige Lokomotive mit Speisewasservorwärmer).

Gattung X V, Lokomotive Nr. 194.
Foto Reinstein, Repro Meyer

XII H

Bauart: 2'Ch4

Erstes Baujahr: 1906
Ausmusterung: bis 1956

Technische Daten: Seite 213

DRG-Baureihe 17⁶

Konstruktive Merkmale

Kessel: Langkessel, genietet aus 3 Schüssen. Belpaire-Feuerbüchse zwischen den Rahmenwangen eingezogen. Rost (2,8 m^2) geneigt, mit Kipprost im vorderen Teil. Rohrlänge 4,55 m. Gesamtheizfläche 146,1 m^2. Kesseldruck 12,0 bar. Speisung durch zwei Friedmann-Dampfstrahlpumpen (180 l/min bzw. 100 l/min Förderleistung), später Kolbenspeisepumpe und Oberflächenvorwärmer auf dem linken Umlauf. Zwei Dampfdome. Regler im hinteren Dom. Dampfeinströmrohr verläuft durch Überströmrohr, vorderen Dom und Sandkasten von oben in die Rauchkammer und dort zum Rauchrohrüberhitzer (43,8 m^2). Rauchrohre durch Klappen verschließbar (sog. „Heißdampfautomat"). Zwei Pop-Sicherheitsventile auf dem Stehkessel. Klappschornstein, abklappbarer Blasrohrkopf.
Rahmen: 30 mm dicker Blechrahmen, vorn um 140 mm eingezogen.
Triebwerk: Vierzylindertriebwerk Bauart v. Borries. Alle Zylinder treiben die 1. Kuppelachse an. Treibstange liegt hinter der Kuppelstange.
Steuerung: Äußere Heusinger-Steuerung mit Hängeeisen. Kolbenschieber und Lindner-Nachfüllschieber. Schieber der Innentriebwerke werden über waagerechte Hebel von den äußeren Schieberstangen angetrieben, haben aber eigene Voreilhebel. Aufwerfhebel der Steuerwelle nach hinten gerichtet.
Laufwerk: Vorderes Drehgestell mit 38 mm Seitenspiel am Drehzapfen, ursprünglich windschnittig verkleidet. Kuppelachsen fest gelagert, mittlere Achse mit Spurkranzschwächung. Achsfedern untenliegend, mit Ausgleichhebel verbunden.
Bremse: Druckluftbremse Bauart Westinghouse, einseitig auf die Räder aller Radsätze wirkend. Luftpumpe an der linken Rauchkammerseite, später rechts vor der Rauchkammer.
Sondereinrichtungen: Windschneiden vor Rauchkammer und Führerhaus (erstere später wieder entfernt). Sandkasten vor dem 1. und hinter dem 2. Dom, Druckluftsandstreuer für 1. und 2. Kuppelachse von vorn. Später Dampfläutewerk vor dem Schornstein.

Lieferfirma	Lieferjahr 1906	Stück
Hartmann	6	6

Liste der einzelnen Lokomotiven

2.1.20
6 Lokomotiven, geliefert von Hartmann
für die Sächsische Staatsbahn, Gattung XII H

Fabriknummer	Baujahr	Bahnnummer	Betriebsnummer ab 1925	Bemerkungen	Ausmusterung
3017	1906	1	17 601		1928¹)
3018	1906	2	17 602		1926
3019	1906	3	17 603		1928
3020	1906	4	17 604		1928/56¹)
3021	1906	5	17 605		1932
3022	1906	6	17 606		1926²)

¹) Heizlok Dresden-Altstadt
²) Heizlok Leipzig Bayr. Bf.

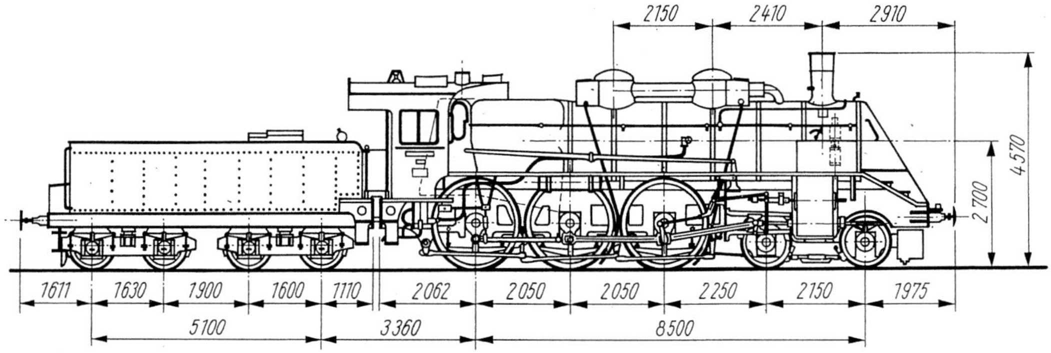

Gattung XII H, Lokomotiven Nr. 1 bis Nr. 6, mit Tender 2′2′ T 21 Nr. 1 bis Nr. 6, Ursprungszustand.

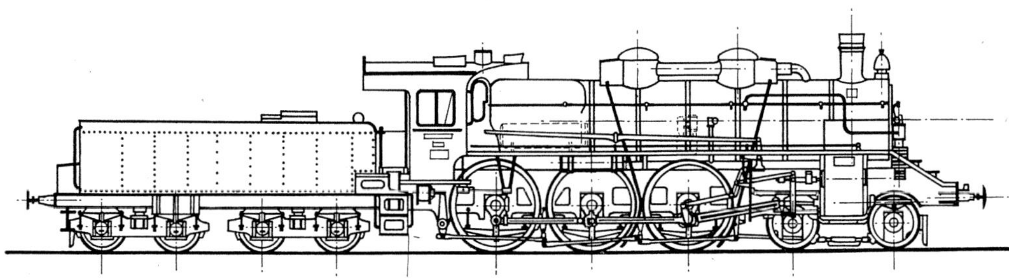

Gattung XII H, späteres Aussehen

Gattung XII H, Lokomotive Nr. 6.
Verlag Liebold, Chemnitz, Repro Meyer

XII HV

Bauart: 2'Ch4v

Erstes Baujahr: 1908
Ausmusterung: bis 1936

Technische Daten: Seite 213

DRG-Baureihe 17^7

Konstruktive Merkmale

Kessel: Hauptabmessungen wie bei Gattung XII H. Kesseldruck auf 15 bar erhöht. Regler im vorderen Dampfdom. Verbinderrohr zwischen beiden Domen später in das Kesselinnere verlegt. Schmidt-Rauchrohrüberhitzer mit 41 m^2 Heizfläche, Heißdampfautomat. Nr. 51 bis Nr. 55 mit Kolbenspeisepumpe und Vorwärmer Bauart Atlas auf dem linken Umlauf. Spitze Rauchkammertür. Nr. 7 bis Nr. 40 (außer Nr. 27) mit Klappschornstein. Abklappbarer Blasrohrkopf.
Rahmen: Wie bei Gattung XII H.
Triebwerk: Vierzylinder-Verbundtriebwerk mit Antrieb der 1. Kuppelachse. Hochdruckzylinder innen, Niederdruckzylinder außen.
Steuerung: Wie bei Gattung XII H, aber Aufwerfhebel der Steuerwelle nach vorn gerichtet. Bewegungsübertragung zwischen den Schiebern der Außen- und Innentriebwerke über Schwinghebel und kurze Zwischenwellen. Hochdruckschieber mit Lindner-Nachfüllschieber, Niederdruckschieber mit äußerer Einströmung. Anfahrvorrichtung Bauart Lindner wird bei voll ausgelegter Steuerung wirksam.
Laufwerk: Wie bei Gattung XII H.
Bremse: Wie bei Gattung XII H. Luftpumpe erst links, später rechts neben der Rauchkammer.
Sondereinrichtungen: Erstes Baulos mit Windschneide am Führerhaus (später abgebaut). Ab Baujahr 1911 nach vorn verlängertes Führerhaus. Druckluftsandstreuer für 1. und 2. Kuppelachse von vorn, bei Nr. 36 bis Nr. 55 auch für Rückwärtsfahrt. Tachometer Bauart Haußhälter. Zwei Michalk-Ölpressen für Schmierung der Zylinder und Schieberbüchsen. Gasbeleuchtung. Dampfläutewerk vor dem Schornstein.

Lieferfirma	Lieferjahr					Stück
	1908	1911	1912	1913	1914	
Hartmann	8	5	9	9	11	42

Liste der einzelnen Lokomotiven

2.1.21.1
8 *Lokomotiven, geliefert von Hartmann*
für die Sächsische Staatsbahn, Gattung XII HV

Fabrik-nummer	Bau-jahr	Bahn-nummer	Betriebs-nummer ab 1925	Bemer-kungen	Aus-musterung
3165	1908	7	17 701		1931
3166	1908	8	17 702		1930
3167	1908	9	17 703		1928
3168	1908	10	17 704		1930
3169	1908	11	17 705		1934
3170	1908	12	–	[1]) SNCB 6112	
3171	1908	13	17 706		1934
3172	1908	14	17 707		1932

[1]) Reparationsleistung 1919 (mit Tender Nr. 57)

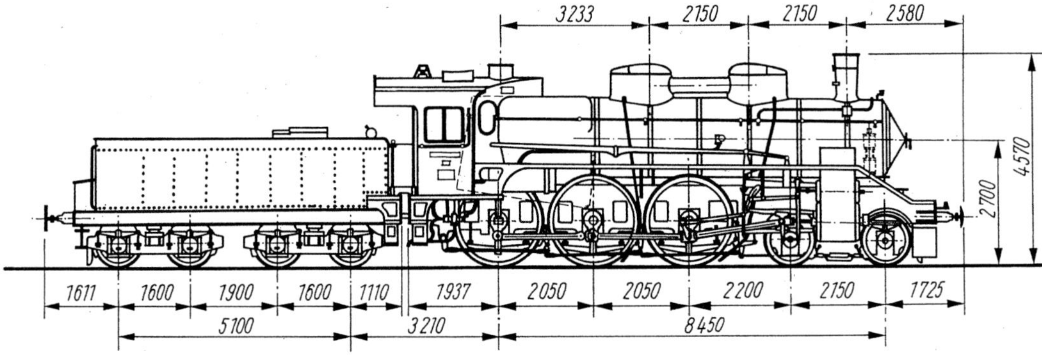

Gattung XII HV, Lokomotiven Nr. 7 bis Nr. 14, mit Tender 2′2′ T 21 Nr. 7 bis Nr. 14, Ursprungszustand.

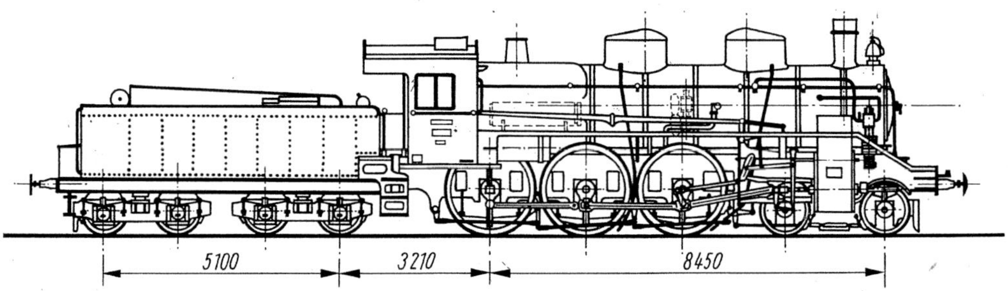

Gattung XII H V, Lokomotiven Nr. 7 bis Nr. 14, späteres Aussehen.

Gattung XII HV, Lokomotive Nr. 10.
Sammlung Wohllebe, Repro Meyer

2.1.21.2
6 *Lokomotiven, geliefert von Hartmann* für die Sächsische Staatsbahn, Gattung XII HV

Fabriknummer	Baujahr	Bahnnummer	Betriebsnummer ab 1925	Bemerkungen	Ausmusterung
3467	1911	22	17 708		1936
3468	1911	23	17 709		nach 1933
3469	1911	24	17 710		1932
3470	1911	25	17 711		1935
3471	1911	26	17 712		1935
3488	1912	27	17 713	1)	1931

1) mit kurzem Schornstein

Gattung XII H V, Lokomotiven Nr. 22 bis Nr. 27, mit Tender 2'2' T 21 Nr. 50 bis Nr. 55, Ursprungszustand. Lokomotiven Nr. 22 bis Nr. 26 mit langem Schornstein wie Lokomotiven Nr. 7 bis Nr. 14. Späteres Aussehen siehe 2.1.21.3.

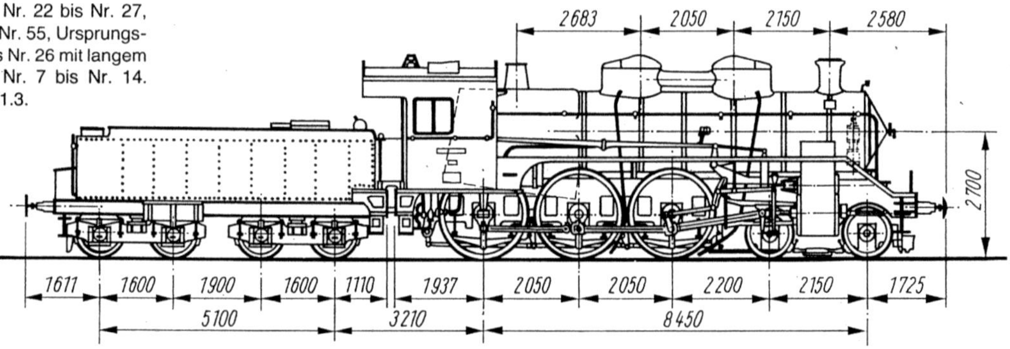

Gattung XII HV, Lokomotive Nr. 26
Sammlung Contius, Repro Meyer

2.1.21.3

13 Lokomotiven, geliefert von Hartmann
für die Sächsische Staatsbahn, Gattung XII HV

Fabrik-nummer	Bau-jahr	Bahn-nummer	Betriebs-nummer ab 1925	Bemer-kungen	Aus-musterung
3598	1912	28	17714		1931
3599	1912	29	17715		1931
3600	1912	30	17716		1933
3601	1912	31	17717	1)	1934
3602	1912	32	17718		1926
3603	1912	33	17719		1929
3604	1912	34	17720	2)	1935
3605	1912	35	17721		1926
3673	1913	36	17722		1936
3674	1913	37	17723		1926
3675	1913	38	17724		1926
3676	1913	39	17725		1930
3677	1913	40	17726		1933

1) als einzige Lokomotive später mit Windleitblechen
2) Ölzusatzfeuerung

Gattung XII HV, Lokomotive Nr. 33
Verlag Leonhardt, Dresden, Repro Meyer

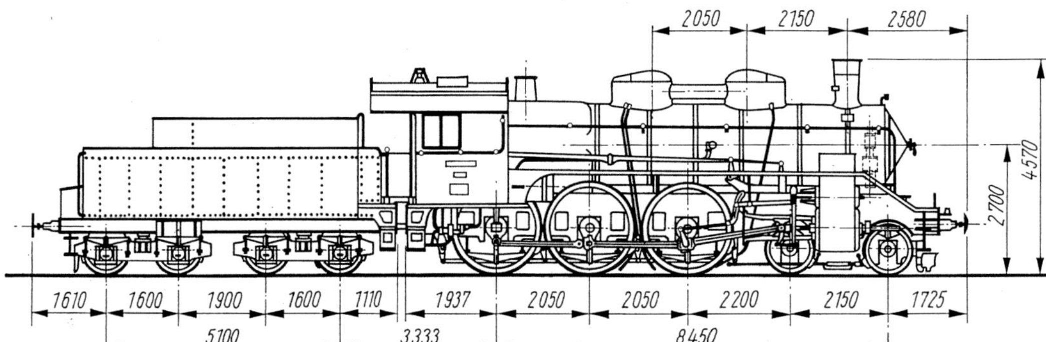

Gattung XII H V, Lokomotiven Nr. 28 bis Nr. 40, mit Tender 2′2′ T 21 Nr. 55 bis Nr. 63 und Nr. 69 bis Nr. 73. Sandstreuer für Rückwärtsfahrt ab Lokomotive Nr. 36.

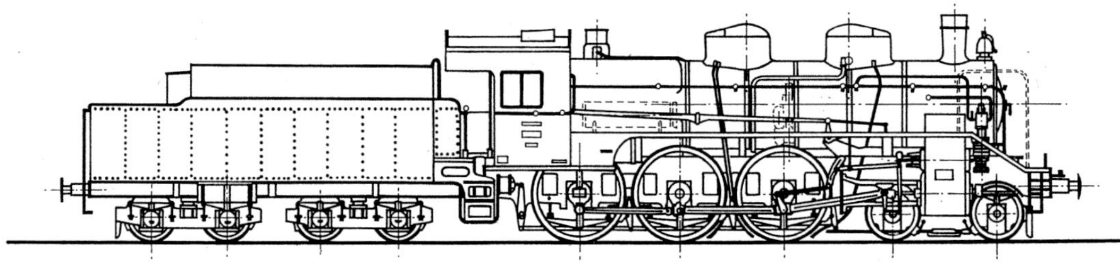

Gattung XII HV, Lokomotiven Nr. 22 bis Nr. 40, späteres Aussehen mit Ersatzkessel.

2.1.21.4
15 *Lokomotiven, geliefert von Hartmann* für die Sächsische Staatsbahn, Gattung XII HV

Fabrik-nummer	Bau-jahr	Bahn-nummer	Betriebs-nummer ab 1925	Bemerkungen	Ausmusterung
3697	1913	41	17 727		1930
3698	1913	42	17 728		1926
3699	1913	43	17 729		1926
3700	1913	44	–	[1]) EST 3301	
3701	1914	45	17 730		1926
3702	1914	46	17 731		1926
3703	1914	47	17 732		1926
3704	1914	48	17 733		1933
3705	1914	49	–	[1]) AL 981	
3706	1914	50	17 734		1932
3707	1914	51	17 751	[2])	1934
3708	1914	52	17 752	[2])	1929
3709	1914	53	17 753	[2])	1932
3710	1914	54	17 754	[2])	1932
3711	1914	55	17 755	[2])	1931

[1]) Reparationsleistung 1919 (mit Tender Nr. 66 und Nr. 33)
[2]) mit Speisewasservorwärmer Bauart Atlas

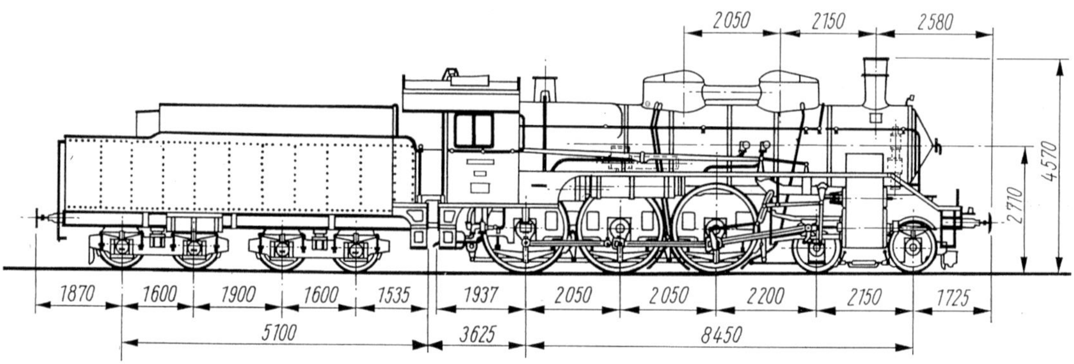

Gattung XII HV, Lokomotiven Nr. 41 bis Nr. 55, mit Tender 2'2' T 28 Nr. 74 bis Nr. 88.

Gattung XII HV, Lokomotive Nr. 52.
Foto Contius, Repro Meyer

XII H1

Bauart: 2′Ch2

Erstes Baujahr: 1909
Ausmusterung: bis 1950

Technische Daten: Seite 213

DRG-Baureihe 17⁸

Konstruktive Merkmale

Kessel: Gegenüber Gattung XII H vergrößerter Durchmesser, mehr Heizrohre, größerer Überhitzer. Nur noch ein Dampfdom und ein Sandkasten. Kesseldruck wieder 12,0 bar. Heizfläche 171,6 m^2, Überhitzerheizfläche 47,1 m^2. Kesselspeisung durch zwei Injektoren wie bei Gattung XII H bzw. später ein Injektor und eine Kolbenpumpe mit Vorwärmer (auf der linken Seite). Spitze Rauchkammertür und kurzer Schornstein (beides später verändert). Abklappbarer Blasrohrkopf.
Rahmen: Wie bei Gattung XII H.
Triebwerk: Heißdampf-Zweizylindertriebwerk, Antrieb der 1. Kuppelachse. Treibstange liegt hinter der Kuppelstange. Druckausgleicheinrichtung für Leerlauf.
Steuerung: Heusinger-Steuerung, Hängeeisen greift an der nach hinten verlängerten Schieberschubstange an. Aufwerthebel nach rückwärts zeigend. Kolbenschieber Bauart Fester. Einzelne Lokomotiven später mit Lindner-Nachfüllschieber ausgerüstet.
Laufwerk: Wie bei Gattung XII H.
Bremse: Westinghouse-Bremse wirkt einseitig auf die Räder aller Radsätze. Luftpumpe links hinter der Rauchkammer.
Sondereinrichtungen: Mechanischer Sandstreuer Bauart v. Helmholtz mit Antrieb von der rechten Schwinge. Sandstreurohr nur für die Räder der 1. Kuppelachse vorn. Verlängertes Führerhaus wie bei Gattung XII HV. Dampfläutewerk hinter dem Schornstein.

Lieferfirma	Lieferjahr	Stück
	1909	
Hartmann	7	7

Liste der einzelnen Lokomotiven

2.1.22
7 Lokomotiven, geliefert von Hartmann
für die Sächsische Staatsbahn, Gattung XII H1

Fabrik-nummer	Bau-jahr	Bahn-nummer	Betriebs-nummer ab 1925	Bemerkungen	Ausmusterung
	1909	15	–	[1] [4]	1948
	1909	16	–	[2]	1939
3238	1909	17	17 801	[4]	1929
3239	1909	18	17 802		1929
3240	1909	19	17 803		1928
3241	1909	20	17 804		1929
	1909	21	–	[3]	1930

[1]) Reparationsleistung an die Französische Ostbahn (mit Tender Nr. 60) Betriebsnummer EST 3305, später SNCF 230 E 305
[2]) Reparationsleistung an die Französische Ostbahn (mit Tender Nr. 30) Betriebsnummer EST 3306, später SNCF 230 E 306
[3]) Reparationsleistung an die Französische Ostbahn (mit Tender Nr. 47) Betriebsnummer EST 3307
[4]) mit Lindner-Nachfüllschieber

Gattung XII H1, Lokomotive Nr. 20.
Foto Contius, Repro Meyer

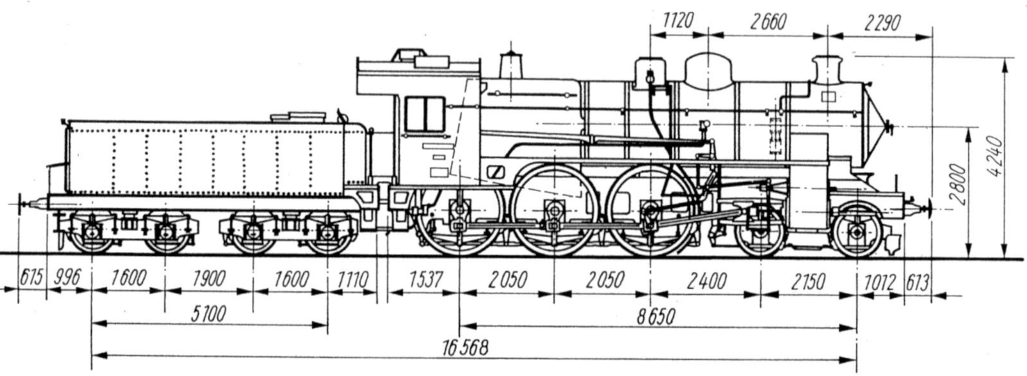

Gattung XII H1, Lokomotiven Nr. 15 bis Nr. 21, mit Tender 2′2′ T 21 Nr. 15 bis Nr. 21, Ursprungszustand.

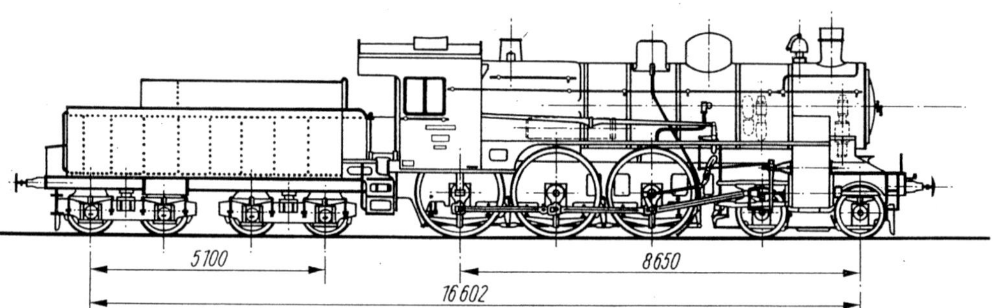

Gattung XII H1, Lokomotiven Nr. 15 bis Nr. 21, späteres Aussehen.

XH1

Bauart: 2'B1h2

Erstes Baujahr: 1909
Ausmusterung: bis 1932

Technische Daten: Seite 213

DRG-Baureihe 14^3

Konstruktive Merkmale

Kessel: Gleiche Bauart wie bei Gattung XII H1 einschließlich des Schmidt-Rauchrohrüberhitzers mit Heißdampfautomat. Kurzer Schornstein der 1. Lieferserie später durch Aufsatz erhöht; bei 2. Serie Schornstein mit abklappbarem Oberteil. Abklappbarer Blasrohrkopf.
Rahmen: Blechrahmen, vorn um 140 mm eingezogen.

Lieferfirma	Lieferjahr		Stück
	1909	1913	
Hartmann	13	5	18

Triebwerk: Heißdampf-Zweizylindertriebwerk mit Antrieb der 1. Kuppelachse. Treibstange hinter der Kuppelstange liegend.
Steuerung: Heusinger-Steuerung mit Hängeeisen. Aufwerfhebel nach rückwärts zeigend. Kolbenschieber Bauart Fester.
Laufwerk: Kuppelachsen (2000 mm Raddurchmesser) und Schleppachse fest gelagert (Achsabstand 4,15 m). Drehgestell mit Wiege und beiderseits 74 mm Seitenbeweglichkeit am Drehzapfen. Drehgestellausschlag so begrenzt, daß 61 mm Seitenbeweglichkeit für die 1. Laufachse und 17 mm für die 2. Laufachse verbleiben. Federn der im Rahmen gelagerten Achsen untenliegend und durch Ausgleichhebel verbunden.

Bremse: Westinghouse-Bremse wirkt einseitig auf die Räder der Kuppelachsen von vorn und auf die Räder der Drehgestellachsen von innen. Luftpumpe bei den Lokomotiven der 1. Lieferserie auf linkem Umlauf, später an der rechten Rauchkammerseite, bei den Lokomotiven der 2. Serie links vorn angeordnet. Hauptluftbehälter innerhalb des Rahmens.
Sondereinrichtungen: Lokomotiven des 1. Bauloses mit mechanischem Sandstreuer (Antrieb von der rechten Schwinge), später Druckluftsandstreuer nur für die Räder der 1. Kuppelachse von vorn. Teilweise nachträgliche Ausrüstung mit Dampfläutewerk (vor dem Schornstein). Tenderkupplung mit Vorspannung zur Dämpfung der Zuckbewegungen der Lokomotive.

Liste der einzelnen Lokomotiven

2.1.23.1
13 *Lokomotiven, geliefert von Hartmann* für die Sächsische Staatsbahn, Gattung X H1

Fabrik-nummer	Bau-jahr	Bahn-nummer	Betriebs-nummer ab 1925	Bemerkungen	Ausmusterung
3243	1909	81	14 301		1929
3244	1909	82	14 302		1929
3245	1909	83	14 303		1929
3246	1909	84	14 304		1929
3247	1909	85	14 305		1926
3248	1909	86	14 306		1926
3249	1909	87	14 307		1929
3250	1909	88	14 308		1926
3251	1909	89	14 309		1932
3252	1909	90	14 310		1926
3253	1909	91	–		1925
3254	1909	92	14 311		1929
3255	1909	93	14 312		1928

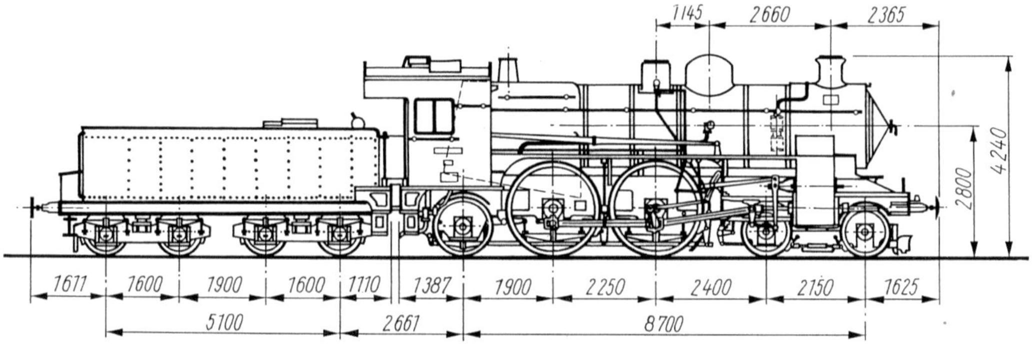

Gattung X H1, Lokomotiven Nr. 81 bis Nr. 93, mit Tender 2′2′ T 21 Nr. 22 bis Nr. 34, Ursprungszustand.

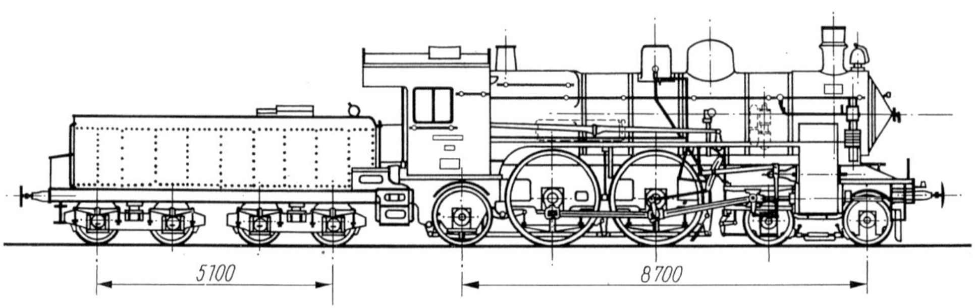

Gattung X H1, Lokomotiven Nr. 81 bis Nr. 93, späteres Aussehen.

Gattung X H1, Lokomotive Nr. 83.
Foto Contius, Repro Meyer

2.1.23.2
5 *Lokomotiven, geliefert von Hartmann*
für die Sächsische Staatsbahn, Gattung X H1

Fabrik-nummer	Bau-jahr	Bahn-nummer	Betriebs-nummer ab 1925	Bemerkungen	Ausmusterung
3642	1913	94	14 313		1928
3643	1913	95	14 314		1928
3644	1913	96	14 315		1932
3645	1913	97	14 316		1929
3646	1913	98	14 317		1929

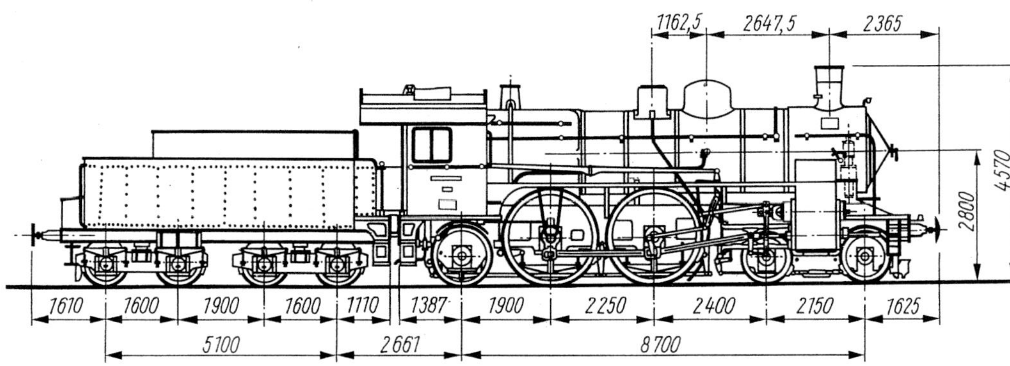

Gattung X H1, Lokomotiven Nr. 94 bis Nr. 98, mit Tender 2′2′ T 21 Nr. 64 bis Nr. 68.

Gattung X H1, Lokomotive Nr. 95.
Foto Contius, Repro Meyer

XII H2

Bauart: 2'Ch2

Erstes Baujahr: 1910
Ausmusterung: bis 1971

Technische Daten: Seite 213

DRG-Baureihe 38^{2-3}

Konstruktive Merkmale

Kessel: Bauart wie bei Gattung XII H1, aber mit etwas geringeren Abmessungen. Rohrlänge 4,2 m, Gesamtheizfläche 162 m^2. Belpaire-Feuerbüchse zwischen dem Rahmen eingezogen. Geneigter Rost (2,83 m^2). Kesseldruck 13,0 bar. Sicherheitsventile Bauart Pop. Dampfdom etwa in Kesselmitte, Sandkasten davor. Kesselspeisung durch zwei Injektoren. Später Knorr-Speisepumpe links neben der Rauchkammer und Vorwärmer auf dem linken Umlauf. Bis 1917 Lieferung mit spitzer Rauchkammertür. Lokomotiven des 1. Bauloses mit niedrigem Schornstein, später mit Aufsatz. Lokomotiven des 2. Bauloses ursprünglich mit Klappschornstein.
Rahmen: 30 mm dicker Blechrahmen.
Triebwerk: Zweizylinder-Triebwerk mit waagerechten Außenzylindern in Drehgestellmitte treibt die mittlere Kuppelachse an. Treibraddurchmesser (1590 mm), Kolbenhub und Zylinderdurchmesser gegenüber der Gattung XII H1 verringert. Kuppelstangen mit nicht nachstellbaren Buchsenlagern, ab 1922 mit Keilnachstellung geliefert.
Steuerung: Heusinger-Steuerung. Kolbenschieber Bauart Fester bei den Lokomotiven der Baujahre 1912 bis 1922 mit Lindner-Nachfüllschieber. Schwinge zweiseitig gelagert. Verstellung der Schieberschubstange durch Hängeeisen. Bei den Lieferungen von 1910 und 1911 Voreilhebel und Lenkerstange nach hinten verlegt, dadurch kurze Schieberschubstange, aber lange Schieberstange mit zusätzlicher Führung. Handbetätigter Druckausgleicher anfangs mit einem, später mit zwei Hähnen je Seite.
Laufwerk: Achsabstand der festgelagerten Kuppelachsgruppe 3,5 m. Drehgestell mit 38 mm Seitenbeweglichkeit. Federn der Laufachse obenliegend. Kuppelachsfedern unten, mit Ausgleichhebel verbunden.
Bremse: Westinghouse-Druckluftbremse wirkt auf die Räder der Kuppelachsen von vorn, auf die Räder der Drehgestellachsen von innen. Luftpumpe ursprünglich links, später (mit Einführung der Knorr-Speisepumpe) rechts neben der Rauchkammer angeordnet. Hauptluftbehälter innerhalb des Rahmens, teilweise auch auf dem rechten Umlauf.
Sondereinrichtungen: Lokomotiven des 1. Bauloses (1910/11) mit mechanischem Sandstreuer Bauart v. Helmholtz, Antrieb von der rechten Schwinge. Ab 1913 Druckluftsandstreuer für die Räder der 1. und 2. Kuppelachse von vorn. Dampfläutewerk auf dem Stehkessel nachträglich angebaut. Die Lokomotive Nr. 3762 erhielt später (als 38 262) Windleitbleche. Umlauf bis Nr. 681 tiefliegend, ab Nr. 3682 (1916) hochliegend.

Lieferfirma	Lieferjahr										Stück
	1910	1911	1913	1916	1917	1918	1919	1920	1922	1927	
Hartmann	10	6	5	21	5	20	20	40	32	10	169

Liste der einzelnen Lokomotiven

2.1.24.1
16 *Lokomotiven, geliefert von Hartmann* für die Sächsische Staatsbahn, Gattung XII H2

Fabrik-nummer	Bau-jahr	Bahnnummer urspr.	Bahnnummer ab 1918	Betriebs-nummer ab 1925	Bemerkungen	Aus-musterung
3382	1910	651	3651	38 201		1956
3383	1910	652	3652	38 202	ČSD [1])	
3384	1910	653	3653	38 203	ČSD [1])	
3385	1910	654	3654	38 204		1946
3386	1910	655	3655	–	[2]) ETAT 230-960 [4]) 38 204	1967
3387	1910	656	3656	38 205	Verkehrsmuseum Dresden[5])	
3388	1910	657	3657	38 206		1968
3389	1910	658	3658	38 207	[6])	1951
3390	1910	659	3659	38 208	PKP Ok 2-3[1])	1953
3391	1910	660	3660	38 209		1970
3489	1911	661	3661	–	[3])	
3490	1911	662	3662	–	[2]) ETAT 230-961 [7])	
3491	1911	663	3663	–	[2]) ETAT 230-962 [7])	
3492	1911	664	3664	–	[2]) ETAT 230-963 [7])	
3493	1911	665	3665	38 210		1965
3494	1911	666	3666	38 211	ČSD [1])	

[1]) Verbleib nach 1945
[2]) Reparationsleistung 1919 (mit Tender Nr. 245, 274, 307 u. 261)
[3]) Verlust im ersten Weltkrieg (mit Tender Nr. 227)
[4]) 1955 Neubesetzung der Nr. 38 204 nach Rückkehr zur DR nach 1945
[5]) Betriebsfähig, letzte Hauptuntersuchung im Raw Meiningen im Mai 1979
[6]) Zerstörung durch Bombenvolltreffer
[7]) Verbleib bei SNCF bis 1953

Gattung XII H2, Lokomotive Nr. 654.
Foto Reinstein, Repro Meyer

Gattung XII H2, Lokomotive Nr. 665 mit Lindner-Nachfüllschieber.
Foto Contius, Repro Meyer

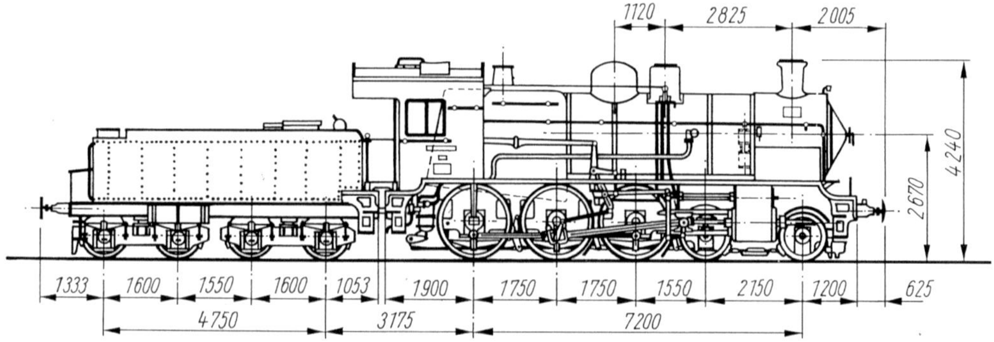

Gattung XII H2, Baujahr 1910/11, mit Tender 2′2′ T 16 Nr. 225 bis Nr. 240, Ursprungszustand.

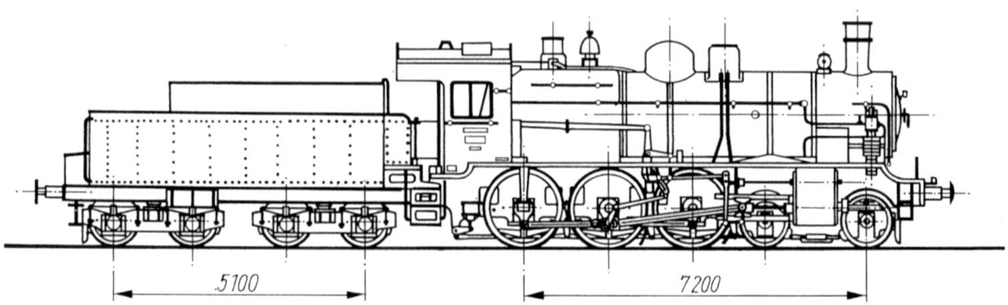

Gattung XII H2, Baujahr 1910/11, späteres Aussehen mit Tender 2′2′ T 21 Nr. 261 bis Nr. 275.

2.1.24.2

5 Lokomotiven, geliefert von Hartmann für die Sächsische Staatsbahn, Gattung XII H2

Fabrik-nummer	Bau-jahr	Bahnnummer urspr.	Bahnnummer ab 1918	Betriebs-nummer ab 1925	Bemerkungen	Aus-musterung
3656	1913	667	3667	–	[1]) ETAT 230-964	
					[2]) 38 351	1971
3657	1913	668	3668	38 212	PKP OK 2-1[3])	1952
3658	1913	669	–	–	[4])	
3659	1913	670	3670	38 213	ČSD [3])	
3660	1913	671	3671	38 214		1967

[1]) Reparationsleistung 1919
[2]) Nach 1945 Rückkehr zur DR, ab 1970 Betriebsnummer 38 5351-2
[3]) Verbleib nach 1945
[4]) Verlust im ersten Weltkrieg

Gattung XII H2, Lokomotive Nr. 668.
Verlag Liebold, Chemnitz, Repro Meyer

Gattung XII H2, Baujahr 1913, mit Tender 2′2′ T 21 Nr. 241 bis Nr. 245.

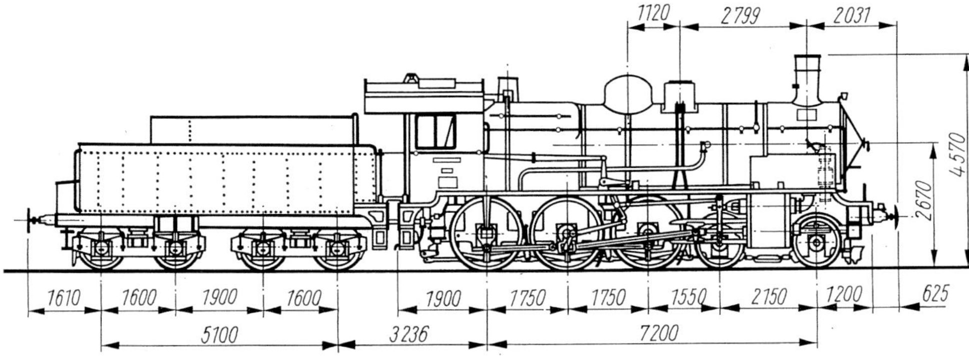

2.1.24.3
10 *Lokomotiven, geliefert von Hartmann*
für die Sächsische Staatsbahn, Gattung XII H2

Fabrik-nummer	Bau-jahr	Bahnnummer		Betriebs-nummer ab 1925	Bemerkungen	Aus-musterung
		urspr.	ab 1918			
3881	1916	672	3672	–	[1]) CFR[2])	
3882	1916	673	3673	–	[1])	
3883	1916	674	3674	–	[1])	
3884	1916	675	3675	38 215	ČSD [2])	
3885	1916	676	3676	38 216		1967
3886	1916	677	3677	38 217		1951
3887	1916	678	3678	–	[1])	
3888	1916	679	3679	38 218	ČSD [2])	
3889	1916	680	3680	38 219		1966
3890	1916	681	3681	38 220		1968

[1]) Verlust im ersten Weltkrieg (mit Tendern Nr. 276, 277, 278 u. 303)
[2]) Verbleib nach 1945

Lokomotive 38 217 (ehemalige Gattung XII H2, Lokomotive Nr. 677).
Foto Hubert, Repro Meyer

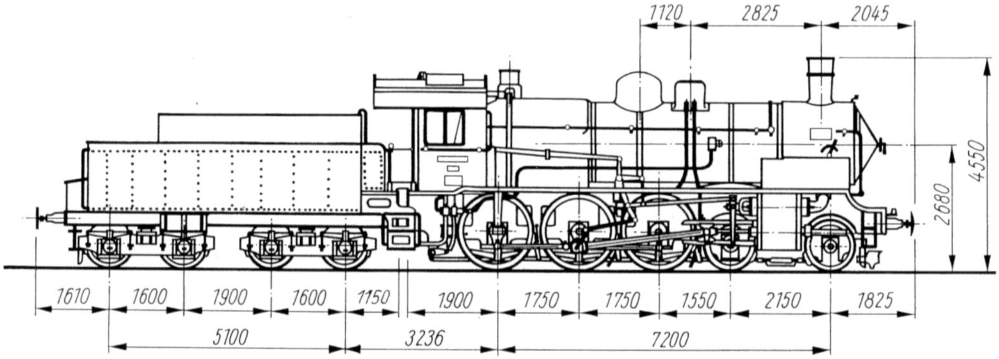

Gattung XII H2, Baujahr 1916, Lokomotiven Nr. 672 bis Nr. 681 mit Tender 2'2' T 21, Nr. 276 bis Nr. 285

2.1.24.4
16 *Lokomotiven, geliefert von Hartmann* für die Sächsische Staatsbahn, Gattung XII H2

Fabrik-nummer	Bau-jahr	Bahnnummer urspr.	Bahnnummer ab 1918	Betriebs-nummer ab 1925	Bemerkungen	Aus-musterung
3909	1916	682	3682	38 221	ČSD [1])	
3910	1916	683	3683	38 222		1968
3911	1916	684	3684	38 223		1968
3912	1916	685	3685	38 224		1968
3913	1916	686	3686	–	[2]) ETAT 230-965[3])	1963
3914	1916	687	3687	–	[2]) ETAT 230-966[3])	1959
3915	1916	688	3688	–	[2]) ETAT 230-967[3])	1954
3916	1916	689	3689	38 225		1968
3917	1916	690	3690	38 226		1968
3918	1916	691	3691	38 227	ČSD[1])	
3919	1916	692	3692	38 228	PKP Ok 2-4[1])	1950
3920	1917	693	3693	38 229		1951
3921	1917	694	3694	38 230		1951
3922	1917	695	3695	–	[2]) ETAT 230-968 [4])	
3923	1917	696	3696	–	[2]) SNCB 6396	1923
3924	1917	697	3697	–	[2]) SNCB 6397	1923

[1]) Verbleib nach 1945
[2]) Reparationsleistung 1919 (mit Tendern Nr. 296, 291, 304, 301, 299 u. 295)
[3]) ab 1941 bei DR
[4]) Verbleib bei SNCF

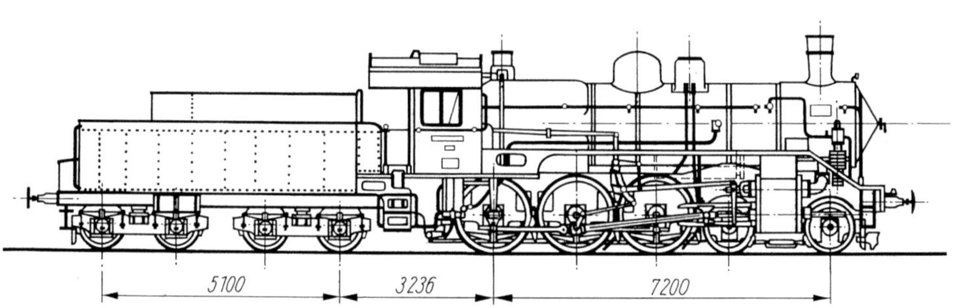

Gattung XII H2, Baujahr 1916/17, Lokomotiven Nr. 682 bis Nr. 697, mit Tender 2'2' T 21, Nr. 286 bis Nr. 301

Gattung XII H2, Lokomotive Nr. 3684. *Sammlung Contius, Repro Meyer*

2.1.24.5
122 *Lokomotiven, geliefert von Hartmann*
für die Sächsiche Staatsbahn, Gattung XII H2
bzw. für die Deutsche Reichsbahn-Gesellschaft, Baureihe 38^3

Fabrik-nummer	Baujahr	Bahn-nummer	Betriebs-nummer ab 1925	Bemerkungen	Ausmu-sterung
4003	1918	3698	–	[1]) ETAT 230-969	
4004	1918	3699	–	[1]) ETAT 230-970	
4005	1918	3700	–	[1]) ETAT 230-971	
				[2]) 38 352	1968
4006	1918	3701	–	[1]) ETAT 230-972	
4007	1918	3702	–	[1]) ETAT 230-973[2])	1951
4008	1918	3703	–	[1]) ETAT 230-974	
4009	1918	3704	–	[1]) ETAT 230-975[2])	1953
4010	1918	3705	38 231	ČSD[3])	
4011	1918	3706	–	[1]) ETAT 230-976	
				[2]) 38 353	1971
4012	1918	3707	–	[1]) ETAT 230-977	
				[2]) 38 354	1968
4035	1918	3708	–	[1]) ETAT 230-978[2])	1959
4036	1918	3709	–	[1]) ETAT 230-979	
4037	1918	3710	–	[1]) SNCB 6310	
4038	1918	3711	38 232		1966
4039	1918	3712	–	[1]) ETAT 230-980	
4040	1918	3713	–	[1]) ETAT 230-981[2])	1959
4041	1918	3714	–	[1]) ETAT 230-982[2])	1959
4042	1918	3715	–	[1]) ETAT 230-983	

Fabrik-nummer	Baujahr	Bahn-nummer	Betriebs-nummer ab 1925	Bemerkungen	Ausmu-sterung
4043	1918	3716	–	[1]) SNCB 6316	1923
4044	1918	3717	–	[1]) ETAT 230-984[2])	1959
4065	1919	3718	38 233		1960
4066	1919	3719	38 234		1971
4067	1919	3720	38 235	ČSD[3])	
4068	1919	3721	38 236	ČSD[3])	
4069	1919	3722	38 237	ČSD[3])	
4070	1919	3723	38 238	ČSD[3])	
4071	1919	3724	38 239	ČSD[3])	
4072	1919	3725	38 240	ČSD[3])	
4073	1919	3726	38 241	ČSD[3])	
4074	1919	3727	38 242		1968
4075	1919	3728	38 243		1969
4076	1919	3729	38 244		1970
4077	1919	3730	38 245	ČSD[3])	
4078	1919	3731	38 246		1968
4079	1919	3732	38 247		1951
4080	1919	3733	38 248	ČSD[3])	
4081	1919	3734	38 249	ČSD[3])	
4082	1919	3735	38 250		1969
4083	1919	3736	38 251		1967

Fabrik-nummer	Baujahr	Bahn-nummer	Betriebs-nummer ab 1925	Bemerkungen	Ausmusterung
4084	1919	3737	38 252	ČSD[3])	
4267	1920	3753	38 253		1968
4268	1920	3754	38 254	ČSD[3])	
4269	1920	3755	38 255		1969
4270	1920	3756	38 256		1951
4271	1920	3757	38 257	ČSD[3])	
4272	1920	3758	38 258	ČSD 365.5500[3])	
4273	1920	3759	38 259		1968
4274	1920	3760	38 260		1967
4275	1920	3761	38 261		1965
4276	1920	3762	38 262	[6]) [9])	1946
4277	1920	3763	38 263	PKP oder ČSD[3])	
4278	1920	3764	38 264		1968
4279	1920	3765	38 265	ČSD 365.5501[3])	1958
4280	1920	3766	38 266	ČSD[3])	
4281	1920	3767	38 267		1965
4282	1920	3768	38 268	38 5268-8[7])	1972
4283	1920	3769	38 269		1971
4308	1920	3770	38 270		1954
4309	1920	3771	38 271	[4])	1955
4310	1920	3772	38 272	ČSD[3])	
4311	1920	3773	38 273	ČSD[3])	
4312	1920	3774	38 274	ČSD[3])	
4313	1920	3775	38 275		1969
4314	1920	3776	38 276		1967
4315	1920	3777	38 277	ČSD[3])	
4368	1920	3738	38 278	ČSD[3])	1958
4369	1920	3739	38 279	ČSD[3])	
4370	1920	3740	38 280	ČSD[3])	
4371	1920	3741	38 281		1968
4372	1920	3742	38 282		1968
4373	1920	3743	38 283	ČSD[3])	
4374	1920	3744	38 284	ČSD[3])	
4375	1920	3745	38 285	ČSD[3])	
4376	1920	3746	38 286		1967
4377	1920	3747	38 287		1968
4378	1920	3748	38 288	38 5288-6[7])	1971
4379	1920	3749	38 289		1968
4380	1920	3750	38 290	ČSD[3])	
4381	1920	3751	38 291		1970
4382	1920	3752	38 292		1968
4489	1922	3778	38 293	[8])	1967
4490	1922	3779	38 294	PKP[3])	
4491	1922	3780	38 295	ČSD[3])	
4492	1922	3781	38 296		1967
4493	1922	3782	38 297	ČSD[3])	
4494	1922	3783	38 298		1966
4495	1922	3784	38 299		1966
4496	1922	3785	38 300	ČSD[3])	
4497	1922	3786	38 301	ČSD[3])	
4498	1922	3787	38 302		1951
4499	1922	3788	38 303	ČSD[3])	
4500	1922	3789	38 304	ČSD 365.5503[3])	1957
4501	1922	3790	38 305		1971
4502	1922	3791	38 306	ČSD[3])	
4503	1922	3792	38 307		1968
4504	1922	3793	38 308	38 5308-2[7])	1972
4505	1922	3794	38 309	ČSD[3])	
4506	1922	3795	38 310		1969
4507	1922	3796	38 311	ČSD[3])	
4508	1922	3797	38 312	ČSD 365.5505[5])	1968
4509	1922	3798	38 313	ČSD[3])	
4510	1922	3799	38 314		1964
4511	1922	3800	38 315	PKP Ok 2-2[3])	1950
4512	1922	3801	38 316		1968
4513	1922	3802	38 317		1951
4514	1922	3803	38 318		1965
4515	1922	3804	38 319		1951
4516	1922	3805	38 320	ČSD[3])	
4517	1922	3806	38 321		1965
4518	1922	3807	38 322		1969
4519	1922	3808	38 323		1968
4520	1922	3809	38 324	ČSD[3])	
4624	1927	–	38 325		1971
4625	1927	–	38 326	ČSD[3])	
4626	1927	–	38 327		1968
4627	1927	–	38 328	ČSD[3])	
4628	1927	–	38 329	ČSD[3])	
4629	1927	–	38 330	ČSD[3])	
4630	1927	–	38 331	ČSD 365.5506[3])	
4631	1927	–	38 332		1968
4632	1927	–	38 333		1968
4633	1927	–	38 334	CSD 365.5507[3])	1958

[1]) Reparationsleistung 1919 (mit Tendern Nr. 318, 331, 319, 321 bis 324, 326 bis 330, 332 bis 337)

[2]) ab 1941 bei DR, Umzeichnung 1957

[3]) Verbleib nach 1945

[4]) 1945 bei ČSD, 1946 MAV, 1952 Lokomotivversuchsanstalt Minden

[5]) 1957 zur DR im Tausch gegen 534.0138

[6]) Ab 1932 mit Windleitblechen

[7]) EDV-Nr. ab 1970

[8]) Lokomotive erhielt nach dem zweiten Weltkrieg den niedrigen Rahmen einer Lokomotive der ersten Serien und ein Fabrikschild mit den Angaben der 38 292 (Hartmann 1920/4382).

[9]) Zerstörung durch Bombenvolltreffer

Gattung XII H2, Lokomotive Nr. 3735.
Foto Reinstein, Repro Meyer

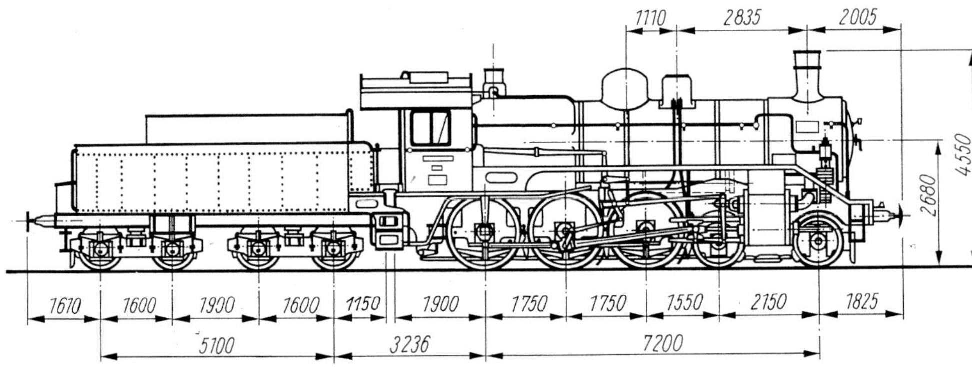

Gattung XII H2, ab Baujahr 1918, mit Tender ab Nr. 302

XVIII H

Bauart: 2'C1'h3

Erstes Baujahr: 1917
Ausmusterung: bis 1968

Technische Daten: Seite 214

DRG-Baureihe 18^0

Konstruktive Merkmale

Kessel: Erstmalig mit breiter, über dem Rahmen liegender Feuerbüchse. Rostfläche mit 2,1 m × 2,15 m fast quadratisch. Ursprünglich zwei Feuertüren, später durch eine breite ersetzt. Seitliche Luftsaugtaschen am Aschkasten. Halbrunde Stehkesseldecke. Langkessel aus drei Schüssen, davon der hintere leicht konisch. Rohrlänge 5,5 m. Schmidt-Rauchrohrüberhitzer mit 72 m² Heizfläche und Heißdampfautomat. Gesamtheizfläche 216 m². Dampfdom etwa in der Mitte des Langkessels, zwei Pop-Sicherheitsventile auf dem hinteren Teil des Langkessels. Kesseldruck 14 bar. Kesselspeisung durch zwei Friedmann-Dampfstrahlpumpen. Zusätzlich Knorr-Speisepumpe auf dem linken Umlauf mit Oberflächenvorwärmer (querliegend zwischen 2. und 3. Kuppelachse auf dem Rahmen angeordnet). Injektor auf Führerstandseite entfiel später. Ursprünglich abklappbarer Blasrohrkopf.

Rahmen: 30 mm dicker Blechrahmen, vorn angeschuhter Barrenrahmen.

Triebwerk: Heißdampf-Dreizylinder-Triebwerk mit Antrieb der 2. Kuppelachse. Waagerechte Außenzylinder, geneigter Innenzylinder. Kurbelversetzung 120°. Einschienige Kreuzkopfgleitbahn.

Steuerung: Äußere Heusinger-Steuerung mit Hängeeisen. Steuerstange zweiteilig mit Pendelstütze. Kolbenschieber 250 mm Durchmesser. Schieberbewegung für das Innentriebwerk über Schwinghebel und Zwischenwellen von den äußeren Schieberstangen abgeleitet, jedoch mit eigenem Voreilhebel des Innentriebwerks.

Laufwerk: 3 Kuppelachsen (1905 mm Raddurchmesser) fest gelagert, Achsabstand 4,1 m. Vorderes Drehgestell mit 38 mm, hintere Adamsachse mit 60 mm Seitenbeweglichkeit. Gesamtachsabstand 11,4 m. Federn aller Kuppelachsen untenliegend mit Ausgleichhebel, Federn der Laufachsen oben angeordnet. Sechspunktabstützung.

Bremse: Westinghouse-Druckluftbremse wirkt auf die Räder der ersten Laufachse von hinten, auf die Räder aller anderen Achsen einseitig von vorn. Schleppachse später mit doppelter Abbremsung. Hauptluftbehälter später auf dem linken Umlauf.

Sondereinrichtungen: Druckluftsandstreuer sandet die Räder der 1. und 2. Kuppelachse von vorn. Teilweise zunächst Dampf-, später Druckluftläutewerk vor dem Schornstein. Geschwindigkeitsmesser Bauart Haußhälter. Einige Lokomotiven (belegt für 18 002) später mit Indusi.

Lieferfirma	Lieferjahr 1917/18	Stück
Hartmann	10	10

Liste der einzelnen Lokomotiven

2.1.25
10 *Lokomotiven, geliefert von Hartmann* für die Sächsische Staatsbahn, Gattung XVIII H

Fabriknummer	Baujahr	Bahnnummer	Betriebsnummer ab 1925	Bemerkungen	Ausmusterung
3966	1917	196	18 001		1967
3967	1917	197	18 002	[1])	1945
3968	1917	198	18 003		1967
3969	1917	199	18 004		1951
3970	1917	200	18 005		1967
3971	1917	201	18 006	[2])	1967
3972	1917	202	18 007	[3])	1967
3973	1918	203	18 008		1967
3974	1918	204	18 009		1967
3975	1918	205	18 010	[4])	1965/74

[1]) Zerstörung durch Bombenvolltreffer
[2]) zuletzt Heizlok in Reichenbach (V)
[3]) zuletzt Heizlok in Riesa
[4]) zuletzt Heizlok in Rochlitz u. Rossendorf

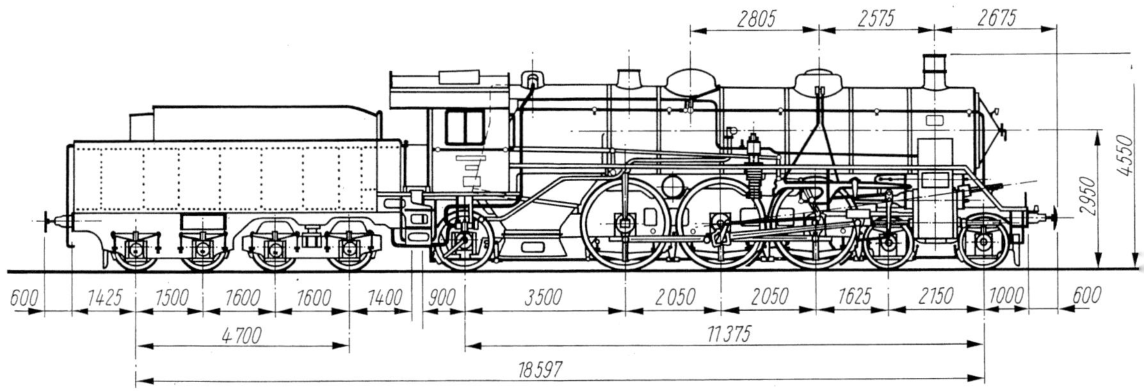

Gattung XVIII H, Lokomotiven Nr. 196 bis Nr. 205
Ursprungszustand.

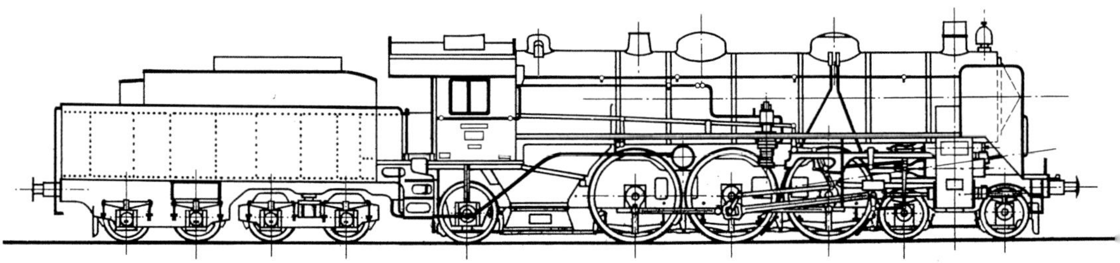

Gattung XVIII H, Lokomotiven Nr. 196 bis Nr. 205
späteres Aussehen.

Gattung XVIII H, Lokomotive Nr. 198.
Foto Contius, Repro Meye

Lokomotive 18 007 (ehemalige Gattung XVIII H, Lokomotive Nr. 202). Aufnahme 1959 in Dresden.
Foto Meyer

XX HV

Bauart: 1'D1'h4v

Erstes Baujahr: 1918
Ausmusterung: bis 1976

Technische Daten: Seite 214

DRG-Baureihe 19^0

Konstruktive Merkmale

Kessel: Bauart wie bei Gattung XVIII H, aber Rohrlänge auf 5,8 m vergrößert, Gesamtzheizfläche 227 m², Überhitzerfläche 74 m² (Heißdampfautomat bis Nr. 73), Kesseldruck 15,0 bar. Kesselspeisung durch zwei Dampfstrahlpumpen (später ein Injektor) und Knorr-Speisepumpe mit Oberflächenvorwärmer (quer auf dem Rahmen angeordnet). Rauchkammer mit 2,97 m Länge noch größer als bei der Gattung XVIII H. Spitze Rauchkammertür. Dreiteiliger Aschkasten, später mit seitlichen Luftfangtaschen. Erste Serie ursprünglich mit abklappbarem Blasrohrkopf. Ein Ersatzkessel (äußerlich durch 3 Dome erkennbar) nacheinander bei 19 003, 19 004, 19 015 und19 023.

Rahmen: Barrenrahmen mit großen Ausschnitten, 104 mm dick.

Triebwerk: Vierzylinder-Verbundtriebwerk mit inneren, stark geneigten Hochdruckzylindern und äußeren waagerechten Niederdruckzylindern. Alle Zylinder treiben die 2. Kuppelachse an. Einschienige Kreuzkopfgleitbahn.

Steuerung: Äußere Heusinger-Steuerung mit Hängeeisen und Kolbenschiebern. Nacheilende Gegenkurbeln. Bewegung der inneren Schieber (mit Nachfüllschieber) wird von den äußeren Schiebern über Pendelhebel

Lieferfirma	Lieferjahr				Stück
	1918	1920	1922	1923	
Hartmann	5	10	4	4	23

und Zwischenwellen sowie von den inneren Kreuzköpfen über eigene Voreilhebel abgeleitet. Lindner-Anfahrhahn leitet Frischdampf zum Niederdruckzylinder, wenn die Steuerung auf über 60 % Füllung ausgelegt wird. Wegen der großen Länge Steuerstange dreiteilig und in zwei Pendelstützen gelagert.
Laufwerk: Fester Achsabstand zwischen 2. und 4. Kuppelachse 4,0 m. 3. Kuppelachse mit Spurkranzschwächung. 1. Kuppelachse bildet mit vorderer Laufachse ein Krauß-Helmholtz-Gestell, dessen Drehzapfen 57 mm Seitenverschiebung zuläßt und durch Blattfedern zurückgeführt wird. Seitenbeweglichkeit der vorderen Laufachse 100 mm, die der 1. Kuppelachse 20 mm nach jeder Seite. Pendelhänger an den Tragfedern erzeugen zusätzliche Rückstellkraft für die 1. Kuppelachse. Hintere Laufachse als Adamsachse mit 60 mm Seitenbeweglichkeit ausgeführt. Sechspunktabstützung durch je zwei gekuppelte Achsfedern. Außer den Achsfedern der vorderen Laufachse alle Federn untenliegend. Gesamtachsabstand der Lokomotive 12,0 m, mit Tender 19,2 m.
Bremse: Westinghouse-Druckluftbremse mit zweistufiger Knorr-Luftpumpe wirkt einseitig auf die Räder der Kuppelachsen von vorn, auf die der Laufachsen von hinten. Schleppachse später mit doppelseitiger Abbremsung. Die Lokomotiven 19 012, 19 015, 19 017 und 19 022 erhielten später Riggenbach-Gegendruckbremse.
Sondereinrichtungen: Druckluftsandstreuer für die Räder der 1. und 3. Kuppelachse. Schmierpumpe Bauart Michalk. Spurkranzschmierung durch Abdampf bzw. Kondenswasserleitungen. Geschwindigkeitsmesser Bauart Haußhälter. Nachträgliche Ausrüstung mit Windleitblechen. 19 017 zeitweise mit Tender einer Lokomotive der französischen Nordbahn. Teilweise Ausrüstung mit Indusi (belegt für 19 011). Rekolokomotiven 19 015 und 19 022 mit Nebaukessel (16,0 bar Kesseldruck), geschweißten Zylindern, vergrößertem Achsstand des Krauß-Helmholtz-Gestelles, veränderter Steuerung, Einheits-Führerhaus und Witte-Windleitblechen. Ab 1967 mit Ölhauptfeuerung.

Liste der einzelnen Lokomotiven

2.1.26
23 *Lokomotiven, geliefert von Hartmann* für die Sächsische Staatsbahn, Gattung XX HV

Fabriknummer	Baujahr	Bahnnummer	Betriebsnummer ab 1925	Bemerkungen	Ausmusterung
4000	1918	66	19 005		1965
3977	1918	67	19 001		1965
3978	1918	68	19 002		1951
3979	1918	69	19 003	[1]	1965
3980	1918	70	19 004	[1]	1951
4358	1920	71	19 006		1959
4359	1920	72	19 007		1965
4360	1920	73	19 008		1959
4361	1920	74	19 009		1965
4362	1920	75	19 010		1965
4363	1920	76	19 011		1951
4364	1920	77	19 012	[2]	1966
4365	1920	78	19 013		1965
4366	1920	79	19 014		1951
4367	1920	80	19 015	[1] [2] [3] [4] 04 0015[5]	1976
4522	1922	206	19 016		1965
4523	1922	207	19 017	[2] [6] [7] [8]	1967
4524	1922	208	19 018		1951
4525	1922	209	19 019		1951
4526	1923	210	19 020	[1]	1951
4527	1923	211	19 021		1955
4528	1923	212	19 022	[3] 04 0022[5]	1975
4529	1923	213	19 023	[1]	1951

[1] Zeitweise mit Ersatzkessel (mit Speisedom)
[2] Bremslokomotive der VES-M Halle (19 017 ab 1951, 19 0112 und 19 015 ab 1958)
[3] Rekonstruiert (19 015 1964, 19 022 1965)
[4] Zeitweise mit Tender von 45 024
[5] 1970 in Baureihe 04 eingeordnet
[6] Mit französischem Tender
[7] Verkehrsmuseum Dresden (seit 1971, 1973 im Raw Meinigen museumsgerecht aufgearbeitet)
[8] Mit zweitem Sanddom hinter dem Reglerdom

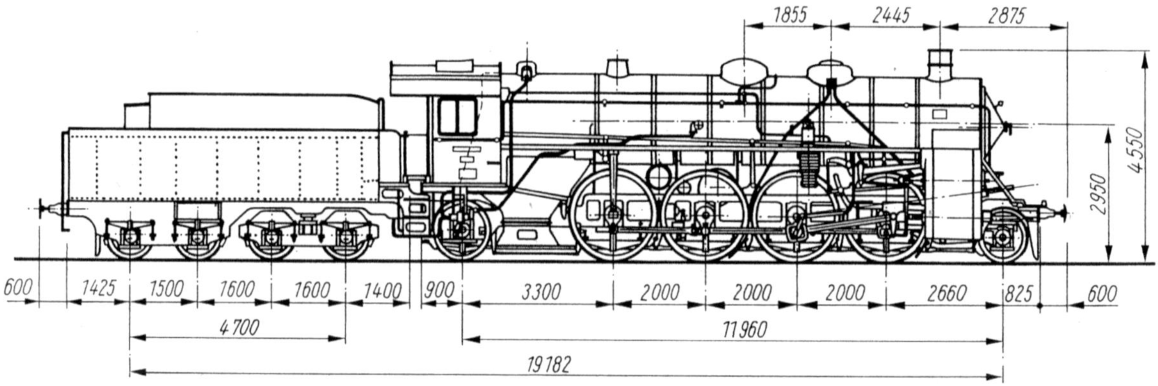

Gattung XX HV, Ursprungszustand.

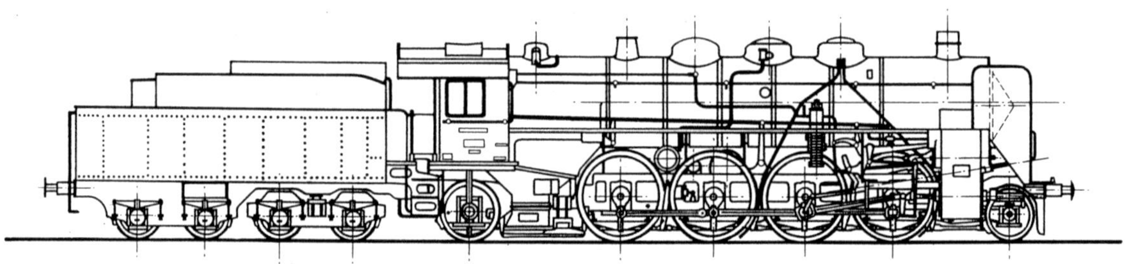

Gattung XX HV, späteres Aussehen mit Ersatzkessel und Indusi.

Gattung XX HV,
Lokomotive Nr. 73
Foto Hubert, Repro Meyer

Lokomotive 19 004 (ehemalige Gattung XX HV, Lokomotive Nr. 70) mit Ersatzkessel.
Foto Hubert, Repro Meyer

Tabellen

		2.1.1.1	2.1.1.2	2.1.1.3
Gattungsbezeichnung	-	-	-	-
abgekürzte Bezeichnung	-	B n2 1)	Bn 2 1)	Bn 2
Name/Bahnnummer von	-	COMET	BLITZ	COLUMBUS
bis	-	FAUST	WINDSBRAUT	
spätere DRG-Baureihe	-	-	-	-
Herstellerfirma	-	Rothwell	Rothwell	Gillingham u. Winans
Erstes Baujahr	-	1835	1836	1837
Höchstgeschwindigkeit	km/h			
Steuerungsbauart	-			
Bremsbauart	-	-	-	-
Zylinderdurchmesser	mm	279	279	254
Kolbenhub	mm	406	406	610
Treibraddurchmesser	mm	1372	1524	1220
Laufraddurchmesser	mm	-	-	-
Kesselüberdruck	bar	4,0	4,0	4,9
Anzahl/Durchmesser				
der Heizrohre	-/mm		88/38	400/25
der Rauchrohre	-/mm	-	-	-
Rohrlänge zwischen den Rohrwänden	mm	2045	2280	965
Rostfläche	m^2		0,79	
Strahlungsheizfläche	m^2		4,1	
Rohrheizfläche	m^2			
Heizfläche gesamt	m^2		28,5	
Überhitzerheizfläche	m^2	-	-	-
Masse der Lok ohne Tender				
leer	t		8	
dienstbereit	t			
Reibungsmasse	t			
mittlere Kuppelachsfahrmasse	t			
Wasserkasteninhalt	m^3	-	-	-
Kohlevorrat	t	-	-	-

1) 1842 Umbau in B1 n2

2.1.1.4	2.1.1.5	2.1.1.6	2.1.1.7	2.1.1.8
-	-	-	-	-
1A1 n2	B n2	1A1 n2	1A1 n2	1A1 n2
RENNER GREIF	E. BURY PFEIL	ROTHWELL NORDLICHT	STEPHENSON	BRÜSSEL
-	-	-	-	-
Kirtley	Bury	Rothwell	Stephenson	Renard
1837	1837	1838	1838	1842
			Stephenson	
-	-	-	-	-
292	279	279	305	
457	457	457	457	
1524	1524	1525	1676	
1067	-			
4,0	4,0	4,0	4.0	
96/41				
-	-	-	-	-
2080	2438	2286	2438	
0.76				
5,5				
31,0				
-	-	-	-	-
8,75				
-	-	-	-	-
-	-	-	-	-

		2.1.1.9	2.1.1.10	2.1.1.11
Gattungsbezeichnung	-	-	-	-
abgekürzte Bezeichnung	-	1B n2[2)]	1B n2[3)]	1B n2
Name/Bahnnummer von	-	SAXONIA	ELEPHANT	DRESDEN
bis	-	TIGER	LEOPARD	RIESA
spätere DRG-Baureihe	-	-	-	-
Herstellerfirma	-	Stephenson	Stephenson	Hawthorn
Erstes Baujahr	-	1842	1844	1844
Höchstgeschwindigkeit	km/h			
Steuerungsbauart	-	Stephenson	Stephenson	Doppelschieber
Bremsbauart	-	-	-	-
Zylinderdurchmesser	mm	459	356	356
Kolbenhub	mm	660	559	559
Treibraddurchmesser	mm	1524	1420	1524
Laufraddurchmesser	mm	1067		
Kesselüberdruck	bar		5,0	5,0
Anzahl/Durchmesser				
der Heizrohre	-/mm	127/44,5		
der Rauchrohre	-/mm	-	-	-
Rohrlänge zwischen den Rohrwänden	mm	2591	3778	3200
Rostfläche	m^2			0,98
Strahlungsheizfläche	m^2			
Rohrheizfläche	m^2			
Heizfläche gesamt	m^2			65,0
Überhitzerheizfläche	m^2	-	-	-
Masse der Lok ohne Tender				
leer	t			
dienstbereit	t			25
Reibungsmasse	t			17
mittlere Kuppelachsfahrmasse	t			8,5
Wasserkasteninhalt	m^3	-	-	-
Kohlevorrat	t	-	-	-

1) ab 1871 Gattung St II
2) 1851 und 1860 teilweise Umbau in 1A1
3) 1856 Umbau in Tenderlokomotive Gattung St IIT
4) 1868 teilweise Umbau in Tenderlokomotive mit Satteltank, Gattung St IT
5) 1862/65 teilweise Umbau in Tenderlokomotive Gattung St III T
6) 1868 teilweise Umbau in Tenderlokomotive Gattung C I T
7) Bahnnummern 211 und 212: 368 mm
8) Bahnnummern 201 und 209, Klammerwert gilt für Bahnnummern 202 und 204
9) nach Umbau
10) ab 1871 Gattung St I
11) 1840 Umbau in B n2, 1842 wieder B1 n2

2.1.1.12	2.1.1.13	2.1.1.14	2.1.1.15	2.1.2.1
St I	St III[1]	C I	St II[10]	-
1B n2[4]	1B n2[5]	1B n2[6]	1B n2	B1 n2[11]
GERMANIA REICHENBACH	STEIGER CHEMNITZ	LUSATIA OYBIN	BORUSSIA AUSTRIA	SAXONIA
-	-	-	-	-
Stephenson	Stephenson	Cockerill	Stephenson	Übigau
1845	1846	1847	1850	1838
Stephenson	Stephenson		Stephenson	Handhebel
-	-	-	-	Bandbremse
355[7]	381	355	380	279
560	560	560	560	406
1525	1525	1525	1525	1524
1016	990	1016	1016	
5,3	5,6	5,3	5,3	4,2
147/	150/	117/	128/	88/41
-	-	-	-	-
3871	3959	3926	3726	2120
0,95	1,0	1,06	0,98	0,56
5,7	5,9	6,0	5.4	
63,8	73,4	64,8	73.5	
69,4	79,3	70,7	78,9	24,2
-	-	-	-	-
20...25	25,3	25	22,5	
22...28	29,6	30,7	24,6	15
15...23	22,9	23,5	17,0	
8...11	11,4	11,7	8,5	
2,6 (2,9)[8]	1,9[9]	2,9[9]	-	-
1,0[9]	1,0[9]	1,0[9]	-	-

		2.1.2.2	2.1.3.1	2.1.3.2
Gattungsbezeichnung	-	-	-	B I[1)]
abgekürzte Bezeichnung	-	1A1 n2	1B n2	1B n2
Name/Bahnnummer von	-	PEGASUS	WURZEN	CAMEL
bis	-		OSCHATZ	DROMEDAR
spätere DRG-Baureihe	-	-	-	-
Herstellerfirma	-	Chemnitz	Borsig	Borsig
Erstes Baujahr	-	1839	1847	1847
Höchstgeschwindigkeit	km/h			
Steuerungsbauart	-		Borsig	Borsig
Bremsbauart	-	-	-	-2)
Zylinderdurchmesser	mm	305	381	381
Kolbenhub	mm	457	610	610
Treibraddurchmesser	mm	1524	1525	1370
Laufraddurchmesser	mm			
Kesselüberdruck	bar	4,0	5,4	5,4
Anzahl/Durchmesser				
der Heizrohre	-/mm	75/	133/	133/
der Rauchrohre	-/mm	-	-	-
Rohrlänge zwischen den Rohrwänden	mm			
Rostfläche	m^2	0,88	0,7	0,65
Strahlungsheizfläche	m^2			
Rohrheizfläche	m^2			
Heizfläche gesamt	m^2	35,5	74	72
Überhitzerheizfläche	m^2	-	-	-
Masse der Lok ohne Tender				
leer	t			21
dienstbereit	t			25,8
Reibungsmasse	t			
mittlere Kuppelachsfahrmasse	t			
Wasserkasteninhalt	m^3	-	-	-
Kohlevorrat	t	-	-	-

1) 1855 Umbau in Tenderlokomotive mit Satteltank, Gattung B IT bzw. H IT
2) ab 1862 Dampfschlittenbremse
3) nach Umbau Schraubenbremse auf die Hinterachse, ab 1862 Dampfschlittenbremse
4) 1863 Umbau in Tenderlokomotive mit Satteltank, Gattung K IT
5) nach Umbau
6) ab 1871 Gattung B I
7) alle Lokomotiven außer DÖBELN 1857/62 in Tenderlokomotiven mit Satteltank umgebaut, Gattung H IT
8) nach Umbau Schraubenbremse auf die Hinterachse
9) ab 1856 Dampfschlittenbremse

2.1.3.3	2.1.3.4	2.1.3.5	2.1.3.6	2.1.3.7
H I[1]	K I	B II[6]	H I	H I
1B n2	1B n2[4]	1B n2	1B n2	1B n2[7]
GLÜCK AUF	GREIF SCHAKALL	STRAUSS PANTHER	SAXONIA AUSTRIA	ROSS DÖBELN
-	-	-	-	-
Hartmann	Keßler	Borsig	Hartmann	Hartmann
1848	1848	1848	1848	1848
Stephenson -[3]	Stephenson -[8]	Stephenson -[9]	Stephenson -	Stephenson -
356	381	381	355	381
560	610	610	560	560
1520	1525	1525	1525	1525
	1065	990	1016	990
5,4	5,4	5,6	5,3	5,6
150/	162/	139/	150/35	150/
-	-	-	-	-
	3820	4200	3958	3969
1,0	0,92	1,0	1,0	1,0
	5,6	5,1	6,3	5.9
	77,9	72,2	65,6	73,5
81	83,5	77,3	71,9	79,4
-	-	-	-	-
21	24,5	21,6	21.5	23
25,5	29	24,5	23.8	27,5
	22,3	18,2	16,8	20,7
	11,2	9,1	8,4	10,4
-	1,87[5]	-	-	1,87[5]
-	1,0[5]	-	-	1,0[5]

		2.1.3. 8	2.1 4.1	2.1.4.2
Gattungsbezeichnung	-	H I	-	-
abgekürzte Bezeichnung	-	1B n2[1]	1A1 n2	1A1 n2
Name/Bahnnummer von	-	PHÖNIX	ELBE	RICHARD HARTMANN
bis	-		HAYN	ZWICKAU
spätere DRG-Baureihe	-	-	-	-
Herstellerfirma	-	Hartmann	Borsig	Hartmann
Erstes Baujahr	-	1850	1848	1849
Höchstgeschwindigkeit	km/h			
Steuerungsbauart	-	Stephenson	Borsig	Stephenson
Bremsbauart	-	-[3]	-	-
Zylinderdurchmesser	mm	355	331	331
Kolbenhub	mm	560	510	510
Treibraddurchmesser	mm	1525	1525	1525
Laufraddurchmesser	mm	1016		
Kesselüberdruck	bar	5,3	5,0	5,0
Anzahl/Durchmesser				
der Heizrohre	-/mm	103/	120/	121/
der Rauchrohre	-/mm	-	-	-
Rohrlänge zwischen den Rohrwänden	mm	3910		
Rostfläche	m^2	1,0	0,7	0,76
Strahlungsheizfläche	m^2	6,1		
Rohrheizfläche	m^2	54,0		
Heizfläche gesamt	m^2	60,1	54	56
Überhitzerheizfläche	m^2	-	-	-
Masse der Lok ohne Tender				
leer	t	24,9		
dienstbereit	t	29,3		
Reibungsmasse	t	24,1		
mittlere Kuppelachsfahrmasse	t	12,1		
Wasserkasteninhalt	m^3	2,21[2]	-	-
Kohlevorrat	t	1,0[2]	-	-

1) 1869 Umbau in Tenderlokomotive PSYCHE, Gattung H IT
2) nach Umbau
3) nach Umbau Schraubenbremse auf die Hinterachse
4) 1873 Umbau in B1 n2-Tenderlokomotive Gattung B IIaT bzw. 1876 Umbau in B1 n2 Gattung B II
5) nach Umbau 1380 mm
6) ab 1896 Gattung VIa
7) ab 1889 Druckluftbremseinrichtung Bauart Schleifer
8) ab 1871 Gattung H VIa
9) ab 1888 Druckluftbremseinrichtung Bauart Schleifer

2.1.4.3	2.1.4.4	2.1.4.5 2.1.4.7	2.1.4.6	2.1.4.8
-	H VIa	B VIa[6]	H VI[8]	H VIa[6]
1A1 n2[4]	1A1 n2	1A1 n2	1A1 n2	1A1 n2
HAMBURG BREMEN	SAXONIA BRESLAU	AMSTERDAM LINDAU	PROMETHEUS AURORA	LEIPZIG ALTHEN
-	-	-	-	-
Borsig	Hartmann	Borsig	Hartmann	Hartmann
1854	1856	1857	1861	1868
Borsig	Stephenson	Borsig	Stephenson	Borsig
-	-	-[7]	-	-[9]
380	381	381	380	381
610	508	508	560	508
1680[5]	1830	1830	1830	1830
1016	1220	1220	1220	1220
7,0	7,5	7,5	7,0	7,0
143/45	178/45	182/45	178/45	180/45
-	-	-	-	-
3487	3555	3468	3510	3468
0,92	1,0	0,9	1,1	0,9
4,8	5,6	5,5	6,9	5,5
63,8	81,5	81,3	75,8	80,4
68,6	87,1	86,8	82,7	85,9
-	-	-	-	-
26,0[2]	25,0	25,0	25,0	27,5
29,0[2]	28,0	28,0	27,4	30,0
23,0[2]	11,8	13,0	12,0	14,5
11,5	11,8	13,0	12,0	14,5
4,0[2]	-	-	-	-
1,0[2]	-	-	-	-

		2.1.5.1	2.1.5.2 2.1.5.7	2.1.5.3
Gattungsbezeichnung	-	H II[1]	B IIa	W I[5]
abgekürzte Bezeichnung	-	1B n2	1B n2	1B n2
Name/Bahnnummer von	-	LUCHS	COMET	PHÖNIX
bis	-	ELSTERTHAL	SAALE	SALAMANDER
spätere DRG-Baureihe	-	-	-	-
Herstellerfirma	-	Hartmann	Borsig	Wöhlert
Erstes Baujahr	-	1851	1852	1852
Höchstgeschwindigkeit	km/h			
Steuerungsbauart	-	Stephenson	Borsig	Stephenson
Bremsbauart	-	-[2]	-	-[6]
Zylinderdurchmesser	mm	381	380	406
Kolbenhub	mm	610	610	610
Treibraddurchmesser	mm	1525	1380	1525
Laufraddurchmesser	mm	990	1016	990
Kesselüberdruck	bar	5,6	6,0 (5,0)[4]	7,0
Anzahl/Durchmesser				
der Heizrohre	-/mm	139/45	143/45	180/
der Rauchrohre	-/mm	-	-	-
Rohrlänge zwischen den Rohrwänden	mm	4013	4198	4300
Rostfläche	m^2	1,0	0,98	1,3
Strahlungsheizfläche	m^2	5,6	5,1	6,8
Rohrheizfläche	m^2	69,3	77,2 (74,0)[4]	95,8
Heizfläche gesamt	m^2	74,9	82,3 (79,1)[4]	102,6
Überhitzerheizfläche	m^2	-	-	-
Masse der Lok ohne Tender				
leer	t	25,5	23,0	26,0
dienstbereit	t	30,8	26,3	29,2
Reibungsmasse	t	24,1	20,0	22,8
mittlere Kuppelachsfahrmasse	t	12,1	10,0	11,4
Wasserkasteninhalt	m^3	2,8[3]	-	-
Kohlevorrat	t	1,0[3]	-	-

1) 1862/69 Umbau in Tenderlokomotive, Gattung H IIT (ab 1886 Gattung H IIaT)
2) nach Umbau Schraubenbremse, Nr. 26 und Nr. 28 ab 1880 Heberleinbremse
3) nach Umbau in Tenderlokomotive
4) Klammerwert gilt für Nr. 615 BLITZ
5) ab 1871 Gattung W III, ab 1886 Gattung W II
6) ab 1876 Dampfschlittenbremse, ab 1874 Dampfklotzbremse
7) ab 1871 Gattung B II, ab 1886 Gattung B IIa
8) ab 1856 Dampfschlittenbremse
9) ab 1871 Gattung B III, ab 1886 Gattung B II
10) Nr. 44 LEIPZIG ab 1874 Dampfbandbremse
11) vermutlich Umbau aus Rabenstein Fabriknummer 2 (1848)
12) ab 1871 Gattung B IIIa
13) ab 1871 Gattung W IIIa, ab 1896 Gattung IIIa

2.1.5.4	2.1.5.5	2.1.5.6	2.1.6.1	2.1.6.2
B III[7]	B IV[9]	H III	B V[12]	W[13]
1B n2	1B n2	1B n2	1B n2	1B n2
DELPHIN GAZELLE	LEIPZIG HOF	FRIEDRICH AUGUST	WALDHEIM	BRESLAU WÖHLERT
-	-	-	-	-
Borsig	Borsig	Beyer[11]	Borsig	Wöhlert
1852	1855	1855	1853	1853
Stephenson -[8]	Stephenson Schlitten[10]	Stephenson Schraube	Stephenson -	Gooch -
381 610	406 610	356 560	381 610	407 610
1525 990	1525 990	1525 1016	1525 915	1525 1016
7,0	7,0	6,3	7,0	7,0
143/45 -	182/ -	107/ -	198/ -	183/ -
4210	4207	3795	3088	3218
1,1	1,3	0,89	1,2	1,1
5,9	7,3	4,6	7,2	6,8
74,4	94,7	51,4	75,6	68,2
80,3	102,0	56,0	82,8	75,0
-	-	-	-	-
24,3	28,8	20,0	25,1	24,0
27,0	32,3	23,0	27,8	27,8
21,2	25,7	16,4	18,8	16,8
10,6	12,9	8,2	9,4	8,4
-	-	-	-	-
-	-	-	-	-

		2.1.6.3	2.1.7.1.1	2.1.7.1.2
Gattungsbezeichnung	-	H III[1]	H III[2]	H III[2]
abgekürzte Bezeichnung	-	1B n2	1B n2	1B n2
Name/Bahnnummer von	-	HARTMANN	SAXONIA	ALTENBURG
bis	-	LEIPZIG	OSTRAU[3]	STAUCHITZ[4]
spätere DRG-Baureihe	-	-	-	-
Herstellerfirma	-	Hartmann	Hartmann	Hartmann
Erstes Baujahr	-	1853	1854	1855
Höchstgeschwindigkeit	km/h			
Steuerungsbauart	-	Stephenson	Gonzenbach	Stephenson
Bremsbauart	-	-	Schlitten	Schlitten[5]
Zylinderdurchmesser	mm	355	406	406
Kolbenhub	mm	560	610	610
Treibraddurchmesser	mm	1525	1525	1525
Laufraddurchmesser	mm	1016	915	990
Kesselüberdruck	bar	7,0	7,0	7,0
Anzahl/Durchmesser				
der Heizrohre	-/mm	185/	185/45	179/45
der Rauchrohre	-/mm	-	-	-
Rohrlänge zwischen den Rohrwänden	mm	2996	4081	4081
Rostfläche	m^2	1,2	1.3	1.25
Strahlungsheizfläche	m^2	7,1	7.0	7,0
Rohrheizfläche	m^2	68,6	93.7	90,7
Heizfläche gesamt	m^2	75,7	100,7	97,7
Überhitzerheizfläche	m^2	-	-	-
Masse der Lok ohne Tender				
leer	t	23,5	26.5	26,5
dienstbereit	t	26,1	29,8	29,8
Reibungsmasse	t	14,9	22,2	21,7
mittlere Kuppelachsfahrmasse	t	7,5	11,1	10,9
Wasserkasteninhalt	m^3	-	-	-
Kohlevorrat	t	-	-	-

1) ab 1871 Gattung H IIIa
2) ab 1885 Gattung H II, ab 1896 Gattung II
3) Bahnnummern 1 bis 4, 41 bis 43, 47, 74, 75
4) Bahnnummern 48 bis 52, 76
5) außer Nr. 76 STAUCHITZ
6) Bahnnummern 5, 6, 10, 77 bis 85
7) ab Baujahr 1857 26,3 t
8) Zittau-Reichenberger Bahn: RICHARD HARTMANN, SATURN, JUPITER, MARS, NEPTUN
Löbau-Zittauer Bahn: Nr. 2 HAMMERSTEIN, 3 EHRENSTEIN,
Östliche Staatsbahn: Nr. 247 bis Nr. 263

2.1.7.2	2.1.7.3.1	2.1.7.3.2	2.1.7.4 2.1.7.5	2.1.7.6.1
H III2)	H III2)	H III2)	H III2)	H III2)
1B n2	1B n2	1B n2	1B n2	1B n2
HIRSCH HOHENSTEIN6)	240 246	229	RICHARD HARTMANN NEPTUN8)	118 136
-	-	-	-	-
Hartmann	Hartmann	Hartmann	Hartmann	Hartmann
1856	1856	1856	1857	1864
Stephenson	Stephenson	Stephenson	Stephenson	Stephenson
-	-	-	-	Schlitten
406	407	407	407	406
610	610	610	610	610
1525	1525	1525	1525	1525
990	990	990	990	990
7,0	7,0	7,0	7,0	7,0
164/45	164/45	179/45	164/45	164/45
-	-	-	-	-
4081	4081	4081	4081	4081
1,25	1,25	1,25	1,25	1,25
7,0	7,2	7,8	7,3	7,2
83,1	74,0	80,8	74,1	83,0
90,1	81,2	88,0	81,4	90,2
-	-	-	-	-
26,0	24,87)	26,3	26,3	30,6
29,3	29,5	29,5	28,9	33,9
21,2	22,0	21,6	21,5	25,5
10,6	11,0	10,8	10,8	12,8
-	-	-	-	-
-	-	-	-	-

		2.1.7.6.2, 2.1.7.8 2.1.7.9	2.1.7.7	2.1.7.10
Gattungsbezeichnung	-	H III[1]	K III[4]	B III[5]
abgekürzte Bezeichnung	-	1B n2	1B n2	1B n2
Name/Bahnnummer von	-	264	BORSDORF	ZEITZ
bis	-	280[2]	ZITTAU	ROSITZ
spätere DRG-Baureihe	-	-	-	-
Herstellerfirma	-	Hartmann	Esslingen	Borsig
Erstes Baujahr	-	1865	1866	1872
Höchstgeschwindigkeit	km/h			
Steuerungsbauart	-	Stephenson	Stephenson	Allan
Bremsbauart	-	verschieden[3]	Schlitten	-
Zylinderdurchmesser	mm	407	406	432
Kolbenhub	mm	610	610	560
Treibraddurchmesser	mm	1525	1525	1525
Laufraddurchmesser	mm	1015	1015	1030
Kesselüberdruck	bar	7,0	7,5	8,5
Anzahl/Durchmesser				
der Heizrohre	-/mm	164/45	180/45	172/50
der Rauchrohre	-/mm	-	-	-
Rohrlänge zwischen den Rohrwänden	mm	4081	4260	4265
Rostfläche	m^2	1,25	1,21	1,50
Strahlungsheizfläche	m^2	7,2	7,2	7,3
Rohrheizfläche	m^2	92,9	98,8	104,7
Heizfläche gesamt	m^2	100,1	106,0	112,0
Überhitzerheizfläche	m^2	-	-	-
Masse der Lok ohne Tender				
leer	t	30,0	30,0	29,5
dienstbereit	t	33,6	34,0	33,5
Reibungsmasse	t	24,8	25,0	24,4
mittlere Kuppelachsfahrmasse	t	12,4	12,5	12,2
Wasserkasteninhalt	m^3	-	-	-
Kohlevorrat	t	-	-	-

1) ab 1885 Gattung H II, ab 1896 Gattung II
2) außerdem Löbau-Zittauer Bahn: Nr. 4 MANDAU, Nr. 5 HOCHWALD und Nr. 6 LAUSCHE
3) Dampfschlittenbremse: Nr. 264, Nr. 266 bis Nr. 270; Gegendampfbremse: Nr. 265; Dampfklotzbremse: Nr. 271 bis Nr. 280; ohne Bremse: Nr. 4 bis Nr. 6
4) ab 1885 Gattung K II, ab 1896 Gattung II
5) ab 1885 Gattung B II, ab 1896 Gattung II
6) ab 1885 Gattung Schi II, ab 1896 Gattung II
7) ab 1885 Gattung K II, ab 1896 Gattung II
8) ab 1885 Gattung H IVb, ab 1896 Gattung IVb
9) ab 1885 Gattung H IVb, ab 1896 Gattung IVb, ab 1900 Gattung IIb
10) Lok WILDECK 1882 in 1'B1'n2-Tenderlokomotive umgebaut
11) Dampfschlittenbremse bei Nr. 114 bis Nr. 117 erst 1870 eingebaut. 1889 nur noch bei Nr. 116 und Nr. 176 vorhanden. Nr. 112 nach Umbau in Tenderlokomotive mit Dampfklotz- und Wurfhebelbremse

2.1.7.11	2.1.7.12	2.1.8.1	2.1.8.2	2.1.8.3
Schi III[6]	K III[7]	H IV[8]	H IV[9]	H IV[9]
1B n2	1B n2	1'B n2	1'B n2[10]	1'B n2
HEIDELBERG ELSTERBERG	MOLDAU MULDE	HUNDERT LONDON	ANNABERG CAINSDORF	HILBERSDORF WEIPERT
98^{73}	-	-	-	-
Schichau	Esslingen	Hartmann	Hartmann	Hartmann
1874	1874	1858	1864	1872
Allan -	Stephenson Gegendampf	Stephenson -	Stephenson Schlitten[11]	Allan Dampfklotz[13]
432 558	406 610	381 560	381 560	381 559
1525 990	1525 1015	1370 765	1370 765	1390 805
9,0	9,0	7,0	7,0	8,5
177/50 - 4100 1,55 7,1 104,8 111,9 -	176/45 - 4260 1,10 7,2 94,2 101,4 -	148/45 - 3950 1,1 6,1 72,2 78,3 -	146/45 - 3950 1,1 6,2 71,3 77,5 -	165/45 - 3992 1,13 6,1 82,8 88,9 -
30,0 34,5 24,8 12,4	28,2 32,5 23,4 11,7	26,0 28,8 22,7 11,4	28,6 31,4 25,7 12,9	32,4 35,5 27,1 13,6
- -	- -	- -	3,6[12] 1,2[12]	- -

12) nach Umbau
13) ab 1874 zusätzlich Gegendampfbremse

		2.1.9.1	2.1.9.2	2.1.9.3
Gattungsbezeichnung	-	H VI1)	B VI1)	H VI1)
abgekürzte Bezeichnung	-	1B n2	1B n2	1B n2
Name/Bahnnummer von	-	DRESDEN	KEMPTEN	TRIER
bis	-	PRAG	MAILAND	MYLAU
spätere DRG-Baureihe	-	-	-	-
Herstellerfirma	-	Hartmann	Borsig	Hartmann
Erstes Baujahr	-	1860	1865	1866
Höchstgeschwindigkeit	km/h	85	85	85
Steuerungsbauart	-	Stephenson	Stephenson	Stephenson
Bremsbauart	-	-2)	-3)	-4)
Zylinderdurchmesser	mm	406	406	406
Kolbenhub	mm	560	560	560
Treibraddurchmesser	mm	1830	1830	1830
Laufraddurchmesser	mm	990	990	990
Kesselüberdruck	bar	7,0	7,0	7,0
Anzahl/Durchmesser				
der Heizrohre	-/mm	198/45	198/45	198/45
der Rauchrohre	-/mm	-	-	-
Rohrlänge zwischen den Rohrwänden	mm	3080	3080	3080
Rostfläche	m^2	1,3	1,3	1,3
Strahlungsheizfläche	m^2	7,8	7,8	7,8
Rohrheizfläche	m^2	75,7	75,7	75,7
Heizfläche gesamt	m^2	83,5	83,5	83,5
Überhitzerheizfläche	m^2	-	-	-
Masse der Lok ohne Tender				
leer	t	29,8	29,0	30,8
dienstbereit	t	32,5	31,8	33,5
Reibungsmasse	t	21,5	21,4	22,4
mittlere Kuppelachsfahrmasse	t	10,8	10,7	11.2
Wasserkasteninhalt	m^3	-	-	-
Kohlevorrat	t	-	-	-

1) ab 1896 Gattung VI
2) ab 1894 Druckluftbremse Bauart Westinghouse
3) ab 1888 Druckluftbremse Bauart Schleifer
4) 1888/94 Ausrüstung mit Druckluftbremse Bauart Schleifer oder Westinghouse
5) Nr. 205 und Nr. 209 ab 1876 mit Novotny-Lenkachse
6) ab 1885 Druckluftbremse Bauart Schleifer oder Carpenter (Nr. 205 und Nr. 209 ab 1894 Bauart Westinghouse)
7) ab 1888 Druckluftbremse Bauart Carpenter mit Treibradbremse
8) ab 1894 Druckluftbremse Bauart Westinghouse mit Treibradbremse
9) Klammerwerte ab Baujahr 1876
10) ab 1896 Gattung VII
11) ab 1873 Gegendampfbremse
12) später Umbau auf Treibraddurchmesser von 1390 mm

2.1.9.4	2.1.9.5	2.1.9.6	2.1.10.1	2.1.10.2
H VI[1]	Schw VI[1]	Hsch VI[1]	H VII[10]	H VII[10]
1B n2[5]	1B n2	1B n2	B n2	B n2
TEPLITZ RADEBERG	ELBE SCHULZ	MEISSEN WILHELM SEYFFERTH	HEIDELBERG CASSEL	ABRAHAM G. WERNER HEINRICH COTTA
-	-	-	-	-
Hartmann	Schwartzkopff	Henschel	Hartmann	Hartmann
1870	1874	1875	1868	1868
85	75	85	50	50
Allan Gegendampf[6]	Allan -[7]	Stephenson -[8]	Stephenson -	Stephenson -[11]
406 560	406 559	406 560	406 560	407 560
1830 990	1680 1035	1675 990	1675[12] -	1380 -
8,5	10,0	9,0	8,4	8,4
198/45	169/45	185/45	184/45	184/45
-	-	-	-	-
3080	3030	3461	3750	3750
1,4	1,52	1,2	1,2	1,2
8,2	7,3	7,0	7,2	7,1
75,7	64,3	82,5	85,6	86,8
83,9	71,6	89,5	92,8	93,9
-	-	-	-	-
32,3	28,1	28,0 (28,8)[9]	24,6	25,0
35,0	31,3	31,2 (32,3)[9]	28,1	27,7
24,2	20,8	20,8 (21,5)[9]	28,1	27,7
12,1	10,4	10,4 (10,8)[9]	14,1	13,8
-	-	-	-	-
-	-	-	-	-

		2.1.10.3	2.1.10.4	2.1.10.5
Gattungsbezeichnung	-	H VII[1]	Schw I[3]	H VII[1]
abgekürzte Bezeichnung	-	B n2	B n2	B n2
Name/Bahnnummer von	-	WITTEKIND	OTTO DER REICHE	KEPPLER
bis	-	AUGUST DER STARKE	BARBARA UTTMANN	BLÜCHER
spätere DRG-Baureihe	-	-	-	98^{71}
Herstellerfirma	-	Hartmann	Schwartzkopff	Hartmann
Erstes Baujahr	-	1869	1869	1874
Höchstgeschwindigkeit	km/h	50	50	50
Steuerungsbauart	-	Stephenson	Allan	Allan
Bremsbauart	-	-[2]	Gegendampf	-[4]
Zylinderdurchmesser	mm	407	420	406
Kolbenhub	mm	560	610	560
Treibraddurchmesser	mm	1550	1525	1380
Laufraddurchmesser	mm	-	-	-
Kesselüberdruck	bar	8,4	8,4	9,0
Anzahl/Durchmesser				
der Heizrohre	-/mm	184/45	184/45	182/45
der Rauchrohre	-/mm	-	-	-
Rohrlänge zwischen den Rohrwänden	mm	3750	3846	3767
Rostfläche	m^2	1,2	1,2	1,24
Strahlungsheizfläche	m^2	7,1	6,6	7,1
Rohrheizfläche	m^2	86,8	87,0	85,8
Heizfläche gesamt	m^2	93,9	93,6	92,9
Überhitzerheizfläche	m^2	-	-	-
Masse der Lok ohne Tender				
leer	t	23,5	24,1	25,0
dienstbereit	t	26,3	27,8	27,7
Reibungsmasse	t	26,3	27,8	27,7
mittlere Kuppelachsfahrmasse	t	13,2	13,9	13,8
Wasserkasteninhalt	m^3	-	-	-
Kohlevorrat	t	-	-	-

1) ab 1896 Gattung VII
2) ab 1873 Gegendampfbremse
3) ab 1871 Gattung Schw VII (auch Gattung S VII), ab 1896 Gattung VII
4) ab 1878 Gegendampfbremse
5) ab 1871 Gattung K VIII, ab 1885 Gattung K VIIIb, ab 1896 Gattung $VIIIb_1$, ab 1900 Gattung VIII_1
6) ab 1888 Druckluftbremseinrichtung Bauart Schleifer, ab 1892 Westinghouse-Treibradbremse
7) ab 1885 Gattung H III, ab 1896 Gattung III
8) außerdem 1'B n2 FALKENSTEIN bis VALPARAISO, Baujahr 1874
9) ab 1894 Ausrüstung mit Westinghouse-Treibradbremse
10) Nr. 376 bis Nr. 382 ab 1885 Gattung K III; ab Nr. 421 (Baujahr 1874) 1 B n2, Gattung K IIIb, ab 1896 Gattung IIIb
11) Klammerwert gilt für Lieferung 1874 mit Novotny-Klien-Laufachse
12) auch Gattung Schw IIIb, ab 1896 Gattung IIIb

2.1.11.1	2.1.12.1 2.1.12.4	2.1.12.2	2.1.12.3	2.1.12.5
K II[5)]	H IIIb[7)]	K IIIb[10)]	S IIIb[12)]	S IIIb[12)]
2'B n2	1B n2[8)]	1B n2[10)]	1'B n2	1'B n2
AMERIKA KESSLER	KAMENZ GLADBACH	ISCHL BRANDIS	BOSTON PITTSBURG	GLAUCHAU WURZEN
-	34^{76}	52^{70}	34^{77}	-
Esslingen	Hartmann	Esslingen	Schwartzkopff	Schwartzkopff
1870	1871	1872	1873	1875
70	70	70 (55)[11)]	60	70
Allan Gegendampf[6)]	Allan Gegendampf[9)]	Allan Gegendampf	Allan Gegendampf	Allan Gegendampf
406 560	406 560	406 560	406 560	406 560
1830 990	1525 990	1525 990	1525 990	1560 1035
8,5	8,5	8,5	8,5	8,5
187/45	213/45	213/45	213/45	205/45
-	-	-	-	-
3590	3150	3150	3152	3258
1,32	1,60	1,55	1,55	1,52
7,5	7,5	7,5	7,5	7,0
85,7	83,3	83,3	83,3	84,0
93,2	90,8	90,8	90,8	91,0
-	-	-	-	-
33,8	33,5	31,2	33,7	34,1
36,8	36,5	34,6	37,0	37,9
20,3	25,5	23,1	25,7	26,6
10,2	12,8	11,5	12,9	13,3
-	-	-	-	-
-	-	-	-	-

		2.1.12.6	2.1.12.7	2.1.12.8
Gattungsbezeichnung	-	Hl IIIb 12)	H IIIb 1)	H IIIb 1)
abgekürzte Bezeichnung	-	1'B n2	1'B n2	1'B n2
Name/Bahnnummer von	-	ALABAMA	BAHIA	ARKANSAS
bis	-	PANAMA	SAN FRANCISCO	VINONA 2)
spätere DRG-Baureihe	-	34^{77}	-	34^{77}
Herstellerfirma	-	Henschel	Hartmann	Hartmann
Erstes Baujahr	-	1876	1877	1883
Höchstgeschwindigkeit	km/h	70	70	70
Steuerungsbauart	-	Allan	Allan	Allan
Bremsbauart	-	Gegendampf 13)	Gegendampf 13) 14)	Gegendampf 3)
Zylinderdurchmesser	mm	406	406	406
Kolbenhub	mm	560	560	560
Treibraddurchmesser	mm	1525	1525	1525
Laufraddurchmesser	mm	990	990	990
Kesselüberdruck	bar	8,5	8,5	10,0
Anzahl/Durchmesser				
der Heizrohre	-/mm	210/45	210/45	210/45
der Rauchrohre	-/mm	-	-	-
Rohrlänge zwischen den Rohrwänden	mm	3258	3258	3258
Rostfläche	m^2	1,60	1,65	1,65
Strahlungsheizfläche	m^2	7,1	6,9	6,9
Rohrheizfläche	m^2	84,9	86,0	86.0
Heizfläche gesamt	m^2	92,0	92,9	92,9
Überhitzerheizfläche	m^2	-	-	-
Masse der Lok ohne Tender				
leer	t	33,6	31,8	32.8
dienstbereit	t	37,6	36,0	36.7
Reibungsmasse	t	26,3	24,0	24.4
mittlere Kuppelachsfahrmasse	t	13,1	12,0	12.2
Wasserkasteninhalt	m^3	-	-	-
Kohlevorrat	t	-	-	-

1) ab 1896 Gattung IIIb
2) außerdem Altenburg-Zeitzer Bahn REHMSDORF, Zittau-Reichenberger Bahn JUPITER und REICHENBERG
3) nur die Nr. 26, 27, 29, 33, 552, 788 bis 795 mit Gegendampfbremse; einige Loks zwischen 1888 und 1893 mit Haspel zur Heberleinbremse; ab 1896 Ausrüstung mit Westinghouse-Treibradbremse
4) ab Baujahr 1892 Lieferung mit Druckluftbremse Bauart Schleifer; ab 1894 Ausrüstung mit Westinghouse-Treibradbremse
5) außerdem Zittau-Reichenberger Bahn MARS, SATURN, NEPTUN und RICHARD HARTMANN
6) einige Lokomotiven 1893/96 mit Haspel zur Heberleinbremse
7) ab 1887 Gattung H VIbC, ab 1889 Gattung H VIbV, ab 1896 Gattung VIbV
8) Nr. 162 als 1'B n2, 1888 umgebaut in 1'B n2v mit 420/650 mm Zylinderdurchmesser
9) ab 1888 Gegendampfbremse und Druckluftbremse Bauart Schleifer, Nr. 766 1891/96 Bauart Westinghouse
10) ab 1896 Gattung VIbV
11) zusätzlich Gegendampfbremse
12) auch Gattung Hsch IIIb, ab 1896 Gattung IIIb

2.1.12.9	2.1.12.10	2.1.13	2.1.14.1 2.1.14.2	2.1.14.3
H IIIb[1]	H IIIb[1]	-	H VIb[7]	H VIbV[10]
1'B n2	1'B n2	B1 n2	1'B n2v[8]	1'B n2v
HOF	OELSNITZ	WOERTH	AFRICA	SANSIBAR
CRIMMITSCHAU	WIESENBURG[5]	STRASSBURG	PORT SAID	KAMERUN
34^{77}	$34^{77,78}$	-	-	-
Hartmann	Hartmann	Esslingen	Hartmann	Hartmann
1889	1893	1872	1886	1890
70	70		85	85
Allan	Allan		Allan	Allan
Gegendampf[4]	Westinghouse[6]	Gegendampf	-[9]	Schleifer[11]
406	406	405	420/600[8]	440/650
559	559	560	560	560
1560	1560	1692	1875	1875
1035	1035	1030	1230	1230
10,0	10,0	9,3	12,0	12,0
210/45	210/45		180/50	180/50
-	-	-	-	-
3258	3258	3760	3700	3700
1,65	1,65	1,28	1,82	1,82
6,9	6,9		8,0	8,0
86,0	86,0		94,1	94,1
92,9	92,9	93,3	102,1	102,1
-	-	-	-	-
33,5	33,5		39,2	38,5
37,4	37,4	29,8	43,2	42,4
25,4	25,4	23,0	29,1	29,2
12,7	12,7	11,5	14,6	14,6
-	-	-	-	-
-	-	-	-	-

13) ab 1896 Ausrüstung mit Westinghouse-Treibradbremse
14) Nr. 501 bis Nr. 525 von 1884 bis 1893 Haspel für Heberleinbremse

		2.1.15	2.1.16.1	2.1.16.2
Gattungsbezeichnung	-	H IIIbV[1)]	H VIIIb[3)]	H VIIIb[3)]
abgekürzte Bezeichnung	-	1'B n2v	2'B n2	2'B n2
Name/Bahnnummer von	-	ONTARIO	STOCKHOLM	ZWEITAUSEND
bis	-	AUGSBURG	ROTTERDAM	SALZBURG
spätere DRG-Baureihe	-	34^{79}	13^{70}	13^{70}
Herstellerfirma	-	Hartmann	Hartmann	Hartmann
Erstes Baujahr	-	1889	1891	1894
Höchstgeschwindigkeit	km/h	75	85	85
Steuerungsbauart	-	Allan	Allan	Allan
Bremsbauart	-	Schleifer[2)]	Schleifer[4)]	Westinghouse
Zylinderdurchmesser	mm	420/650	440	440
Kolbenhub	mm	560	600	600
Treibraddurchmesser	mm	1560	1875	1875
Laufraddurchmesser	mm	1230	1035	1035
Kesselüberdruck	bar	12,0	10,0	12,0
Anzahl/Durchmesser				
der Heizrohre	-/mm	180/50	224/45[5)]	220/45
der Rauchrohre	-/mm	-	-	-
Rohrlänge zwischen den Rohrwänden	mm	3500	4025	4025
Rostfläche	m^2	1,82	2,3	2,3
Strahlungsheizfläche	m^2	8,0	10,2	10,3
Rohrheizfläche	m^2	89,0	113,3[6)]	111,3
Heizfläche gesamt	m^2	97,0	123,5[7)]	121,6
Überhitzerheizfläche	m^2	-	-	-
Masse der Lok ohne Tender				
leer	t	37,2	44,6	43,4
dienstbereit	t	41,0	49,4	48,2
Reibungsmasse	t	27,8	28,0	27,8
mittlere Kuppelachsfahrmasse	t	13,9	14,0	13,9
Wasserkasteninhalt	m^3	-	-	-
Kohlevorrat	t	-	-	-

1) ab 1896 Gattung IIIbV
2) später durch zweiseitig wirkende Treibradbremse ergänzt, ab 1894 Druckluftbremse Bauart Westinghouse
3) ab 1896 Gattung VIIIb2, ab 1900 VIII_2
4) später Umbau auf Druckluftbremse Bauart Westinghouse
5) Nr. 872 bis 875 192/50, Nr. 876 bis 878 191/50
6) Nr. 872 bis 875 109,3 m^2, Nr. 876 bis 878 108,7 m^2
7) Nr. 872 bis 875 119,5 m^2, Nr. 876 bis 878 118,9 m^2
8) ab 1900 Gattung VIII V_1
9) ab 1900 Gattung VIII V_2

2.1.17.1	2.1.17.2	2.1.17.3	2.1.18.1	2.1.18.2 2.1.18.3
VIIIbV1[8]	VIIIbV1[8]	VIII V_1	VIIIbV2[9]	VIII V_2
2'B n2v	2'B n2v	2'B n2v	2'B n2v	2'B n2v
AMBERG EISENACH	ZWICKAU RÖDERAU	141 152	ESSLINGEN ZEITZ	MARIENBERG CÖTHEN
13^{71}	13^{71}	13^{15}	36^{9}	36^{9}
Hartmann	Hartmann	Hartmann	Hartmann	Hartmann
1896	1897	1900	1896	1897
85	85	90	80	80
Heusinger Westinghouse	Heusinger Westinghouse	Heusinger Westinghouse	Heusinger Westinghouse	Heusinger Westinghouse
460/680 630	500/700 630	480/700 630	440/650 600	460/680 600
1885 1045	1885 1045	1885 1045	1590 1065	1590 1065
12,0	12,0	13,0	12,0	12,0
212/45	212/45	239/45	216/45	216/45
-	-	-	-	-
4025	4025		3800	3800
2,3	2,3	2,3	1,87	1,87
10,3	10,3	11,1	9,0	9,0
107,2	107,2	117,8	103,1	103,1
117,5	117,5	128,9	112,1	112,1
-	-	-	-	-
47,0	49,3	50,8	44,7	45,5
52,0	54,3	56,8	49,5	51,6
30,0	31,0	31,6	29,1	30,2
15,0	15,5	15,8	14,5	15,1
-	-	-	-	-
-	-	-	-	-

		2.1.18.4	2.1.19.1	2.1.19.2
Gattungsbezeichnung	-	VIII V_2	X V	X V
abgekürzte Bezeichnung	-	2'B n2v	2'B1'n4v	2'B1'n4v
Name/Bahnnummer von	-	569	175	183
bis	-	636	176	195
spätere DRG-Baureihe	-	36^{9-10}	14^2	14^2
Herstellerfirma	-	verschiedene[1)]	Hartmann	Hartmann
Erstes Baujahr	-	1900	1900	1902
Höchstgeschwindigkeit	km/h	80	120	100
Steuerungsbauart	-	Heusinger	Heusinger/Joy	Heusinger/Joy
Bremsbauart	-	Westinghouse	Westinghouse	Westinghouse
Zylinderdurchmesser	mm	460/680	350/555	350/555
Kolbenhub	mm	600	660	660
Treibraddurchmesser	mm	1590	1980	1980
Laufraddurchmesser	mm	1065	1065	1065/1240
Kesselüberdruck	bar	13,0	15,0	15,0
Anzahl/Durchmesser				
der Heizrohre	-/mm	254/45	222/45	222/45
der Rauchrohre	-/mm	-	-	-
Rohrlänge zwischen den Rohrwänden	mm	3800	4700	4700
Rostfläche	m^2	1,87	2,41	2,38
Strahlungsheizfläche	m^2	9,5	13,7	13,3
Rohrheizfläche	m^2	121,3	151,5	147,5
Heizfläche gesamt	m^2	130,8	165,2	160,8
Überhitzerheizfläche	m^2	-	-	-
Masse der Lok ohne Tender				
leer	t	49,0	61,9	62,0
dienstbereit	t	54,5	69,3	69,4
Reibungsmasse	t	32,0	32,0	31,4
mittlere Kuppelachsfahrmasse	t	16,0	16,0	15,7
Wasserkasteninhalt	m^3	-	-	-
Kohlevorrat	t	-	-	-

1) Hartmann, Schwartzkopff, Esslingen, Linke-Hofmann
2) außer Nr. 15 bis Nr. 21
3) Nr. 651 bis Nr. 697, Nr. 3698 bis Nr. 3809, Nr. 38 325 bis Nr. 38 334

2.1.20	2.1.21	2.1.22	2.1.23	2.1.24
XII H	XII HV	XII H1	X H1	XII H2
2'C h4	2'C h4v	2'C h2	2'B1 h2	2'C h2
1	7	15	81	651
6	55[2)]	21	98	3809[3)]
17^6	17^7	17^8	14^3	38^{2-3}
Hartmann	Hartmann	Hartmann	Hartmann	Hartmann
1906	1908	1909	1909	1910
100	100	100	100	80
Heusinger Westinghouse	Heusinger Westinghouse	Heusinger Westinghouse	Heusinger Westinghouse	Heusinger Westinghouse
430	430/680	610	510	550
630	630	630	630	630
1885	1905	1885	2000	1590
1065	1065	1065	1065/1260	1065
12,0	15,0	12,0	12,0	13,0
144/45	144/45	180/45	180/45	180/51
24/119	24/119	24/124	24/124	24/133
4550	4550	4550	4550	4200
2,77	2,75	2,84	2,84	2,83
13,0	12,8	13,4	13,4	13,4
133,1	133,4	158,2	158,2	148,8
146,1	146,2	171,6	171,6	162,2
43,8	41,0	47,1	47,1	43,2
66,3	70,7	64,9	62,2	65,6
73,3	78,3	72,7	70,1	73,3
49,0	51,6	47,7	30,0	47,1
16,3	17,2	15,9	15,5	15,7
-	-	-	-	-
-	-	-	-	-

		2.1.25.	2.1.26.
Gattungsbezeichnung		XVIII H	XX HV
abgekürzte Bezeichnung	-	2'C1'h3	1'D1'h4v
Name/Bahnnummer von	-	196	66
bis	-	205	213 1)
spätere DRG-Baureihe	-	18^0	19^0
Herstellerfirma	-	Hartmann	Hartmann
Erstes Baujahr	-	1917	1918
Höchstgeschwindigkeit	km/h	120	100 2)
Steuerungsbauart	-	Heusinger	Heusinger
Bremsbauart	-	Westinghouse	Westinghouse
Zylinderdurchmesser	mm	500	480/720
Kolbenhub	mm	630	630
Treibraddurchmesser	mm	1905	1905
Laufraddurchmesser	mm	1065/1260	1065/1260
Kesselüberdruck	bar	14,0	15,0
Anzahl/Durchmesser			
der Heizrohre	-/mm	156/57	156/57
der Rauchrohre	-/mm	28/133	28/133
Rohrlänge zwischen den Rohrwänden	mm	5500	5800
Rostfläche	m^2	4,52	4,5
Strahlungsheizfläche	m^2	15,6	15,5
Rohrheizfläche	m^2	200,6	211,6
Heizfläche gesamt	m^2	216,2	227,1
Überhitzerheizfläche	m^2	72,0	74,0
Masse der Lok ohne Tender			
leer	t	84,4	90,3
dienstbereit	t	93,5	99,9
Reibungsmasse	t	50,7	68,6
mittlere Kuppelachsfahrmasse	t	16,9	17,2
Wasserkasteninhalt	m^3	-	-
Kohlevorrat	t	-	-

1) Nr. 66 bis Nr. 80 und Nr. 206 bis Nr. 213
2) später auf 120 km/h erhöht